BIBLIOTHÈQUE

SCIENTIFIQUE INTERNATIONALE

PUBLIÉE SOUS LA DIRECTION

DE M. ÉM. ALGLAVE

XLIV

Général Brialmont. La Défense des États et les Camps retranchés, avec nombreuses figures et deux planches hors texte. 2e édition. 6 fr.

A. de Quatrefages. L'Espèce humaine. 6e édition. . . . . 6 fr.

Blaserna et Helmholtz. Le Son et la Musique, avec 50 figures dans le texte. 2e édition. . . . . 6 fr.

Rosenthal. Les Muscles et les Nerfs. 1 vol. in-8, avec 75 figures dans le texte. 2e édition. . . . . 6 fr.

Brücke et Helmholtz. Principes scientifiques des Beaux-Arts, suivis de L'Optique et la Peinture. 1 vol., avec 39 figures. 3e édition . 6 fr.

Wurtz. La Théorie atomique. 1 vol. in-8, avec une planche hors texte. 3e édition. . . . . 6 fr.

Secchi. Les Étoiles. 2 vol. in-8, avec 60 figures dans le texte et 17 planches en noir et en couleurs, tirées hors texte. 2e édition. . . . . 12 fr.

N. Joly. L'Homme avant les Métaux. Avec 150 figures. 3e édition. 6 fr.

A. Bain. La Science de l'Éducation. 1 vol. in-8. 3e édition . . . 6 fr.

Thurston. Histoire de la Machine a Vapeur, revue, annotée et augmentée d'une Introduction par *J. Hirsch.* 2 vol., avec 140 figures dans le texte, 16 planches tirées à part et nombreux culs-de-lampe. . . . 12 fr.

R. Hartmann. Les Peuples de l'Afrique. 1 vol. in-8, avec 93 figures dans le texte. . . . . 6 fr.

Herbert Spencer. Les Bases de la Morale évolutionniste 1 volume in-8. 2e édition. . . . . 6 fr.

Th.-H. Huxley. L'Écrevisse, introduction à l'étude de la zoologie, avec 82 figures. 1 vol. in-8. . . . . 6 fr.

De Roberty. La Sociologie. 1 vol. in-8. . . . . 6 fr.

O.-N. Rood. Théorie scientifique des Couleurs et leurs applications à l'art et à l'industrie. 1 vol. in-8, avec 130 figures dans le texte et une planche en couleurs. . . . . 6 fr.

G. de Saporta et Marion. L'Évolution du Règne végétal. *Les Cryptogames,* 1 vol. avec 85 figures dans le texte. . . . . 6 fr.

Charlton Bastian. Le Système nerveux et la Pensée, 2 vol. avec 184 fig. dans le texte. . . . . 6 fr.

James Sully. Les Illusions des Sens et de l'Esprit. 1 vol. . . . . 6 fr.

Alph. de Candolle. L'Origine des Plantes cultivées. . . . . . . 6 fr.

Young. Le Soleil, avec nombreuses figures. 1 vol. . . . . 6 fr.

VOLUMES SUR LE POINT DE PARAITRE :

E. Cartailhac. La France préhistorique d'après les Sépultures, 1 vol. avec figures.

Ed. Perrier. La Philosophie zoologique jusqu'à Darwin.

Semper. Les Conditions d'Existence des Animaux. 2 vol., avec 106 fig. et 2 cartes.

G. de Saporta et Marion. L'Évolution du Règne végétal. Tome II. *Les Phanérogames.*

E. Oustalet. L'Origine des Animaux domestiques, avec figures.

G. Pouchet. La Vie du Sang, avec figures.

Angot. La Météorologie.

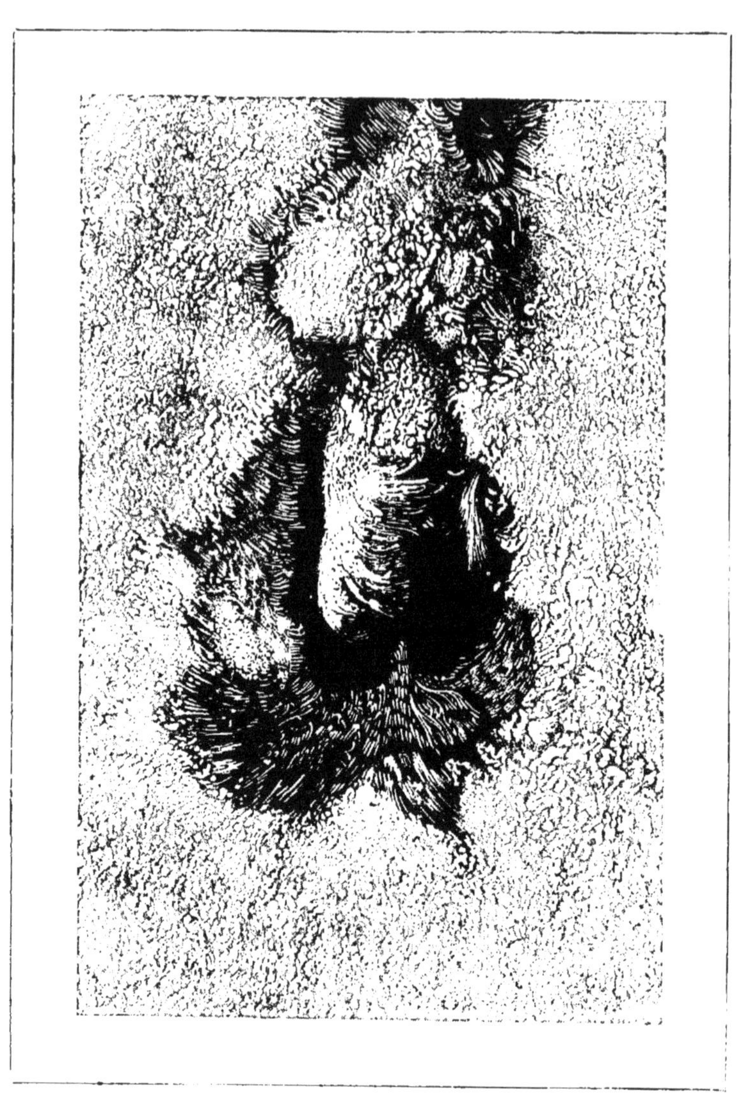

CONSTITUTION PHYSIQUE DE LA SURFACE DU SOLEIL.

TACHE SOLAIRE.

LE SOLEIL

PAR

C.-A. YOUNG

Professeur d'astronomie au Collège de New-Jersey (États-Unis)

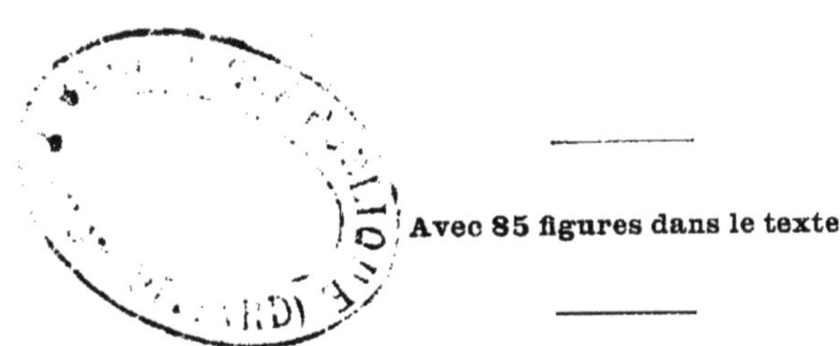

Avec 85 figures dans le texte

PARIS

LIBRAIRIE GERMER BAILLIÈRE ET Cie

108, BOULEVARD SAINT-GERMAIN, 108

Au coin de la rue Hautefeuille

1883

PRÉFACE

Je me propose de présenter, dans ce petit livre, une
vue générale de ce qu'on sait et de ce qu'on croit au sujet
du soleil, d'une manière aussi peu scientifique que le permet la précision. Je n'écris ni pour les lecteurs scientifiques
proprement dits, ni, d'un autre côté, pour les masses, mais
pour cette classe nombreuse de la population qui, sans
s'occuper elle-même de recherches scientifiques, a cependant assez d'éducation et d'intelligence pour prendre inté-
rèt à des sujets scientifiques lorsqu'ils sont présentés d'une
manière simple, qui désirent et peuvent parfaitement, non
seulement connaître les résultats obtenus, mais comprendre
les principes et les méthodes dont ils dépendent, sans tenir
à posséder tous les détails des recherches.

J'ai cherché à maintenir distincte la séparation entre
le certain et le conjectural et à indiquer, autant que possible,
le degré de confiance que méritent les données et les conclusions.

Il est à peine nécessaire de dire que cet ouvrage a peu
de prétention à l'originalité. J'ai emprunté des matériaux

à toutes les sources possibles ; peut-être même sans le
vouloir, n'ai-je pas assez indiqué mes autorités. J'ai surtout
cité Secchi, Lockyer, Proctor, Ranyard, Vogel, Schellen
et Langley. C'est particulièrement à ce dernier que je suis
le plus redevable pour la bonté qu'il a eue de me préparer
une notice sur ses nouvelles et importantes recherches
« bolométriques ». qui forme l'appendice.

LE SOLEIL

INTRODUCTION

INFLUENCE DU SOLEIL SUR LA VIE ET LE MOUVEMENT
A LA SURFACE DE LA TERRE

*Exposé sommaire des principaux faits qui se rattachent
au soleil, et des idées reçues sur sa constitution.*

En réalité, si l'on se place au point de vue le plus élevé, le soleil n'est qu'une unité dans une multitude, une simple étoile parmi des millions d'autres; et de ces étoiles il y en a très vraisemblablement des milliers qui le surpassent en éclat, en grandeur et en puissance. Ce n'est qu'un simple soldat de l'armée du ciel.

Mais lui seul, parmi ces myriades sans nombre, est assez rapproché de notre globe pour exercer une influence sensible sur les phénomènes qui s'y passent; et cette influence est telle qu'on peut à peine trouver des mots pour la définir; c'est plus qu'une simple direction et une simple prédominance. Il ne se contente pas, comme la lune, de modifier ou de déterminer certaines actions plus ou moins importantes à la surface de la terre, mais, au point de vue matériel, il est presque absolument le moteur premier de tout. C'est à lui que nous pouvons rapporter directement presque toute l'énergie développée dans tous les phénomènes mécaniques, chimiques ou vitaux. Supprimez ses rayons, même un mois seulement, et la terre périrait; toute vie cesserait à sa surface.

Ce fait a toujours été reconnu d'une manière plus ou moins distincte. La première fois que l'homme assista au coucher du soleil, qu'il vit cet astre descendre au-dessous de l'horizon, et l'obscurité envelopper la terre, et, lorsque sentant le froid de la nuit, il s'endormit sans savoir que le soleil allait revenir, ce fait dut lui paraître terriblement évident, à moins, peut-être que Dieu par une révélation n'ait eu pitié de la terreur désespérée qu'il eût ressentie sans cela, ou à moins qu'il n'ait été, comme un petit enfant, lent à observer et incapable de comprendre ce qui eût effrayé un être plus intelligent.

Cependant, bien que la suprématie matérielle du soleil ait été reconnue de tout temps par les penseurs, et qu'elle ait même servi de base à certaines religions, comme celle des Perses, il était réservé à des temps plus modernes et à notre propre siècle, de montrer clairement comment, dans quel sens et jusqu'à quel point les rayons solaires sont la vie de notre globe, et le soleil lui-même le symbole et le vice-gérant de la divinité. Les deux doctrines de la corrélation des forces et de la conservation de l'énergie une fois nettement conçues et formulées, il est devenu relativement facile de les confirmer par l'expérience et par l'observation, et alors de suivre une à une jusqu'à leur origine solaire les différentes catégories d'énergie que nous présentent les phénomènes terrestres; on a pu, par exemple, montrer comment la puissance des cataractes n'est qu'une transformation de la chaleur solaire, et qu'il en est de même d'une manière un peu plus indirecte, mais tout aussi certaine, de la puissance de la vapeur, de celle de l'électricité. et même de la force des animaux. L'idée est maintenant si familière qu'il est à peine nécessaire d'insister là-dessus, mais cependant, pour quelques-uns de nos lecteurs au moins, il ne sera pas inutile de l'étudier d'un peu plus près.

Un travail ne se produit qu'en défaisant un travail antérieur. Lorsqu'une horloge marche, c'est le déroulement d'un ressort ou la chute d'un poids qui la fait marcher, et il a fallu que quelqu'un l'ait montée pour qu'elle commençât à marcher. Si l'eau d'une rivière tombe sans s'arrêter du haut d'une cataracte, et est employée à faire mouvoir les roues de nos moulins, cependant elle continue toujours à couler, parce qu'il y a une force qui enlève et qui reporte continuellement sur les flancs des montagnes cette eau qui a coulé dans la mer; or, ce travail est précisément analogue à celui que l'on fait chaque jour en remontant une horloge. Quand la poudre d'un fusil fait explosion et chasse la balle au dehors, sa force expansive dépend de ce fait qu'une certaine puissance a placé les molécules qui composent cette poudre dans des positions relatives telles, que lorsqu'on a pressé la détente et que l'étincelle a, pour ainsi dire, coupé les liens qui les maintenaient chacune de leur côté, elles se précipitent ensemble, tout comme des poids suspendus tomberaient si on les lâchait. Avant que cette substance qui, il y a un instant, était de la poudre, et qui maintenant n'est que de la poussière et du gaz, puisse reproduire le même phénomène, il faudra que les produits de l'explosion, puissent être décomposés par une force quelconque, et que les atomes en soient replacés dans les mêmes positions relatives qu'ils occupaient avant qu'on ne fît feu; et ce travail est précisément analogue à celui que l'on fait lorsqu'on relève les poids tombés et qu'on les place sur des planches élevées, ou qu'on les suspend à des crochets prêts à retomber lorsque l'occasion en sera venue.

Il en est précisément de même de la chaleur fournie par les combustibles ordinaires : elle est due au rapprochement de molécules pour la plupart d'oxygène d'un côté, et de carbone et d'hydrogène de l'autre, lesquelles ont été séparées et introduites dans des combinaisons par l'action d'une force active quelconque.

On peut dire la même chose de la force des animaux; toutes les recherches tendent en effet à démontrer que, mécaniquement parlant, le corps d'un animal n'est qu'une machine très ingénieuse et très efficace, qui sert à l'hôte vivant qui la dirige, à utiliser l'énergie fournie par la nourriture introduite dans l'estomac. Au point de vue mécanique, le corps n'est qu'une machine à aliments dans laquelle l'estomac et les poumons tiennent la place du fourneau et de la chaudière d'une machine à vapeur, le système nerveux celle de l'appareil des *soupapes*, et les muscles celle du cylindre.

Comment la personnalité contenue dans ce corps, cette personnalité qui veut et qui agit, est-elle mise en relation avec cet appareil des soupapes, de manière à déterminer les mouvements du corps dans lequel elle réside? C'est là le mystère insondable de la vie; néanmoins, dans ce cas, bien qu'inexplicables, les faits n'en sont pas moins des faits.

Et maintenant, si nous cherchons la source de l'énergie qui aspire l'eau de la mer pour la transporter sur le sommet des montagnes, qui décompose l'acide carbonique de l'atmosphère

et les aliments végétaux du sol, et qui constitue les carbures
d'hydrogène et les autres combustibles des tissus animaux et
végétaux, nous la trouvons surtout dans les rayons du soleil. Je
dis surtout, parce que naturellement la lumière et la chaleur
des étoiles, le choc des météores et la lente contraction probable de la terre sont des sources réelles d'énergie et en fournissent leur part. Mais, comparée à l'énergie fournie par le soleil, leur quantité totale est probablement représentée par le
rapport de la lumière stellaire à la lumière solaire [1], et cette
quantité est si petite, qu'il est évident, comme nous l'avons dit
plus haut, que la privation des rayons du soleil pendant un
mois entraînerait la destruction totale de tout mouvement à
la surface de la terre.

Il est donc naturel que la science moderne accorde au soleil
une grande importance et que l'étude des phénomènes et des
relations solaires soit l'objet d'un grand intérêt. En effet, il en
est ainsi depuis trente ans : la découverte de la périodicité des
taches du soleil faite par Schwabe en 1851 ; le développement
de l'analyse spectrale entre 1854 et 1870 ; l'observation des
éclipses depuis 1860, les recherches de Carrington, de Huggins,
de De la Rue, de Lockyer, de Janssen, de Secchi, de Vogel, de
Langley et d'autres ; l'établissement d'observatoires solaires à
Potsdam et à Meudon, sont autant de preuves de l'ardeur avec
laquelle les astronomes se sont dévoués à l'étude des problèmes de la science solaire, et des découvertes qu'ils nous
apportent.

Avant de nous engager dans une discussion plus approfondie
de notre sujet, il est bon de résumer ici quelques-uns des faits
les plus importants et les plus clairs qui se rapportent au soleil,

---

1. Il y a quarante ans, Pouillet est arrivé à un résultat tout à fait en contradiction avec ce que nous venons de dire. De ses observations actinomé-
triques il a conclu que « la température de l'espace » était de — 224° F.
(— 142° C.), soit 236° F. (131° C.) au-dessus du zéro absolu. Il calcula que,
pour maintenir cette température de — 224°, les étoiles et l'espace en général devaient fournir à la terre environ 85 p. 100 de chaleur, c'est-à-dire
autant que le soleil en donne. Néanmoins ses calculs sont basés sur des
hypothèses sur les lois du refroidissement et du rayonnement qui ne sont
plus considérées comme exactes, et il n'a pas suffisamment tenu compte de
l'influence de la vapeur d'eau dans l'air, influence dont l'importance fut
démontrée pour la première fois il y a plus de vingt ans, par les recherches
de Tyndall et de Magnus. On admet donc généralement aujourd'hui que les
résultats de Pouillet ne peuvent être acceptés.

et de donner un exposé sommaire des idées généralement
admises de nos jours sur sa constitution.

Pour le petit nombre des yeux qui peuvent regarder directement le soleil et en supporter l'éclat sans sourciller, cet astre
présente l'aspect d'un disque blanc circulaire, d'un peu plus
de 1/2 degré de diamètre; c'est-à-dire qu'une rangée de sept
cents soleils placés les uns à côté des autres remplirait à très
peu près le cercle de l'horizon. Généralement, vue sans lunette,
sa surface paraît simplement uniforme, excepté au bord, où
elle s'assombrit légèrement; de temps à autre aussi on aperçoit des taches noires sur le disque. Il n'y a rien, dans l'aspect
du soleil, qui puisse nous donner des indications sur sa distance réelle, et par conséquent jusqu'à ce qu'elle soit connue,
nous ne pouvons tirer aucune conclusion relativement à ses
véritables dimensions; mais la chaleur de ses rayons est sensible, et bien avant l'invention des lunettes et des thermomètres, on en avait conclu que cet astre n'était ni plus ni
moins qu'une énorme boule de feu.

Si nous l'observons jour par jour pendant toute l'année, en
commençant vers le 21 mars, nous verrons que chaque jour,
à midi, le soleil s'élève de plus en plus haut dans le ciel, jusqu'aux environs du 22 juin; à ce moment il atteint la même
hauteur à midi, pendant plusieurs jours consécutifs, et redes-
cend ensuite lentement vers le sud, en repassant le 22 septembre à la hauteur qu'il avait lors de son départ, et descendant
toujours jusqu'à ce qu'il soit arrivé à son point le plus méridio-
nal le 21 décembre; il retourne alors vers le nord jusqu'à ce
qu'il soit revenu à son point de départ et que le jour redevienne
égal à la nuit.

Si, en même temps, on a observé les étoiles chaque nuit, on
verra que les constellations ont changé avec les mois, de telle
façon qu'il est évident que le soleil a voyagé à travers elles en
se dirigeant vers l'est dans le ciel, tout en oscillant au nord et
au sud; en réalité il se meut annuellement autour de la sphère
céleste, en suivant une ligne qui est un grand cercle du globe,
lequel grand cercle est incliné de 23° 1/2 sur l'équateur et s'appelle l'écliptique, parce que c'est seulement lorsque la lune en
est tout près, en même temps que nouvelle ou pleine, que se
produisent les éclipses.

Il n'y a absolument rien dans ce mouvement qui puisse nous

indiquer s'il est dû à un mouvement réel du soleil autour de la
terre, ou de la terre autour du soleil. Aujourd'hui, naturellement, tout le monde sait que c'est en réalité la terre qui se
meut. Une observation attentive montre que la ligne qu'elle
suit n'est pas tout à fait circulaire, ou tout au moins que le soleil n'est pas exactement au centre, puisqu'il y a 184 jours
d'été depuis l'équinoxe de printemps jusqu'à l'équinoxe d'automne, et seulement 181 depuis l'équinoxe d'automne jusqu'à
celui de printemps.

Ce fait était connu des anciens, ainsi que cet autre, à savoir
que la distance du soleil est égale à un grand nombre de fois
celle de la lune; c'est là tout ce qu'il était possible d'apprendre
sans la lunette et les instruments de précision.

L'astronomie moderne est allée bien plus loin. Nous savons
maintenant que la distance moyenne de la terre au soleil est
d'environ 150,000,000 de kilomètres, et par suite que son diamètre est d'environ 1,400,000 kilomètres. On a comparé le poids
du soleil à celui de la terre, et on a trouvé qu'il contient près
de 330,000 fois autant de matière que la terre, et en rapprochant
ce résultat de son volume énorme, on voit que sa densité
moyenne n'est que d'environ le quart de celle du globe, et une
fois un quart celle de l'eau; en d'autres termes, la masse du soleil
est environ une fois et quart celle d'un globe d'eau de même
dimension.

La surface visible du soleil a reçu le nom de photosphère, et
l'observation des taches que l'on y aperçoit de temps en temps
nous a fait reconnaître qu'il fait une révolution sur son axe, en
25 jours 1/4 environ. Lors d'une éclipse totale, alors que la
lune nous cache le milieu du soleil, on peut voir certains phénomènes qui se passent sur les bords et qui sont invisibles à
d'autres époques. On aperçoit tout autour de la surface lumineuse une couche de matière gazeuse rosée, à laquelle Frankland et Lockyer ont donné il y a quelques années le nom de
chromosphère. Çà et là de grandes masses de cette matière
chromosphérique s'élèvent à de grandes hauteurs au-dessus de
la surface générale comme des nuages de flammes et sont
connues sous le nom de *proéminences* ou *protubérances*.

Au delà de la chromosphère est la mystérieuse couronne,
cercle irrégulier de lumière affaiblie et perlée, composée en
grande partie de filaments rayonnés et de banderoles qui s'éten-

dent à d'énormes distances du soleil, souvent à plus d'un million et demi de kilomètres.

Le spectroscope nous apprend que, en grande partie au moins, les éléments qui existent à l'état de vapeur dans les régions inférieures de l'atmosphère solaire, sont les mêmes que ceux qui nous sont familiers sur la terre; il nous fait voir aussi que la chromosphère et les proéminences sont surtout composées d'hydrogène; enfin il nous permet de les observer même quand le soleil n'est pas caché par la lune. Jusqu'à présent il n'a pu nous dévoiler le secret de la couronne, bien qu'il nous indique la présence dans cette couronne d'un gaz amené à un état de raréfaction inconcevable.

Le *pyrhéliomètre* et *l'actinomètre* nous donnent la mesure de la chaleur fournie par le soleil, et nous montrent que l'intensité de sa flamme est 7 ou 8 fois plus grande que celle donnée par n'importe quel four connu dans l'industrie. La quantité de chaleur émise par le soleil est suffisante pour fondre en une seconde une écorce de glace de 25 centimètres d'épaisseur enveloppant toute la surface du soleil; ce qui équivaut à la combustion en une seconde d'une couche de la meilleure houille de 10 centimètres d'épaisseur.

En rapprochant les faits que nous venons d'exposer, les astronomes ont pour la plupart adopté les conclusions suivantes sur la constitution du soleil:

1° La portion centrale est probablement en grande partie une masse de gaz chauffés à un degré extrême.

2° La photosphère est une enveloppe de nuages lumineux formés par le refroidissement et la condensation des vapeurs de la surface lorsqu'elles viennent à être exposées au froid de l'espace extérieur.

3° La chromosphère est principalement composée des gaz permanents (surtout de l'hydrogène), qui restent après la formation des nuages photosphériques, et qui ont avec eux à peu près le même rapport que l'oxygène et l'azote de notre atmosphère ont avec nos nuages.

4° La couronne n'a pas encore reçu d'explication qui s'impose à l'assentiment de tous. C'est certainement jusqu'à un certain point une véritable partie du soleil; il se peut aussi qu'elle soit jusqu'à un certain point météorique.

CHAPITRE PREMIER

DISTANCE ET DIMENSIONS DU SOLEIL

Importance de ce problème. — Définition de la parallaxe. — Détermination
de la parallaxe par Aristarque. — Différentes méthodes que l'on peut
employer. — Observations de Mars. — Passages de Vénus. — Observations
des contacts et photographies. — Détermination de la parallaxe du soleil,
au moyen de la vitesse de la lumière, par les perturbations de la lune et
des planètes. — Preuves de la distance immense du soleil. — Diamètre
du soleil. — Masse et densité du soleil.

Le problème de la détermination de la distance du soleil est
un des plus importants et des plus difficiles de l'astronomie.
Son importance vient de ce que cette distance, c'est-à-dire le
rayon de l'orbite terrestre, est l'unité linéaire qui sert à mesurer toutes les autres distances célestes, sauf celle de la lune ; de
sorte qu'une erreur dans cette unité se transmet dans toutes
les directions à travers l'espace, affectant d'une erreur proportionnelle toutes les lignes que l'on mesure, la distance de chaque étoile, le rayon de chaque orbite, le diamètre de chaque
planète.

Le calcul de la masse des corps célestes dépend aussi de notre
connaissance de la distance de la terre au soleil. La quantité
de matière que contient une étoile est déterminée par des calculs qui s'appuient, entre autres données, sur la distance entre
le corps dont on cherche la masse et un autre corps dont le
mouvement est dirigé ou modifié par le premier ; et comme cette
distance entre généralement à la troisième puissance dans l'é-
valuation de la masse, la moindre erreur entraîne une erreur
plus que triple dans le résultat. Une erreur de 1 pour 100 dans
la distance du soleil entraîne une erreur de plus de 3 pour 100

dans la masse de tout corps céleste, et dans l'évaluation de toute force cosmique.

Une erreur dans cette unité fondamentale se transmet aussi bien dans la mesure du temps que dans celle de l'espace et de la masse, je veux dire que les calculs sur les effets que les planètes exercent mutuellement sur leurs mouvements, dépendent d'une connaissance exacte de leurs masses et de leurs distances.

Si nos données étaient parfaitement justes, ces calculs nous permettraient de prédire pour toute l'éternité ou de reproduire pour une époque donnée du passé les positions relatives des planètes et les conditions de leurs orbites ; et nombre de problèmes intéressants de géologie et d'histoire naturelle semblent justement exiger pour leur solution cette détermination de la forme et de la position de l'orbite terrestre dans les siècles passés.

Or, la plus légère inexactitude dans les données, quoiqu'affectant à peine le résultat pour les époques voisines de nous, entraîne une erreur que le temps augmente avec une rapidité extrême, de sorte que même l'incertitude qui existe maintenant sur la distance du soleil, toute petite qu'elle est, rend précaires toutes les conclusions que l'on pourrait tirer de ces calculs, lorsqu'ils s'étendent à plus de quelques milliers de siècles. Si, par exemple, les calculs reposant sur les données admises, nous disent qu'il y a deux millions d'années environ l'excentricité de l'orbite terrestre était à son maximum, et que le périhélie était placé de telle sorte que le soleil était plus près de la terre pendant l'hiver de l'hémisphère boréal (ce qui, pense-t-on, produirait une époque glaciaire dans l'hémisphère sud), il pourrait facilement se faire que nos résultats fussent absolument contraires à la vérité, et que cet état de choses ne se fût produit qu'un million d'années après la date spécifiée, et tout cela parce que dans le calcul, la distance du soleil, ou la parallaxe solaire qui mesure cette distance, aurait été prise avec une erreur de un demi pour cent en trop ou en moins. En réalité, cette parallaxe solaire entre dans presque tous les calculs astronomiques, depuis ceux qui se rapportent aux systèmes stellaires et à la constitution de l'univers, jusqu'à ceux qui n'ont pour objet que la prédiction de la place qu'occupera la lune, afin de trouver la longitude en mer.

Naturellement il est à peine besoin de dire que la détermination de cette parallaxe est le premier acheminement vers une idée quelconque des dimensions et de la constitution du soleil lui-même.

La parallaxe solaire est simplement le demi-diamètre angulaire de la terre vue du soleil; on peut encore la définir d'une autre manière comme l'angle entre la direction du soleil supposé observé du centre de la terre, et sa direction réelle vue d'un point d'où il est justement en train de s'élever au-dessus de l'horizon.

On connaît avec une grande exactitude les dimensions de la terre. Son rayon équatorial moyen, d'après le calcul le plus récent et le plus digne de confiance (tout à fait d'accord, d'ailleurs, avec plusieurs des calculs antérieurs), est de 6,377,323 kilomètres, et on peut à peine évaluer l'erreur à plus de $\frac{1}{100000}$ de la longueur totale, peut-être 60 mètres en plus ou en moins. Par suite, si nous connaissons la grandeur apparente de la terre vue d'un certain point, ou pour employer les termes techniques, si on connaît la parallaxe de ce point, on pourra en déduire sa distance, au moyen d'un calcul très simple : cette distance sera égale à 206,265 [1] multiplié par le rayon de la terre et divisé par la parallaxe évaluée en secondes d'arc.

Or, lorsqu'il s'agit du soleil, il est très difficile de déterminer la parallaxe avec une précision suffisante à cause de sa petitesse, — elle est de moins de 9″, presque certainement entre 8″,75 et 8″,85. Mais ce dixième de seconde d'incertitude surpasse $\frac{1}{100}$ de la quantité totale, bien que ce soit seulement l'angle soustendu par un seul cheveu à une distance de près de 240 mètres. Si on suppose que la parallaxe est de 8″,80, ce qui est probablement très près de la vérité, on trouve pour la distance du soleil 149,471,000 kilomètres, et cependant une variation de $\frac{1}{20}$ de seconde en plus ou en moins donnera une différence d'environ un million de kilomètres.

Quand un arpenteur veut trouver la distance d'un point inaccessible, il mesure une ligne de base convenable et observe la direction de ce point en se plaçant successivement à chaque extrémité de la ligne; il se considère comme très malheureux

---

1. Ce nombre 206,265 représente la longueur du rayon d'une circonférence, ce rayon étant exprimé en secondes de cette circonférence. Une boule de $0^m,30479$ de diamètre réel, aura un diamètre apparent de 1″ à une distance de $62^m,867$, soit un peu moins de 63 kilomètres. Si son diamètre apparent était 10″, sa distance serait naturellement $\frac{1}{10}$ de la précédente.

s'il ne peut pas avoir une base égale au moins au $\frac{1}{10}$ de la distance à mesurer. Or le diamètre de la terre tout entier étant plus petit que le $\frac{1}{11000}$ de la distance du soleil, l'astronome se trouve dans la position d'un arpenteur qui, ayant à mesurer la distance d'un objet éloigné de 16 kilomètres, se trouve réduit à agir sur une base de moins de 1ᵐ,50; c'est là que se trouve la difficulté du problème.

Il n'y aurait naturellement aucun espoir de résoudre ce problème par des observations directes, comme on le fait parfaitement pour la lune dont la distance n'est que de 60 rayons terrestres. Pour cet astre, des observations faites de stations de latitudes très différentes, telles que Berlin et le cap de Bonne-Espérance, ou Washington et Santiago, déterminent sa parallaxe et sa distance avec une précision très satisfaisante ; mais si l'on pouvait faire des observations aussi précises sur le soleil (ce qui n'est pas le cas puisque sa chaleur dérange l'ajustage des instruments), on verrait seulement que sa parallaxe se trouve comprise entre 8″ et 10″, et sa distance entre 203,000,000 et 132,000,000 de kilomètres.

Les astronomes ont donc été amenés à employer des méthodes indirectes basées sur différents principes, les unes sur l'observation des planètes les plus rapprochées, les autres sur les calculs qui ont pour base les irrégularités, ou ce qu'on appelle les perturbations des mouvements de la lune et des planètes, d'autres enfin sur les observations de la vitesse de la lumière. Avant l'ère chrétienne, Aristarque de Samos avait même imaginé une méthode si ingénieuse et si jolie en théorie, qu'elle était véritablement digne de réussir, et qu'elle eût réussi, en effet, si les observations nécessaires avaient été susceptibles d'une précision suffisante. Hipparque en avait imaginé une autre fondée sur l'observation des éclipses de lune, et qui échoua aussi à peu près pour les mêmes raisons que celle d'Aristarque.

L'idée d'Aristarque était d'observer soigneusement le nombre d'heures qui s'écoulent entre la nouvelle lune et le premier quartier, et aussi celui entre le premier quartier et la pleine lune. Le premier intervalle devait être plus petit que le second, et la différence devait indiquer combien de fois la distance du soleil à la terre est plus grande que celle de la lune, ainsi que le montre clairement la figure suivante. La lune entre dans son premier quartier, c'est-à-dire qu'elle paraît comme une demi-lune lorsqu'elle arrive au point Q, sommet de l'angle droit formé par les lignes menées de ce point au soleil et à la terre.

Puisque l'angle HEQ = ESQ, on en déduit : $\dfrac{HQ}{HE} = \dfrac{QE}{ES}$; de sorte que si on trouve HQ, on aura immédiatement le rapport $\dfrac{QE}{ES}$.

Aristarque croyait avoir constaté que le premier quartier du mois (de N à Q) était d'environ 12 heures plus court que le second, d'où il avait calculé que le soleil était environ 19 fois plus éloigné que la lune. La difficulté consiste dans l'impossibilité de déterminer le moment précis où le disque de la lune est exactement coupé en deux, et provient en partie de ce que

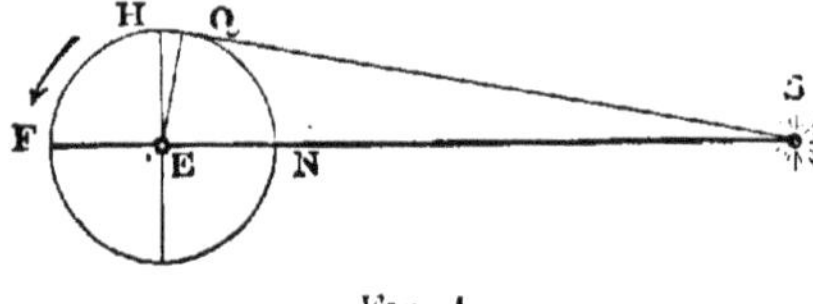

Fig. 1.

la surface de la lune est très inégale et accidentée, et en partie de ce que le diamètre du soleil est près de deux fois aussi grand que l'orbite de la lune, au lieu d'être un simple point comme dans la figure. Il s'ensuit qu'il n'y a pas de démarcation nette entre la lumière et l'ombre ; la limite est à la fois irrégulière et mal définie. La différence réelle entre le premier et le second quartier n'est pas tout à fait de 36 minutes, de sorte que la distance du soleil est environ 400 fois celle de la lune.

Les différentes méthodes sur lesquelles repose notre connaissance actuelle de la distance du soleil peuvent être rangées dans l'ordre suivant :

1° Observations de la planète Mars près de l'opposition, de deux manières différentes :

(a) Observations de la déclinaison de la planète, prises de deux stations de latitudes très différentes.

(b) Observations prises d'une seule station, de l'ascension droite de la planète à son lever et à son coucher ; cette méthode est connue sous le nom de méthode de Flamsteed ou de Bond.

2° Observations de Vénus au moment ou près de ses conjonctions inférieures :

(*a*) Observations de sa distance aux petites étoiles mesurée dans des stations de latitudes très éloignées.

(*b*) Observations des passages de la planète : 1° en notant la durée du passage dans des stations très éloignées ; 2° en notant le temps vrai à Greenwich du contact de la planète avec le limbe du soleil ; 3° en mesurant avec des appareils micrométriques convenables la distance qui sépare la planète du limbe solaire ; 4° en photographiant le passage et en mesurant ensuite les images obtenues.

3° Observations des oppositions des astéroïdes les plus rapprochés, comme on a fait pour Mars.

4° Emploi de ce qu'on appelle l'inégalité parallactique de la lune.

5° Emploi de l'équation mensuelle du mouvement du soleil.

6° Observations des perturbations des planètes, lesquelles nous permettent de calculer les rapports entre les masses des planètes et celle du soleil, et par suite leurs distances : c'est la méthode de Leverrier.

7° Mesure de la vitesse de la lumière, et comparaison du résultat (*a*) avec l'équation de la lumière entre la terre et le soleil (*b*) ou avec la constante d'aberration.

Le but et les limites de cet ouvrage n'exigent pas ou ne permettent pas une discussion de ces différentes méthodes et de leurs résultats, qui épuiserait toute la place dont nous disposons ; cependant certaines d'entre elles méritent quelques instants d'examen.

Les trois premières méthodes sont toutes basées sur la même idée générale, qui est de trouver la distance actuelle d'une des planètes les plus rapprochées en observant son déplacement dans le ciel, l'astre étant vu de points éloignés entre eux sur la terre. Les distances relatives des planètes peuvent être facilement trouvées de différentes manières [1], et

---

1. Voici une méthode connue depuis Hipparque pour déterminer les distances relatives d'une planète au soleil, et de la terre à ces deux astres : observer d'abord le moment où la planète vient en opposition, c'est-à-dire le moment où le soleil, la terre et la planète sont en ligne droite, comme dans la figure, où la planète et la terre sont désignées par les lettres M et E. Ensuite, après un nombre connu de jours, soit cent, lorsque la planète s'est avancée en M' et la terre en E', observer la distance angulaire de la planète au soleil, c'est-à-dire l'angle M'E'S. Or, puisqu'on connaît la durée des révolutions de la terre et de la planète, on connaîtra l'angle MSM' dont

sont connues avec une très grande approximation, l'erreur possible étant au plus égale à $\frac{1}{10000}$, même dans les circonstances les plus défavorables. En d'autres termes, nous pouvons à n'importe quel moment dessiner une carte excessivement exacte du système solaire, la seule question à résoudre étant celle de l'échelle. La détermination d'une ligne quelconque de la carte fixera naturellement cette échelle; et pour cela, une ligne est aussi bonne qu'une autre; de sorte que la mesure de la distance de la terre à la planète Mars, par exemple, déterminera toutes les dimensions du système.

La figure 3 explique la méthode d'observation. Supposons deux observateurs, placés l'un près du pôle nord de la terre, l'autre près du pôle sud. S'ils regardent tous deux la planète, l'observateur du pôle nord la verra en N (partie supérieure de la figure), tandis que l'observateur du pôle sud la verra en S, plus au nord dans le ciel. Si l'observateur du pôle nord voit la planète en A (partie inférieure de la figure), l'observateur du pôle sud la verra au même moment en B ; et, en mesurant soigneusement dans chaque station la distance apparente de la planète à plusieurs des petites étoiles (a, b, c) qui apparaissent dans le champ de vision, on pourra déterminer la valeur exacte du déplacement. La figure est proportionnée à l'échelle. Le cercle E étant pris pour représenter la grosseur de la terre vue de Mars lorsque cette planète est très rapprochée de nous, le cercle noir représente, à la même échelle, la grosseur de la planète; et la

s'est avancé la planète en cent jours, ainsi que l'angle ESE' décrit par la terre dans le même temps. La différence est l'angle M'SE', appelé souvent

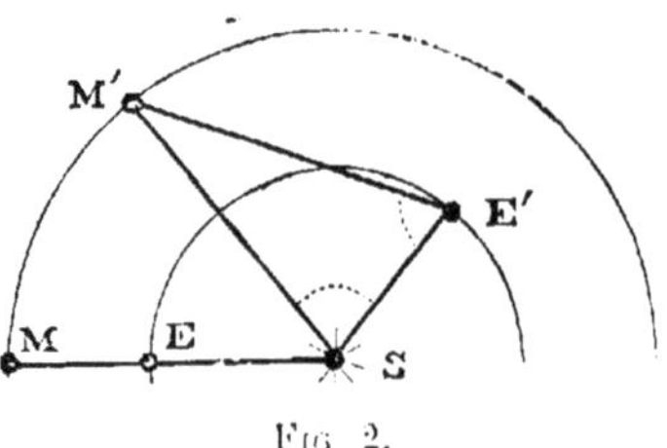

Fig 2.

angle synodique. On a donc, dans le triangle M'SE', l'angle en E' connu, ainsi que l'angle M'SE, comme on l'a établi plus haut, ce qui donne naturellement le troisième en M ; les procédés ordinaires de trigonométrie permettent de tirer de là les valeurs relatives des trois côtés.

distance des points N et S, dans la figure A ou dans la figure B, représente, à la même échelle aussi, le déplacement qui se produirait dans la position de la planète, si l'observateur se transportait de Washington à Santiago ou *vice versa*.

C'est par cette méthode que fut fait en 1670 le premier essai moderne pour déterminer la parallaxe du soleil, lorsque l'Académie des sciences envoya Richer observer l'opposition de Mars à Cayenne, tandis que Cassini, le promoteur de l'expédition, Roemer et Picard l'observaient en différents points de

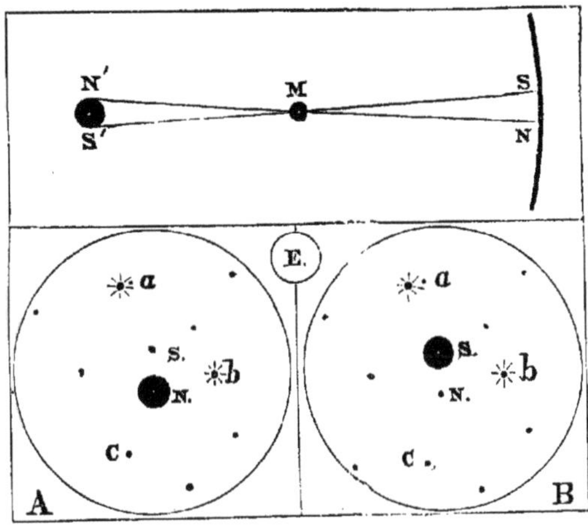

Fig. 3.

la France. Cependant, lorsqu'on vint à comparer les résultats, on trouva que le déplacement était imperceptible à cause des moyens actuels d'observation : on en conclut que la parallaxe de la planète ne pouvait pas dépasser une demi-minute, et que celle du soleil ne valait pas plus de 10″.

En 1752, Lacaille fit des observations analogues au cap de Bonne-Espérance ; leur comparaison avec des observations correspondantes faites en Europe montra que les instruments s'étaient améliorés suffisamment pour rendre le déplacement de la planète tout à fait sensible. Lacaille fixa la parallaxe du soleil à 10″, valeur correspondant à une distance d'environ 132,000,000 kilomètres.

Plus récemment, la méthode a été fréquemment appliquée, et a donné des résultats satisfaisants en somme. En 1849-52, le lieutenant Gilliss fut envoyé par le gouvernement des États-Unis, à Santiago, dans le Chili, pour observer à la fois Mars et Vénus, de concert avec les observatoires du Nord. En 1862, on organisa une campagne encore plus étendue, à laquelle prirent part un grand nombre d'observatoires dans les deux hémisphères. La réduction soigneuse des travaux faite par M. Newcomb, donne à la parallaxe une valeur de 8″855. Naturellement on peut tirer le meilleur parti de cette méthode lorsqu'au moment de l'opposition, la planète est près de son périhélie et la terre près de son aphélie ; l'opposition se présente dans ces circonstances favorables environ une fois tous les quinze ans, et celle de septembre 1877 était si exceptionnellement avantageuse qu'on se donna beaucoup de peine pour que l'observation fût faite partout avec beaucoup de soin.

L'expédition de M. Gill à l'île de l'Ascension mérite une attention particulière, parce que ses méthodes d'observation étaient jusqu'à un certain point différentes de toutes celles qui avaient été employées auparavant, et en même temps plus parfaites ; de plus, ses résultats semblent avoir droit à un très grand poids si on les compare aux autres.

L'instrument dont il se servait était ce qu'on appelle un héliomètre, prêté par lord Lindsay pour l'expédition. Cet instrument se compose essentiellement d'une lunette dont l'objectif est partagé en deux morceaux demi-circulaires, que l'on peut faire glisser l'un sur l'autre. Chaque moitié de la lentille donne une image de l'objet que l'on examine, de sorte qu'en plaçant convenablement les lentilles, on peut faire coïncider les images de deux étoiles voisines l'une de l'autre ; et si l'on connaît le déplacement des lentilles, qui peut être mesuré au moyen d'une échelle exacte, on peut déterminer la distance angulaire des étoiles avec une précision qu'aucune autre méthode connue ne permet d'atteindre. L'instrument est délicat et compliqué, mais entre les mains d'un observateur qui le comprend, il est très exact.

La méthode de M. Gill est une modification de celle de Flamsteed. Ses observations consistaient à mesurer la distance apparente entre la planète et les étoiles qui se trouvaient près de la ligne qu'elle suivait, et cette opération était faite chaque nuit pendant presque tout le temps que la planète était visible au-dessus de l'horizon.

On obtint, en mesurant de cette façon, environ trois cent cinquante positions, et tous les principaux observatoires prirent part à ce travail en déterminant avec la plus grande précision la place des étoiles qui servaient de termes de comparaison.

Les réductions définitives n'ont pas encore paru (mai 1880), mais en 1879 M. Gill a donné 8″,783 ± 0″,015 comme valeur préliminaire et très approchée de la parallaxe solaire, valeur qui ne peut être changée dans une mesure appréciable par les petites corrections qui restent à faire relativement à la place des étoiles.

Autant qu'on peut en juger par ce qui a été publié jusqu'ici de ce travail, on doit accorder à cette détermination le premier rang sur toutes les autres, en raison de ce qu'elle s'est probablement affranchie des erreurs constantes et inhérentes aux différents systèmes, ainsi que des difficultés théoriques.

Dans les observations de cette sorte sur Mars ou les astéroïdes, la position et le déplacement de la planète vue de différentes stations sont déterminés par comparaison avec les étoiles voisines. Cependant, lorsque Vénus se trouve très rapprochée de la terre, on ne peut l'observer que pendant le jour, de sorte que dans ce cas la comparaison avec les étoiles est en thèse générale hors de la question. Néanmoins, lors de sa conjonction inférieure, elle passe directement sur le disque du soleil, de sorte que son déplacement parallactique dans les différentes stations pourra être déterminé par des observations telles qu'en pourra faire le calculateur, pour établir exactement à un moment donné la distance de la planète au centre du soleil et sa position par rapport à ce centre. En 1663, Grégory montra l'utilité de ces observations pour déterminer la parallaxe, mais ce ne fut que quinze ans plus tard environ que l'attention des astronomes fut arrêtée sur ce sujet par Halley qui discuta à fond la matière, et montra comment le problème pouvait être résolu avec exactitude au moyen d'observations tout à fait pratiques, même avec les instruments et les connaissances dont on disposait alors. Deux passages eurent lieu en 1761 et 1769, et furent observés dans tous les points accessibles du globe par des expéditions que les différents gouvernements y envoyèrent. Plusieurs mathématiciens combinèrent d'une manière variée différentes séries de ces observations, et obtinrent pour la parallaxe solaire une suite de valeurs allant de 7″,5 à 9″,2. Un examen général de tous les matériaux fournis par les deux passages fut d'abord fait par Encke, en 1822, et il obtint, comme résultat le plus probable, la valeur 8″,5776, qui, depuis cette époque jusqu'à il y a plus de trente ans, a été acceptée par tous les astronomes comme l'approximation la plus grande à laquelle on pût arriver.

En 1854, Hansen publia quelques-uns des résultats qu'il avait obtenus sur le mouvement de la lune, et déclara que la valeur de la parallaxe solaire donnée par Encke ne pouvait s'accorder avec ses recherches ; dans les cinq ou six années suivantes plusieurs recherches indépendantes faites par d'autres astronomes ont confirmé les conclusions de Hansen, et les cal-

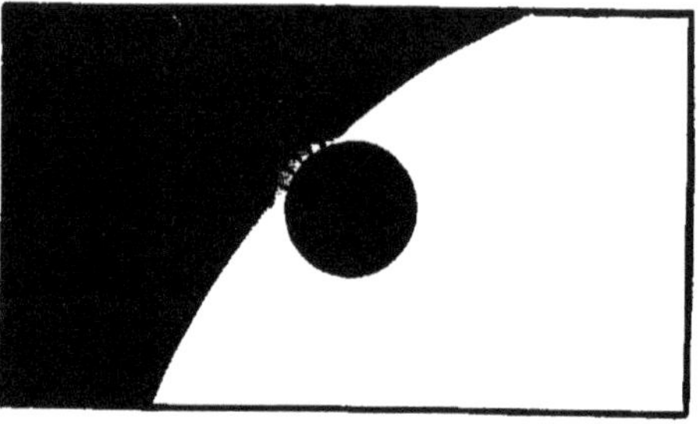

Fig. 4.

culs les plus récents refaits par Powalky, Stone, Faye et d'autres, montrent que les erreurs d'observation étaient si grandes en 1769, qu'on ne peut déduire avec certitude de ce passage rien de plus que ceci : que la parallaxe solaire est probablement comprise quelque part entre 8″,7 et 8″,9.

La méthode d'observation alors en usage consistait simplement à noter le moment où le limbe de la planète vient en contact avec celui du soleil ; cette observation est accompagnée de beaucoup plus de difficulté et d'incertitude qu'on ne le supposerait d'abord. La difficulté dépend en partie des imperfections des instruments optiques et de l'œil humain, et en partie de la nature essentielle de la lumière, conduisant à ce qu'on appelle la diffraction, et en partie enfin de l'action de l'atmosphère de la planète. Les deux premières causes que nous venons de citer, produisent ce qu'on appelle l'irradiation, et agissent de manière à rendre le diamètre de la planète vue sur le disque solaire, plus petit qu'il ne l'est en réalité ; le diamètre apparent est aussi rendu plus petit par suite d'un concours qui varie avec la situation du télescope, le degré de perfection des lentilles, la méthode et la clarté de l'image du soleil. Le bord de l'image de la planète est aussi rendu légèrement brumeux et indistinct.

L'atmosphère de la planète produit un cercle étroit de lumière qui entoure son disque, et qui devient visible bien avant que la planète ne touche le soleil, et donne à celle-ci, au moment du contact intérieur, un aspect dont la figure ci-dessus a l'intention de donner une idée, quoique à une échelle exagérée. La planète se meut assez lentement pour mettre plus de vingt minutes à traverser le limbe du soleil ; de sorte que même si le bord de la planète était parfaitement net et défini, et si le limbe du soleil était régulier, il serait très difficile de déterminer la seconde précise où a lieu le contact ; mais comme les choses se passent, avec des télescopes exactement semblables et placés les uns à côté des autres, les observateurs diffèrent de cinq ou six secondes ; lorsque les télescopes ne sont pas semblables, les différences et les incertitudes sont beaucoup plus grandes. On peut juger de la grandeur de la difficulté par ce simple fait que, de toute la masse des observations du contact obtenues en 1874 par les différentes personnes qui observèrent le passage en Angleterre, plusieurs mathématiciens ont tiré trois valeurs différentes pour la parallaxe solaire : 8″,76, valeur officielle calculée par Airy, 8″,81 par Tupman, et 8″,88 par Stone. Ces différences viennent surtout de ce que les observateurs ont interprété différemment la description des phénomènes notés dans le champ par les observateurs. Un très petit nombre semble avoir gagné sous ce rapport depuis 1769. Aussi tous les astronomes admettent assez aujourd'hui que ces observations peuvent être de peu de valeur pour faire disparaître l'incertitude qui existe encore dans la détermination de la parallaxe ; on est disposé à avoir plus de confiance dans les méthodes micrométriques et photographiques qui sont libres de ces difficultés particulières quoiqu'elles soient embarrassées par d'autres ; cependant on espère qu'elles se trouveront moins formidables.

La méthode micrométrique exige l'emploi d'un héliomètre, instrument dont l'usage n'est général qu'en Allemagne, et qui demande beaucoup de pratique et d'habileté dans son usage si l'on veut obtenir des mesures précises. Lors du dernier passage un seul groupe anglais, deux ou trois groupes russes et les cinq groupes allemands étaient munis de ces instruments, et à quelques-unes des stations d'observation on fit des séries considérables de mesures. Aucun des résultats n'a cependant encore paru, de sorte qu'il est impossible de dire jusqu'à quel point cette méthode sera plus précise que celle des observations de contact, si elle l'est tant soit peu.

Les Américains et les Français avaient placé leur confiance surtout dans la méthode photographique, tandis que les Anglais et les Allemands s'étaient organisés pour l'employer dans une certaine mesure. L'avantage de cette méthode, c'est qu'elle permet d'effectuer à loisir après le passage, sans se presser, et avec toutes les précautions possibles, les mesures nécessaires, de l'exactitude desquelles tout dépend. Le travail consiste simplement à obtenir des épreuves aussi nombreuses et aussi bonnes que possible. Une des principales objections à faire à cette méthode consiste dans la difficulté d'obtenir de bonnes épreuves, c'est-à-dire des épreuves qui ne soient pas altérées, et qui soient assez distinctes et assez nettes pour subir un énorme grossissement dans les appareils microscopiques que l'on emploie pour les mesurer. La plus grande difficulté réside dans la détermination précise de l'échelle de l'épreuve, c'est-à-dire du nombre de secondes d'arc correspondant à une longueur d'un centimètre sur un plan. En outre, on doit connaître l'heure exacte de Greenwich à laquelle chaque épreuve a été prise, et il est aussi très désirable que l'on ait déterminé avec précision l'orientation de l'épreuve, c'est-à-dire les points nord, sud, est et ouest de l'image solaire sur la plaque polie. On a beaucoup craint que l'image, quoique précise et nette au moment où elle venait d'être produite, ne s'altérât à la longue par suite de la contraction de la couche de collodion sur la plaque de verre; mais les expériences de Rutherfurd, de Huggins et de Paschen semblent prouver que ce danger est imaginaire, et que quand une plaque est bien préparée, la couche de collodion ne glisse jamais, mais reste fortement fixée au verre. Il suffit d'une très petite déformation ou inexactitude de l'image pour qu'il soit impossible de s'en servir. Aujourd'hui l'incertitude est si petite dans notre connaissance de la parallaxe solaire, que si l'on calculait dans une station quelconque et à n'importe quel moment du passage de Vénus sur le soleil, la position de cette planète sur le disque solaire, cette incertitude n'entraînerait qu'une erreur d'un quart de seconde, ce qui donnerait environ $\frac{1}{2000}$ de pouce sur une image solaire de 4 pouces de grandeur. A moins que l'image ne soit assez distincte et exempte de déformation pour que l'on puisse déterminer les positions relatives des centres du soleil et de Vénus à $\frac{1}{2000}$ de pouce près, c'est inutile comme moyen de corriger la détermination reçue de la parallaxe.

Mais il est à remarquer qu'un simple agrandissement ou une simple diminution du diamètre du soleil ou de la planète ne causerait aucun préjudice, pourvu qu'on le fît également sur toute la circonférence du disque; cela tient à ce que les mesures sont prises non pas du bord de la planète au bord du soleil, mais entre les centres de ces deux astres. Les déterminations photographiques du contact sont au contraire affectées de toutes les incertitudes des observations anciennes faites à l'œil seul, et d'autres erreurs encore; telles sont celles qu'entreprirent Janssen et quelques groupes anglais avec des appareils particuliers et spéciaux; de sorte qu'au point de vue astronomique, elles sont sans valeur, bien qu'elles soient intéressantes au point de vue chimique et physique.

Lors du dernier passage, on a employé dans les observations photographiques deux manières de procéder essentiellement différentes. Les Anglais et les Allemands adaptèrent une chambre noire à l'oculaire d'un télescope qui était dirigé directement sur le soleil; l'image qui se formait au foyer du télescope était grossi jusqu'au point convenable au moyen d'une combinaison de lentilles; de plus, une petite plaque de verre divisée en carrés était placée au foyer du télescope et photographiée en même temps que le soleil, et fournissait un ensemble de lignes de repère, ce qui permettait de découvrir et de reconnaître les déformations qui proviennent des lentilles grossissantes.

Les Américains et les Français, au contraire, ont préféré faire la photographie en grandeur naturelle, sans l'intervention d'aucune lentille grossissante : comme ceci exige un objectif dont la distance focale serait de trente ou quarante pieds et qui ne serait pas facile à diriger sur le soleil, on adopta une

méthode proposée d'abord par M. Laussedat, et indépendamment par notre compatriote le professeur Winlock. La lunette
est placée horizontalement et les rayons sont renvoyés sur
l'objectif par un miroir plan disposé dans ce but. Les Français
se servirent de miroirs de verre argenté, et prirent leurs
épreuves qui avaient environ deux pouces et demi de diamètre.
au moyen du vieux procédé daguerréotype sur des plaques de
cuivre argentées, afin d'écarter le risque de la contraction du
collodion. Avec le miroir argenté, le temps de l'exposition est

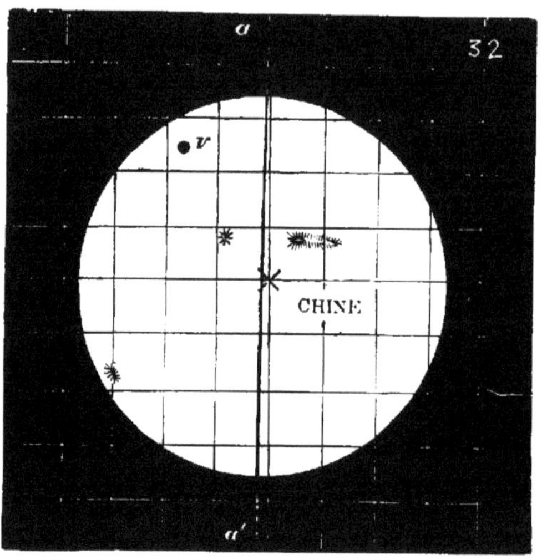

Fig. 5.

si court qu'il n'est besoin d'aucun mouvement d'horlogerie.
Les Américains se servaient de miroirs non argentés, afin de
supprimer la déformation des rayons solaires provenant de la
forme du miroir. Ceci, naturellement, affaiblissait la lumière
et rendait le temps de l'exposition plus long, de sorte qu'il
fallait un mouvement d'horlogerie au miroir pour empêcher
l'image de changer de place sur la plaque pendant l'exposition
qui ne durait d'ailleurs jamais plus d'une demi-seconde. Les
épreuves américaines étaient prises par le procédé humide
ordinaire et avaient environ 4 pouces de diamètre. Juste en
face de la plaque sensible, à une distance d'environ 1:8 de
pouce, était placé un réticule ou une plaque de verre divisée

en carrés, et entre cette plaque et la plaque de collodion était
suspendu un fil d'argent fin soutenant une boule de plomb.
De cette manière l'épreuve définitive était divisée en carrés et
portait aussi l'image du fil à plomb qui indiquait naturellement la direction de la verticale. Les Américains plaçaient
aussi la lunette photographique juste en ligne avec un instrument méridien et déterminaient ainsi sa direction avec la
plus grande précision. Ceci connu, ainsi que l'heure à laquelle
chaque épreuve était prise, il devient possible, à l'aide de
l'image du fil à plomb, de déterminer exactement l'orientation
de la photographie ; les photographies américaines possèdent
seules cet avantage qui en double presque la valeur.

La figure ci-dessus représente une des photographies américaines réduite à peu près de moitié. V est l'image de Vénus,
qui a sur cette plaque environ 1/7 de pouce de diamètre ; aa'
est l'image du fil à plomb. La petite croix marque le centre
du réticule, et le mot *Chine* écrit sur la plaque de verre avec un
diamant, et qui, par conséquent, a été reproduit dans la photographie, indique que c'est une des épreuves prises à Pékin. Son
numéro dans la série est indiqué dans le coin supérieur de droite.
On obtint pendant le passage environ 90 épreuves semblables à
Pékin, et près de 350 dans toutes les stations américaines, le
mauvais temps ayant empêché les observations dans la plupart
d'entre elles. Si on ajoute celles qui ont été obtenues par les
Français, les Allemands et les Anglais, on arrive à un total
de 1.200 épreuves pouvant servir, d'après les meilleures esti-
mations.

Lorsque les épreuves sont finies et qu'on les a rapportées
intactes chez soi, il reste encore à les mesurer, c'est-à-dire à
déterminer pour chaque photographie la distance ainsi que
la direction pour les photographies américaines, entre le
centre de Vénus et celui du soleil. Cette opération est excessivement délicate et fastidieuse, et elle est rendue encore plus
difficile par ce fait que l'image n'est jamais vraiment circulaire,
et que, même en supposant que l'instrument dont on se sert
soit parfait, cette image est quelque peu déformée par l'effet
de la réfraction atmosphérique ; de sorte que la véritable position du centre du soleil par rapport aux carrés du réticule ne
peut être déterminée que par des calculs compliqués et des
mesures faites avec un appareil microscopique sur un grand

nombre de points choisis sur la circonférence de l'image. Le résultat final des mesures ressort à peu près sous cette forme : Pékin. N° 32. Temps 14ʰ 08 20,2″ (temps moyen de Greenwich); Vénus, nord du centre du soleil, 735″,32; est du centre 441″,63; distance du centre du soleil, 857″,75. (Les nombres donnés ici sont imaginaires.) Ces calculs et ces mesures ont été, bien entendu, achevés sur les photographies américaines depuis un certain temps, mais pour une raison quelconque ils n'ont pas été publiés et il y a eu un temps d'arrêt dans le travail subséquent consistant à combiner les résultats et à en tirer la valeur la plus probable de la parallaxe. Ce retard est malheureux, parce qu'en vue du prochain passage de 1882, il devient important de savoir si cette méthode a une valeur réelle. On craint évidemment de plus en plus de ne pouvoir se fier à aucune méthode photographique.

On a reconnu que les photographies anglaises avaient peu de valeur. Elles ont été mesurées par deux personnes différentes, M. Burton et le capitaine Tupman ; le premier a tiré de ses mesures une valeur de 8,25″ pour la parallaxe, tandis que le second a trouvé, d'après les siennes, 8,08″. Une des principales difficultés consistait évidemment dans l'incertitude de la valeur de l'échelle qui ne se déduisait que des diamètres du soleil et de la planète; cette difficulté n'existe pas dans les photographies américaines, leur échelle étant déterminée directement et avec exactitude en mesurant la distance entre la lentille et la plaque sur laquelle on a pris l'épreuve.

Les résultats que les Anglais ont obtenus par la méthode photographique sont les seuls qui aient encore paru.

Une des meilleures méthodes pour déterminer la parallaxe solaire est basée sur l'observation attentive des mouvements de la lune. Hansen a le premier soupçonné l'inexactitude de la distance du soleil alors admise, lorsqu'il annonça que l'inégalité parallactique de la lune conduisait à une valeur plus petite que celle obtenue au moyen du passage de Vénus ; cette conclusion a été confirmée par Leverrier quatre ans plus tard, d'après ce qu'on appelle l'équation lunaire du mouvement du soleil. Au premier abord, il semble étrange que l'astronome habile puisse, en observant simplement les mouvements de notre satellite et sans quitter son observatoire, arriver à la solution de problèmes qui nécessitent des expéditions coû-

teuses et fatigantes dans les parties les plus reculées de la
terre, lorsqu'on entreprend de les démontrer par une autre
méthode ; cependant cela est, comme Laplace l'a fait remarquer
depuis longtemps. L'étendue et le but de cet ouvrage n'exigent
pas que nous entrions dans des détails sur cette méthode de
trouver la parallaxe solaire au moyen de la lune ; il suffira
de dire que, sous l'influence de l'action perturbatrice du soleil,
l'intervalle entre la nouvelle lune et le premier quartier est de
huit minutes plus long que l'intervalle entre le premier quartier et la pleine lune ; et cette différence dépend *du rapport
entre le diamètre de l'orbite lunaire et la distance du soleil,* de telle
sorte que si l'on observe cette inégalité avec exactitude, on
peut calculer ce rapport. Puisque l'on connaît la distance de
la lune, on aura ainsi celle du soleil. Les résultats obtenus par
cette méthode, d'après les recherches les plus récentes, paraissent donner à la parallaxe une valeur entre 8″,83 et 8″,92.

Mais la méthode qui permettra de déterminer de la manière
la plus exacte les dimensions de notre système, est celle qui a
été proposée par Leverrier, et qui repose sur les perturbations
séculaires produites par la terre sur les planètes les plus rapprochées et qui sont surtout la cause des mouvements de leurs
nœuds et de leur périhélie. Ces mouvements sont très lents mais
constants ; et alors plus on va, plus on les connaîtra avec une
exactitude croissante. Si on les connaissait avec une exactitude
absolue, on pourrait alors calculer, avec une exactitude absolue aussi, le rapport entre les masses du soleil et de la terre,
et en partant de ce rapport, on peut [1] calculer la distance du
soleil par deux ou trois méthodes différentes.

1. Une des manières de procéder est la suivante : Soit M la masse du
soleil, et *m* celle de la terre ; soit R la distance de la terre au soleil et *r*
celle de la terre à la lune ; enfin soit T le nombre de jours de l'année sidérale, et *t* le nombre de jours du mois sidéral. L'astronomie élémentaire nous
donne alors :

$$M : m = \frac{R^3}{T^2} : \frac{r^3}{t^2}$$

d'où :
$$R^3 = r^3 \left(\frac{T^2}{t^2}\right) \left(\frac{M}{m}\right)$$

ou en langage ordinaire, *le cube de la distance du soleil est égal au cube
de la distance de la lune multiplié par le carré du nombre de mois sidéraux
contenus dans une année sidérale et par le rapport des masses du soleil et
de la terre.* On doit remarquer cependant que T et t sont les périodes de la

Au point où en sont ces matières, la plupart des astronomes penseront probablement que ces perturbations séculaires ne sont pas connues avec assez d'exactitude pour rendre cette méthode supérieure à celles que nous avons nommées; peut-être n'est-elle pas même encore leur rivale. D'un autre côté, Leverrier avait lui-même une si grande confiance dans cette méthode qu'il refusa de vérifier les opérations que l'on a faites pour observer le dernier passage de Vénus, ou d'y coopérer, considérant que tout travail et toute dépense dans ce but étaient simplement autant de gaspillé.

Mais, quel que soit l'état de la question aujourd'hui, il est hors de doute qu'à mesure que le temps s'écoule et que notre connaissance des mouvements des planètes devient plus exacte et plus précise, cette méthode deviendra sans cesse de plus en plus exacte, jusqu'à ce que, et dans peu de siècles d'ici, elle surpasse toutes celles qu'on a décrites. La parallaxe solaire déterminée d'après cette méthode par Leverrier, en 1872, a pour valeur 8″,86.

La dernière des méthodes mentionnées dans le tableau des pages 12 et 13, est intéressante en ce qu'elle offre un exemple de la manière dont les sciences sont reliées entre elles, et dépendent les unes des autres. Avant les expériences de Fizeau en 1849, et celles de Foucault quelques années après, notre connaissance de la vitesse de la lumière reposait sur la connaissance des dimensions de l'orbite terrestre. On avait découvert, en faisant des observations astronomiques sur les éclipses des satellites de Jupiter, que la lumière mettait un peu plus de 16 minutes pour traverser l'orbite terrestre, soit à peu près 8 minutes pour venir du soleil; par suite, en supposant que la distance du soleil soit de 154.000.000 de kilomètres, comme on l'a longtemps cru, la vitesse de la lumière doit être de 309.000 kilomètres par seconde. Ainsi l'optique devait cet élément fondamental à l'astronomie. Mais lorsque Foucault en 1862 annonça que, d'après ses expériences dont l'exactitude ne peut être mise en doute, la vitesse de la lumière ne pourrait pas être de plus de 299.274 kilomètres par seconde, l'obligation

terre et de la lune, en supposant que leurs mouvements ne soient pas du tout troublés; par conséquent, ces périodes diffèrent un peu de celles que l'on observe actuellement; les différences sont petites, mais elles empêchent de calculer avec précision.

fut rendue, et les soupçons qu'avaient fait naître sur la valeur
de la parallaxe solaire les recherches de Hansen et de Leverrier
sur la lune, furent changés en certitude. Les déterminations
expérimentales de la vitesse de la lumière par Cornu en 1873-74
mettent la parallaxe solaire entre 8″,78 et 8″,85, selon que
nous nous servions de la constante d'aberration de Struve, ou
de la valeur de « l'équation de la lumière » trouvée par Delambre ; on donne ce nom au temps que met la lumière à parcourir l'intervalle compris entre la terre et le soleil.

Tout récemment, en 1878-79, le quartier-maître A. A. Michel-
son, de la marine des États-Unis, a mesuré de nouveau avec
une grande exactitude la vitesse de la lumière au moyen d'une
modification de la méthode de Foucault. Il a obtenu comme
résultat 299.920 kilomètres, résultat qui concorde avec celui de
Cornu à moins de 64 kilomètres près par seconde et qui ne
diffère très certainement pas de la vérité d'une quantité aussi
grande que 64 kilomètres.

M. D. P. Todd a publié depuis lors une discussion soignée
de la valeur de la parallaxe solaire tirée de la vitesse de la lumière, et il trouve comme résultat 8″,808 ; d'après lui, les limites de l'erreur sont entre 8″,78 et 8″,83. Cependant on peut
faire sur cette méthode quelques objections reposant sur l'incertitude où l'on est de la vitesse du mouvement du système
solaire dans l'espace, et sur l'effet que peut produire ce mouvement sur la propagation de la lumière. La correction nécessaire
ne peut pas être bien grande, mais on ne peut, par aucune méthode connue dans la science, déterminer sa valeur exacte.

En réunissant tous les témoignages qui peuvent être acquis
jusqu'à présent, il semblerait que la parallaxe solaire ne peut
pas différer beaucoup de 8″,80, bien qu'elle puisse être de 2″
plus grande ou plus petite ; cette valeur correspondrait, comme
nous l'avons déjà dit, à une distance de 149.452.000 kilomètres
avec une erreur probable d'environ 1/4 p. 100, soit 362.000 kilomètres [1].

1. Les oscillations de l'idée que se faisaient les savants sur la valeur de
cette constante ont été très curieuses. Au commencement de ce siècle,
Laplace, dans sa *Mécanique Céleste,* adoptait la valeur de 8″,81 fournie par
la première discussion du passage de Vénus en 1761-69 ; mais d'autres astronomes, comme Delambre, proposaient une valeur plus petite. Encke, comme
on l'a dit plus haut, fit en 1822-24, une nouvelle discussion de ces passages,
et en déduisit la valeur 8″,58, qui subsista pendant près de 40 ans. Vers

Mais quoiqu'on puisse établir cette distance sur des figures, il n'est pas possible de donner une idée d'un espace aussi grand ; c'est tout à fait en dehors de la puissance de notre conception. Si on l'essayait de franchir une telle distance, en supposant que l'on fît 64 kilomètres à l'heure, pendant 10 heures par jour, on mettrait 42 ans et demi pour faire un seul million de kilomètres, et plus de 6.700 années pour franchir toute la distance.

Si on pouvait imaginer un chemin de fer céleste, le voyage au soleil, même si nos trains faisaient 960 kilomètres à l'heure jour et nuit, sans s'arrêter, exigerait plus de 175 ans. La sensation elle-même ne pourrait aller si loin pendant la vie d'un homme. Pour nous servir de l'exemple curieux de M. Mendenhall, si on pouvait supposer un enfant ayant le bras assez long pour lui permettre de toucher le soleil et s'y brûler, il mourrait de vieillesse avant que la douleur ne l'atteignît, puisque, d'après les expériences d'Helmholtz et d'autres, un choc nerveux se transmet à raison de 100 pieds par seconde, ou 1.637 milles par jour, et mettrait plus de 150 ans à faire le voyage.

Le son mettrait environ 14 ans à faire le voyage, s'il pouvait se transmettre à travers les espaces célestes, et un boulet de canon en mettrait 9 s'il se mouvait uniformément avec la même vitesse qu'au moment où il quitte la gueule du canon. Si on pouvait arrêter subitement la terre dans son orbite, et si elle pouvait tomber sans obstacle vers le soleil sous l'influence accélératrice de l'attraction de cet astre, elle atteindrait le centre en près de deux mois. J'ai dit si on pouvait l'arrêter, mais l'étendue de son orbite est telle, que pour la parcourir en une année elle doit se mouvoir avec une vitesse de près de 30 kilomètres par seconde, soit à peu près 50 fois plus vite que la balle la plus rapide ; et en se mouvant à raison de 32 kilomètres, la

---

1860, les recherches de Hansen, de Leverrier et de Stone passèrent pour avoir établi une valeur dépassant 8″,90 et le *British Nautical Almanac* se sert encore de 8″,95. En 1865, Newcomb publia une recherche faite avec beaucoup de soin en s'appuyant sur toutes les données que l'on connaissait alors, et il en déduisit la valeur 8″,848. En 1872, Leverrier trouva 8″,85, d'après les perturbations planétaires. L'*American Ephemeris* et le *Jahrbuch* de Berlin emploient la valeur de Newcomb, tandis que la *Connaissance du temps* française se sert de celle de Leverrier. Cependant il semble tout à fait certain, d'après les travaux qu'on a faits dans ces dernières années, que la valeur (8″,80), donnée dans le texte, est plus près de la vérité.

ligne qu'elle suit dévie de la ligne droite parfaite de moins de
1/8 de pouce. Et cependant le soleil exerce son influence sur
toute la circonférence de cette orbite effrayante, et chaque
mouvement de sa surface reçoit sa réponse de la terre qui
subit son influence.

En observant les légères variations du diamètre apparent du
soleil, on trouve que sa distance varie quelque peu à différentes
époques de l'année, environ de 4.827.000 kilomètres en tout;
une recherche attentive montre que l'orbite terrestre est presque une ellipse exacte, dont le point le plus rapproché du soleil, ou périhélie, est atteint par la terre vers le 1er janvier; à
ce moment elle est distante du soleil de 147.000.000 de kilomètres.

La distance du soleil une fois connue, on connaît facilement
ses dimensions, tout au moins dans certaines limites étroites
d'exactitude. Le demi-diamètre angulaire du soleil pris à sa
distance moyenne, est presque exactement 962″, l'erreur ne
dépassant pas $\frac{1}{2000}$ de la quantité totale. Le résultat d'observations faites pendant 12 années à Greenwich (de 1836 à 1847)
donne 961,82″, et d'autres déterminations oscillent autour de la
valeur mentionnée d'abord, et qui est celle adoptée par le *American Nautical Almanac.* En prenant comme distance 149.000.000
de kilomètres, on a comme diamètre apparent du soleil
1.394.000 kilomètres; l'erreur probable sur cette dernière
quantité, dépendant à la fois de l'erreur commise en mesurant
la distance, et de celle commise en mesurant le diamètre, est
quelque chose comme 6 ou 8,000 kilomètres; en d'autres termes,
il y a beaucoup de chances pour que le diamètre réel soit compris entre 1.380.000 et 1.400.000 kilomètres.

Les mesures faites par la même personne cependant, et avec
le même instrument, mais à diverses époques, diffèrent quelquefois assez pour faire soupçonner que le diamètre varie légèrement, ce qui ne serait nullement surprenant en considérant la nature de la surface du soleil.

Il n'y a pas de différence sensible entre les diamètres équatorial et polaire; cela tient à ce que la rotation du soleil sur
son axe n'est pas assez rapide pour rendre la dépression polaire qui doit nécessairement résulter de la rotation, assez
marquée pour qu'on puisse la distinguer avec les moyens d'observation actuels.

Il n'est pas facile de se faire une idée réelle de la grandeur de cette énorme sphère. Son diamètre est égal à 109,5 fois celui de la terre, et sa circonférence est proportionnelle ; de sorte qu'un voyageur qui pourrait faire le tour de la terre en 80 jours, mettrait près de 24 ans pour faire le tour du soleil. Puisque les surfaces des sphères sont entre elles comme les carrés, et les masses cubes comme les diamètres, il s'ensuit que la surface du soleil est près de 12.000 fois plus grande que celle de la terre, et son volume de plus de 1.300.000 fois plus grand que le volume de la terre. La terre étant représentée par l'un de ces petits globes de 3 pouces dont on se sert dans les écoles, le soleil à la même échelle aurait plus de 27 pieds de diamètre, et sa distance serait d'environ 3.000 pieds. Imaginons que le soleil soit creusé et que la terre soit placée au centre de la coquille ainsi formée, ce serait comme un ciel pour nous, et la lune aurait de la place pour tous ses mouvements bien à l'intérieur de la surface enveloppante : en vérité, puisqu'elle est seulement à 240.000 milles de distance, tandis que le rayon du soleil est à plus de 430.000 milles, il y aurait de la place pour un second satellite à une distance de 190.000 milles au delà.

Connaissant la distance du soleil, on peut aussi évaluer sa masse ou la quantité de matière qu'il contient ; cette masse est près de 330.000 fois aussi grande que celle de la terre. On peut la calculer soit en employant la proportion donnée dans la note de la page 25, soit en comparant la force attractive exercée par le soleil sur la terre, attraction qui est indiquée par la courbe de l'orbite terrestre (environ 0,119 de pouce par seconde) en comparant, dis-je, cette attraction avec la distance parcourue dans le même temps par un corps tombant à la surface de la terre sous l'influence de la pesanteur, quantité qui a été déterminée très exactement par des expériences faites avec le pendule. On doit naturellement faire entrer aussi dans le calcul ce fait que le soleil exerce son influence sur la terre à une distance de 92.885.000 milles, tandis qu'un corps qui tombe à la surface de la mer est à environ 4.000 milles du centre d'attraction qui le fait mouvoir [1].

1. Voici comment on calcule la masse du soleil d'après les données que nous venons d'indiquer : appelons M la masse du soleil, et m celle de la terre, R la distance de la terre au soleil, et r le rayon moyen de la terre ; T la durée de l'année sidérale exprimée en secondes, et $\frac{1}{2} g$ la distance que

Cette masse, si on veut l'exprimer en livres ou en tonnes, est trop grande pour qu'on puisse s'en faire une idée : elle est égale à deux octillions de tonnes, soit 2 suivi de 27 zéros; elle est près de 750 fois aussi grande que les masses réunies de toutes les planètes et de tous les satellites du système solaire; la masse de Jupiter seul est plus de 300 fois aussi grande que celle de la terre. La force d'attraction du soleil est telle qu'elle s'exerce dans tout l'espace qui l'entoure même sur les étoiles fixes, de sorte qu'un corps placé à la distance d'une des étoiles les plus rapprochées de nous, comme α du Centaure qui est 200.000 fois plus loin que le soleil, ne pourrait être indépendant de l'attraction solaire qu'en se mouvant avec une vitesse de plus de 300 pieds par seconde, soit 200 milles à l'heure; à moins d'être animé d'un mouvement plus rapide que celui-ci, il décrirait autour du soleil une orbite fermée, une ellipse de forme quelconque ou un cercle, et le temps de sa révolution, en prenant l'orbite le plus petit possible, serait environ de 31.600.000 ans, et si l'orbite était circulaire, de près de 90.000.000 d'années. Nous disons que ce corps accomplirait sa révolution de cette façon, c'est-à-dire naturellement s'il n'est pas arrêté ou détourné de sa course par l'action de quelque autre soleil, comme cela serait probablement. Et l'on peut remarquer ici que certainement, dans un grand nombre de cas, et probablement dans la plupart, les étoiles parcourent l'espace avec une vitesse beaucoup plus grande, qui doit être d'un grand nombre de kilomètres par seconde.

Quant à l'attraction entre le soleil et la terre, elle est de 3.600 quatrillions de tonnes, c'est-à-dire du nombre 36 suivi de dix-sept zéros. Ici nous empruntons à un calcul récent de

parcourt en une seconde un corps tombant à la surface de la terre. Alors la distance dont la terre tombe vers le soleil en une seconde, ou la courbure de son orbite en une seconde est égale à $\dfrac{2\pi^2 R}{T^2}$ (soit environ $0^m,0030$). Par suite, d'après la loi de la pesanteur,

$$\tfrac{1}{2} g : \frac{2\pi^2 R}{T^2} = \frac{m}{r^2} : \frac{M}{R^2} \quad \text{d'où} \quad M = m \left(\frac{4\pi^2 R^3}{T^2 \, r^2 \, g} \right).$$

Dans cette formule, posons, $\pi = 3,14159$; $R = 149.452.000$ kilomètres, $T = 31.558.149,3$ secondes, $r = 3.938,2$ milles et $g = 0,0061035$ mille (16,113 pieds) et nous arriverons au résultat donné plus haut, soit $M = 330.000^m$ (environ).

M. C. B. Warring une image frappante. Supposons que la force de gravitation cesse d'agir et soit remplacée par un lien matériel quelconque, qui rattache la terre au soleil et la maintienne dans son orbite. Imaginons maintenant que ce lien se compose d'un réseau de fils d'acier, tous aussi gros que le plus fort des fils télégraphiques en usage (le n° 4); pour remplacer l'attraction solaire, ces fils devraient former sur tout l'hémisphère tourné vers le soleil, une masse à peu près aussi serrée que les brins d'herbe sur une pelouse. Il en faudrait neuf par pouce carré.

Si nous calculons l'intensité de la pesanteur à la surface du soleil, ce qui est facile en divisant sa masse 330.000 par le carré de 109 $\frac{1}{2}$ (nombre de fois que le diamètre du soleil surpasse celui de la terre), nous trouvons que cette force est 27 $\frac{1}{2}$ fois aussi grande qu'à la surface de la terre; un homme qui pèserait 150 livres sur la terre, pèserait près de deux tonnes sur le soleil; et, même si la surface était bonne, il ne pourrait bouger. Un corps qui sur la terre parcourt dans sa chute un peu plus de 4$^\mathrm{m}$,875 par seconde, en parcourrait près de 135 sur le soleil. Un pendule qui battrait les secondes sur la terre aurait sur le soleil des oscillations plus de cinq fois aussi rapides, à peu près comme la roue de rencontre d'une montre, et tremblerait plutôt qu'elle n'oscillerait.

Puisque le volume du soleil est 1.300.000 fois celui de la terre, tandis que sa masse n'est que 330.000 fois celle de notre planète, il s'ensuit naturellement que la *densité moyenne* du soleil, laquelle s'obtient en divisant la masse par le volume, *n'est qu'environ le quart de celle de la terre*. C'est là un fait des plus importants au point de vue de la constitution de ce corps. Comme nous le verrons plus loin, on sait que certains métaux lourds qui nous sont familiers sur la terre, entrent pour une grande part dans la composition du soleil, de sorte que si la partie principale de la masse solaire était ou solide ou liquide, sa densité moyenne devrait être au moins aussi grande que celle de la terre, d'autant plus que la force énorme de la pesanteur solaire tendrait puissamment à comprimer la matière dont le soleil se compose. La faible densité du soleil ne peut s'expliquer que si l'on admet une hypothèse qui semble s'accorder assez bien avec tous les autres faits, et que l'on considère le soleil comme étant surtout un globe de gaz ou

de vapeur, sans doute fortement comprimé au centre par le
poids des couches supérieures, mais maintenu à l'état gazeux
par l'élévation de sa température. Et d'autre part, on pourrait prédire avec sûreté, d'après les lois de la physique, qu'une
boule de vapeur enflammée aussi énorme, exposée au froid de
l'espace, doit présenter exactement les phénomènes que nous
offre l'observation de la surface du soleil et des régions voisines.

CHAPITRE II

MÉTHODES ET APPAREILS POUR ÉTUDIER
LA SURFACE DU SOLEIL

Projection de l'image du soleil sur un écran. — Méthode de Carrington pour
déterminer la position des objets à la surface du soleil. — Photographie
solaire. — Photoheliographies. — Méthodes de Cornu. — Lunette à
objectif de verre argenté. — Oculaire solaire d'Herschel. — Oculaire
polarisant.

La chaleur et la lumière du soleil sont si intenses qu'il faut
des méthodes et des instruments particuliers pour en observer
la surface. Les appareils dont on se sert pour étudier la lune,
les planètes et les étoiles, ne conviennent pas du tout pour
le soleil.

Un procédé excellent lorsqu'on se propose d'obtenir une
vue générale du soleil, sans chercher les détails délicats, et
que l'on veut déterminer d'une manière facile et rapide les
positions des taches et d'autres objets sur le disque solaire,
consiste à projeter son image sur une feuille de carton au
moyen d'une lunette.

On dispose l'appareil comme l'indique la figure 6. La feuille
de papier sur laquelle on veut projeter l'image est soutenue
en face de l'oculaire par une carte adaptée à la lunette. La
distance entre l'écran et l'oculaire dépend de la grandeur de
l'image que l'on veut obtenir et de la puissance de l'oculaire;
un diamètre de 300 à 600 millimètres est le plus commode.
On attache ordinairement un second écran au bout de la lunette où se trouve l'objectif pour faire équilibre au premier et
intercepter toute lumière qui n'a pas passé à travers l'instrument. Lorsqu'on doit se servir de l'appareil pour déterminer

la position de taches sur le soleil, on doit ajuster avec soin
la surface qui reçoit l'image, de manière qu'elle soit perpendiculaire à l'axe optique de l'instrument.

Pour déterminer la position d'objets sur le disque solaire,
Carrington traçait sur l'écran deux lignes perpendiculaires
entre elles et faisant un angle d'environ 45° avec la ligne nord-
sud ou le cercle horaire. Pour déterminer la place d'une tache
sur le disque solaire, il suffit alors de noter à l'aide d'une
montre, et avec autant d'exactitude que possible, les quatre

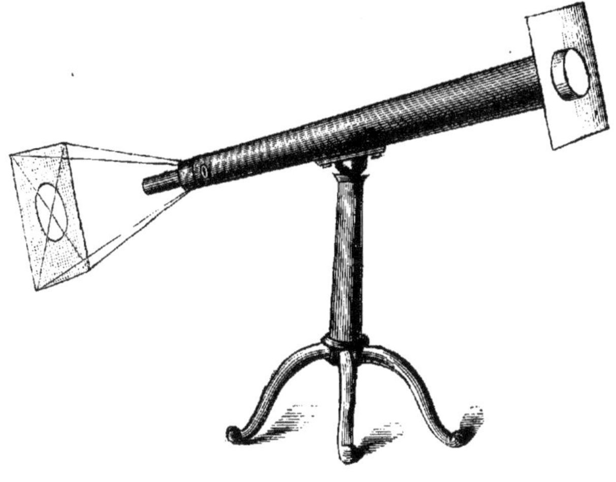

Fig. 6.

moments où le bord de l'image du soleil coupe les deux lignes
(la lunette restant, il va sans dire, tout à fait fixe pendant tout
ce temps), et les deux moments où la tache passe sur ces
lignes. Avec ces six observations et le secours des données
que contient l'almanach, on calcule facilement la distance et
la direction de la tache par rapport au centre du soleil en se
servant de formules que nous ne pouvons donner ici, mais que
l'on trouvera dans les notices mensuelles de la *Société royale
astronomique*, vol. XIV, page 153. La figure 7 représente cette
disposition.

Une méthode simple, mais moins uniformément exacte,
consiste à tracer sur l'écran un cercle dont le diamètre le
plus convenable est environ la moitié du champ visuel, puis à

noter les instants où le bord de l'image du soleil est tangent à ce cercle, ainsi que les deux moments où la tache en question coupe la circonférence. Avec un équatorial (c'est-à-dire un instrument monté de telle sorte que son principal axe de mouvement soit dirigé vers le pôle céleste), la méthode de Carrington est préférable, puisque les lignes, une fois ajustées dans la direction convenable, la conservent pour toutes les positions de la lunette. Avec une lunette ordinaire et qui n'est pas montée comme nous venons de le dire, le cercle est plus commode.

Une petite lunette ainsi ajustée permet de faire des observations véritablement utiles sur le nombre, la position et les mouvements des taches solaires. De temps à autre aussi,

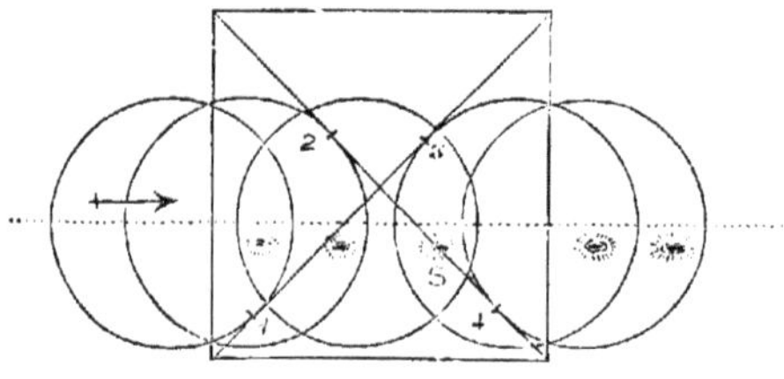

Fig. 7.

lorsque les conditions atmosphériques se trouvent être favorables, on peut par ces méthodes obtenir un grand nombre de détails sur les taches du soleil et sa surface. L'assombrissement du bord du soleil causé par l'absorption de l'atmosphère solaire se constate facilement, et l'on voit fort bien les facules. Un des grands avantages de cette méthode, c'est que plusieurs personnes peuvent observer ensemble. Ainsi un professeur peut par ce procédé faire voir à une douzaine d'élèves à la fois toutes les particularités remarquables de la surface solaire, et être sûr que tous voient les points sur lesquels il veut attirer leur attention.

Si un amateur trouvait par hasard sur le disque solaire une petite tache ronde qu'il eût des raisons de considérer comme une planète intra-mercurielle, quelques observations du genre indiqué plus haut répétées à des intervalles de quelques minutes décideraient la question immédiatement et permettraient de déterminer avec une exactitude suffisante la vitesse et la direction du mouvement.

Si l'instrument a une monture d'équatorial et un mouvement d'horlogerie, grâce auxquels l'image semble rester stationnaire sur l'écran, on peut faire sur un papier quadrillé un dessin très satisfaisant qui indique avec assez d'exactitude la position et la grandeur de toutes les taches visibles, pour qu'on puisse conserver ces dessins et les consulter au besoin. Les observations du grand ouvrage de Carrington sur les taches du soleil ont pour la plupart été faites de cette manière.

Depuis quelques années on se sert beaucoup de la photographie pour les observations de ce genre. L'appareil employé se compose d'une lunette ayant une chambre obscure au lieu d'oculaire, et munie d'une disposition qui permet d'exposer instantanément la plaque sensible aux rayons solaires.

Puisque, dans la lunette achromatique ordinaire, les rayons qui exercent l'action photographique la plus énergique n'ont pas leur foyer au même point que ceux qui agissent le plus sur l'œil, un instrument de ce genre, quelle que soit sa perfection visuelle, ne donne pas des images photographiques bien nettes. Pour obtenir les meilleurs résultats photographiques, il faut employer des verres dont les corrections soient calculées tout exprès. M. Rutherfurd, de New-York, semble avoir été le premier à reconnaître ce fait, et à construire un instrument spécialement destiné à la photographie astronomique. Pour cela il est allé droit au but et n'a pas hésité à sacrifier la perfection visuelle d'un objectif parfait de 0,075 millimètres de diamètre en modifiant sa courbure de manière à produire la meilleure correction actinique; et il a été récompensé par un succès qui n'a pas encore été égalé, pour ce qui a rapport à la perfection des photographies obtenues. Quelques-unes de ses photographies du soleil et de la lune rivalisent pour la netteté et les détails avec les dessins des meilleurs observateurs.

Une autre méthode plus simple pour obtenir les corrections voulues, essayée une première fois par M. Rutherfurd et rejetée comme laissant à désirer, a été dernièrement renouvelée par M. Cornu, de Paris. Elle consiste non pas à retailler les deux lentilles qui composent l'objectif, mais simplement à les séparer légèrement de 12 millimètres environ par un instrument de 3 mètres de foyer. La correction approximative ainsi obtenue donne d'excellents résultats, et l'instrument n'est pas rendu impropre à un autre travail, puisqu'il suffit de quelques minutes pour remettre les verres en place.

Une lunette de réflexion n'offre point de ces difficultés, puisque les rayons de longueurs d'onde et de couleurs différentes ne sont pas dispersés par la réflexion comme par la réfraction. Mais il y a des difficultés d'un autre genre et plus graves encore, qui dépendent de l'extrême sensibilité du réflecteur à l'action déformatrice des variations de tempéra-

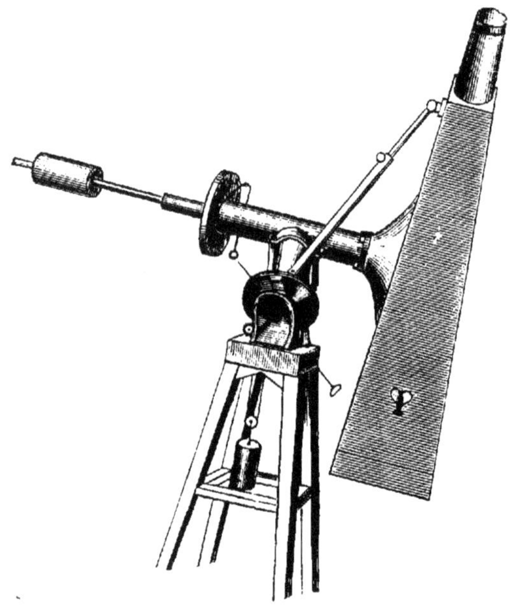

Fig. 8. — Photohéliographe de Kew.

ture, de sorte que jusqu'ici les réflecteurs ont été trouvés inférieurs aux réfracteurs au point de vue des résultats photographiques. Cependant ils ont plusieurs fois donné de très bons résultats pour la photographie des éclipses solaires.

Dans les lunettes de grande dimension l'image se forme presque toujours directement au foyer de l'objectif sans autre grossissement. Telles sont les images obtenues par M. Rutherfurd, dans lesquelles le diamètre de l'image du soleil est d'environ 43 millimètres. On reproduit ensuite les négatifs si on veut des épreuves de plus grande dimension. Avec des instru-

ments plus petits, tels que le photohéliographe de l'observatoire de Kew, on se sert d'un oculaire grossissant construit
de manière à déformer aussi peu que possible l'image formée
par l'objectif tout en lui donnant un diamètre de 75 à 100 millimètres. Dans cet instrument, que nous représentons ici, le
diamètre de l'objectif n'est que de 87 millimètres et sa distance
focale de $1^m,259$; le tube, au lieu d'être conique comme d'ordinaire, et plus large au bout tourné vers l'objet, est fait en
forme de pyramide et plus large au bas de façon à recevoir
plus commodément le porte-plaque. Tout l'appareil est monté
en équatorial et mû par un mouvement d'horlogerie. Il a été
construit en 1857 sous la direction et d'après les plans de
M. de la Rue, à la demande du conseil de la Société royale, et
a rendu de grands services. Plusieurs autres instruments du
même genre ont été faits depuis avec de légers perfectionne-
ments. Ceux dont les savants anglais et russes, chargés d'observer le dernier passage de Vénus, se sont servis pour leurs
opérations photographiques étaient de ce type; ceux des Allemands étaient presque pareils, sauf les lunettes dont les
dimensions étaient beaucoup plus considérables, avec de 15 à
20 centimètres d'ouverture, ce qui permettait de se servir de
lentilles moins puissantes. Comme nous l'avons déjà dit, les
Français et les Américains employaient une disposition différente : leurs objectifs avaient une longueur focale assez grande
(de 6 à 12 mètres) pour dispenser du grossissement de
l'image; ils plaçaient le tube horizontalement et réfléchis-
saient la lumière à travers la lentille au moyen d'un miroir
plan mû par un mouvement d'horlogerie.

La lumière solaire est si puissante que son action sur la
plaque sensible doit être réduite à un seul instant. L'appareil
dont on se sert pour cela offre des dispositions fort variables
selon les types des instruments employés, mais il se compose
toujours essentiellement d'un diaphragme mobile coupé par
une fente dont on peut faire varier la largeur, et qu'un ressort
puissant lance vivement devant la plaque sensible. Au moment
où elle doit être exposée à l'action de la lumière, l'opérateur
presse une détente ou une touche télégraphique, et le diaphragme, jusqu'alors retenu par un mécanisme convenable,
devient libre et dans un passage rapide permet aux rayons
solaires de pénétrer par la fente pendant un espace de temps

qui varie selon les instruments entre $\frac{1}{100}$ et $\frac{1}{5000}$ de seconde, suivant la grandeur de l'instrument, la sensibilité du collodion et la pureté de l'atmosphère.

Nous représentons ici le diaphragme de Vogel, qui est peut-être un des meilleurs. Lorsque l'observateur met le doigt sur une touche télégraphique, l'électro-aimant M attire l'armature B, laquelle dégage le cliquet C et permet au ressort S, qui agit au moyen du cordon et de la poulie, de faire passer rapidement le diaphragme qui contient la fente A sur l'orifice par lequel les rayons pénètrent dans la chambre noire.

Le caractère de l'image obtenue dépend en grande partie

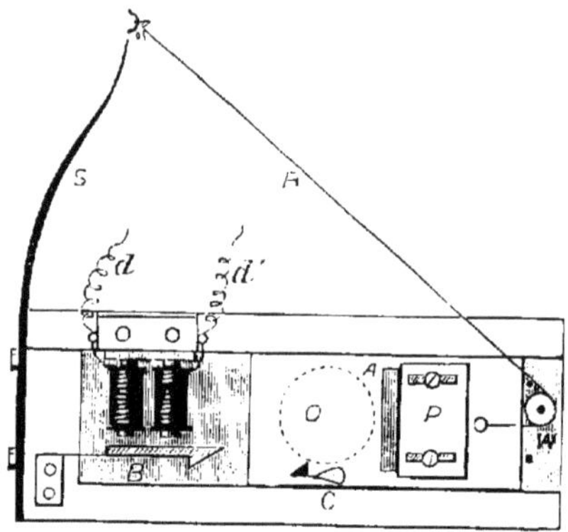

Fig. 9. — Diaphragme de Vogel.

du temps pendant lequel on laisse agir la lumière. Si l'on veut obtenir une image du soleil à bords durs et fermes sur lesquels on puisse prendre des mesures pour déterminer la position de certains points sur le disque solaire, — comme on l'a fait lors du passage de Vénus, — alors il faut un temps relativement long; mais on ne doit pas oublier que le diamètre de l'image du soleil augmente sensiblement avec le temps pendant lequel on laisse agir la lumière, de sorte qu'il ne faut jamais compter sur ce diamètre pour fournir une échelle exacte. Si, d'un autre côté, on se propose d'obtenir une image pleine de détails, qui montre les facules et la structure des taches, il faut beaucoup réduire le temps pendant lequel agit la lumière en rendant la fente plus étroite ou en donnant au diaphragme une vitesse plus grande; ajoutons que, malheureusement, la durée

de l'action lumineuse nécessaire pour reproduire parfaitement
les portions centrales du disque est bien trop courte pour les
parties voisines du limbe, où la force actinique est bien diminuée.

Cette circonstance ôte beaucoup de sa valeur à la méthode
photographique. Un habile dessinateur peut montrer dans le
même dessin des détails qui diffèrent d'intensité à un degré
quelconque, tandis que le photographe est pour ainsi dire forcé
de se borner à la reproduction d'une seule classe de détails
à la fois. Malgré cela nous pouvons être sûrs qu'une photographie est toujours la représentation autographique d'un fait,
et non une œuvre d'imagination. Il n'en est pas de même des
dessins, car on doit remarquer combien deux dessinateurs
consciencieux mettent souvent de différence dans la représentation du même objet que tous deux regardent avec la même
lunette et dans les mêmes circonstances. Comme tableau
exact du nombre, de la position et de la grandeur des taches
du soleil à un moment donné, la photographie est parfaite,
cela va sans dire. De 1858 à 1872, le photohéliographe de Kew
a donné ce tableau pendant quatorze ans. En 1873, l'instrument a été transporté de Kew à Greenwich, où la série a été
reprise au commencement de 1873, avec au moins deux images
par jour lorsque le temps le permettait, et plus de deux quand
il se passait sur la surface solaire quelque chose d'un intérêt
spécial. Une série semblable a été conservée pendant bien des
années à l'observatoire de Wilna, en Russie, mais en 1877
elle a été détruite par un incendie. Les nouveaux observatoires
physiques de France et d'Allemagne se proposent d'exécuter
le même travail. Comme il se peut que des nuages couvrent
toutes les stations à la fois, il serait à désirer que des instruments de même espèce fussent établis sur le continent occidental et dans l'hémisphère sud, de façon à assurer à l'astronomie des observations pratiquement continues.

Tout dernièrement M. Janssen, directeur du nouvel observatoire physique de Meudon, a donné à la photographie solaire
un degré de perfection qui n'avait pas encore été égalé. Pour
y arriver, il a profité de ce qu'il y a dans le spectre, près de la
raie *G* de Fraunhofer, une bande étroite de rayons qui exercent
sur les sels d'argent une action photographique bien plus
intense que celle de toute autre partie du spectre. Cette action

est même si intense qu'avec une durée d'action très courte et convenablement réglée l'effet obtenu est pratiquement le même que si la lumière solaire était monochrome et composée de trois rayons seulement; alors les imperfections de l'objectif sous le rapport de l'achromatisme sont presque neutralisées. Cela permet de se servir d'un objectif achromatique ordinaire que l'on a corrigé approximativement pour la photographie, en se contentant de séparer très peu les lentilles, d'après la méthode de Cornu.

Avec une lunette de 125 millimètres et une lentille grossissante convenable, M. Janssen obtient des images qui ont jusqu'à 50 centimètres de diamètre, et qui reproduisent avec une extrême perfection tous les détails de la surface solaire. La durée de l'action de la lumière, qui varie de $\frac{1}{200}$ à $\frac{1}{1000}$ de seconde, suivant la transparence de l'air et la hauteur du soleil, est réglée par un diaphragme qui ressemble beaucoup à celui de Vogel. L'image obtenue est très faible, et exige un développement prolongé et ménagé avec soin ; mais lorsqu'elle est enfin bien développée, elle est admirable sous tous les rapports. Des conséquences fort intéressantes, dont nous nous occuperons plus loin, ont déjà été déduites de ces photographies.

Cependant la photographie ne suffit pas encore pour l'étude des détails les plus délicats de la surface solaire. Rien ne peut remplacer pour cette étude les observations directes faites par des astronomes habiles et expérimentés munis de lunettes puissantes et d'appareils convenables, et toujours en éveil pour saisir les rares instants favorables où les conditions atmosphériques permettent de travailler avec succès.

La lunette doit être munie d'un système quelconque d'oculaire choisi spécialement pour observer le soleil. Autrefois on se servait d'un oculaire ordinaire portant un verre noir près de l'œil. Si l'on emploie toute l'ouverture d'une lunette un peu grande, la chaleur développée au foyer est si grande qu'elle est dangereuse pour les lentilles ; aussi avait-on l'habitude de protéger l'objectif au moyen d'un couvercle percé d'un petit trou au centre, de manière à réduire l'ouverture à 50 ou 75 millimètres. Évidemment cette méthode diminue autant qu'on veut la chaleur et la lumière, mais elle nuit beaucoup à la netteté de l'image. En vertu de principes optiques bien connus, l'image d'un point lumineux n'est pas un point, même avec une lunette absolument parfaite, mais à cause de la diffraction due à l'interférence de la lumière, elle devient un petit disque entouré d'une série d'anneaux lumineux concentriques ; plus l'ouverture de la lunette est petite, plus le disque est grand pour un grossissement donné. De même l'image d'une ligne lumineuse n'est pas une ligne, mais une bande d'une largeur déterminée, avec des franges de chaque côté. On voit donc facilement qu'avec une lunette de faible ouverture il n'est pas possible de distinguer des détails aussi délicats qu'avec une autre d'un plus grand diamètre ; aussi, pour obtenir les meilleurs résultats en examinant la surface du soleil, faut-il trouver moyen de diminuer la lumière et la chaleur du soleil sans réduire le diamètre de l'objectif ou du miroir lorsqu'on se sert d'un télescope.

Un télescope dont le miroir est en verre désargenté atteint admirablement ce but. La surface désargentée réfléchit environ $\frac{1}{30}$ de la lumière et de la chaleur incidentes, et quoique l'image ainsi obtenue soit encore trop brillante pour l'œil nu, la chaleur ne gêne pas, et un écran de verre très mince suffit. Un autre moyen excellent consiste à argenter par le procédé de Liebig ou quelque procédé analogue le devant de l'objectif d'une lunette. On peut régler l'épaisseur de la pellicule d'argent déposée de manière à laisser passer la proportion de lumière que l'on veut, tandis que le reste se réfléchit et ne pénètre pas du tout dans la lunette. L'image ainsi obtenue a une teinte légèrement bleuâtre, mais sa netteté et sa fixité sont remarquables, et cette méthode a le grand avantage d'empêcher l'air de s'échauffer dans l'intérieur de la lunette, ce qui arrive avec toutes les autres dispositions. Les lunettes dont les astronomes français se sont servis pour observer le dernier passage de Vénus avaient été préparées ainsi. Mais, malgré de si grands avantages, cette méthode a en même temps des inconvénients non moins grands, comme on a pu le reconnaître à Saïgon où les nuages étaient si épais qu'on n'a rien pu voir à travers la pellicule d'argent et qu'il a fallu l'enlever avec un linge avant de commencer le travail. Puis il est évident qu'une lunette ainsi préparée ne peut servir pour aucun autre travail ; aussi la plupart des astronomes préparent-ils l'instrument dont ils veulent se servir pour des observations solaires en modifiant l'objectif ou le miroir au lieu d'avoir recours à une modification ou à un accessoire de l'oculaire.

Un des oculaires les mieux connus et les plus commodes est celui que nous devons à sir John Herschel et qui a reçu son nom ; nous le représentons ici (fig. 10). La lumière qui arrive du côté O rencontre un prisme de verre dont la première face fait avec l'horizon un angle de 45°. La plus grande partie de cette lumière, c'est-à-dire plus des $\frac{19}{20}$, traverse le prisme, émerge perpendiculairement à sa seconde face et sort par l'extrémité ouverte du tube ; la lumière réfléchie, c'est-à-dire à peu près $\frac{1}{20}$ de la lumière totale, est lancée vers le haut à tra-

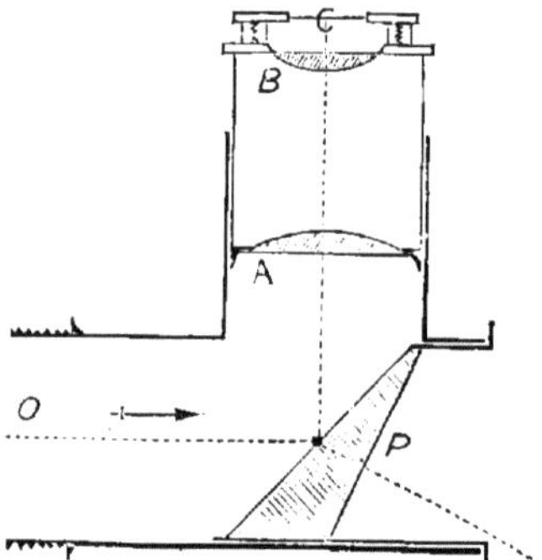

Fig. 10. — Oculaire solaire.

vers l'oculaire proprement dit A B, qui est absolument le même que l'on emploie ordinairement. De cette façon la plus grande partie de la lumière et de la chaleur est éliminée ; mais les lentilles en laissent encore passer plus que l'œil n'en peut supporter, et il faut se servir d'un écran de verre, mais cet écran n'a pas besoin d'être très foncé. L'éclat du soleil varie tellement avec la hauteur et les conditions atmosphériques, qu'il est bon de pouvoir faire varier l'épaisseur de l'écran de verre. On y arrive aisément au moyen d'un coin long et mince de verre foncé, compensé au moyen d'un coin correspondant en verre ordinaire, et maintenu par un cadre convenable, comme le représente la fig. 11. Le verre qui sert d'écran doit être non pas coloré, mais de teinte neutre, de manière à laisser aux objets situés à la surface du soleil leur teinte naturelle. Le verre connu sous le nom de *London smoke* (fumée de Londres) remplit à très peu près cette condition, et avec un écran de ce verre l'appareil donne de très bons résultats et suffit pour tous les travaux ordinaires.

Mais on peut arriver à des résultats encore plus beaux avec des hélioscopes plus compliqués et plus coûteux : grâce à la polarisation, ces instruments réduisent tellement la lumière qu'il n'y a plus besoin d'écran ; de plus, ils nous permettent de graduer la lumière simplement en tournant une vis de rappel. Il existe plusieurs formes d'hélioscopes; en voici un construit par Merz et légèrement modifié [1] ; c'est un des plus commodes et des mieux conçus. La lumière entrant en A rencontre d'a-

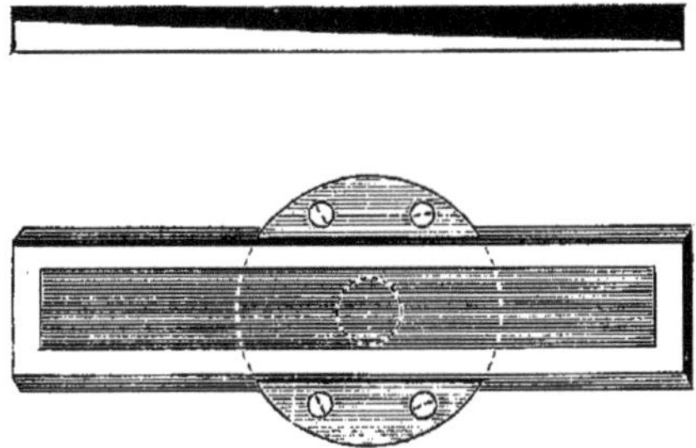

Fig. 11.

bord la surface du prisme P^1 placé à l'angle de polarisation ; les $\frac{15}{16}$ environ de la lumière traversent le prisme, émergent perpendiculairement à sa surface postérieure, et $\frac{1}{16}$ est réfléchi et polarisé par la réflexion. Le rayon réfléchi frappe ensuite la surface d'un second prisme P^2, et alors une partie considérable de la lumière restante est éliminée. Ce qui en reste est réfléchi dans la partie supérieure de l'oculaire, parallèlement à sa direction primitive, par une ouverture située au haut de la boîte ronde où les deux prismes sont montés. La boîte supérieure s'adapte à l'inférieure de telle sorte qu'elle peut tourner autour de la ligne C D comme axe. Elle contient deux miroirs plans de verre noir disposés comme le montre la figure. Si l'appareil était dans la position indiquée, l'œil placé en B recevrait un rayon très fort, assez fort en réalité pour être

---

1. La modification consiste à remplacer par les prismes P^1 et P^2 de simples réflecteurs en verre noir qui sont facilement brisés par la chaleur de l'image du soleil.

douloureux ; il en serait de même si la pièce supérieure tournait de 180° et amenait les miroirs dans la position que marquent les lignes pointillées et mettait le rayon réfléchi sur le prolongement du rayon incident. Mais si l'on fait tourner d'un quart de révolution la partie supérieure, on peut éteindre entièrement le rayon réfléchi, et en le tournant de plus ou de moins de 90° on peut régler à volonté l'intensité de la lumière. Comme il n'y a pas d'écran de verre, tous les objets sont vus

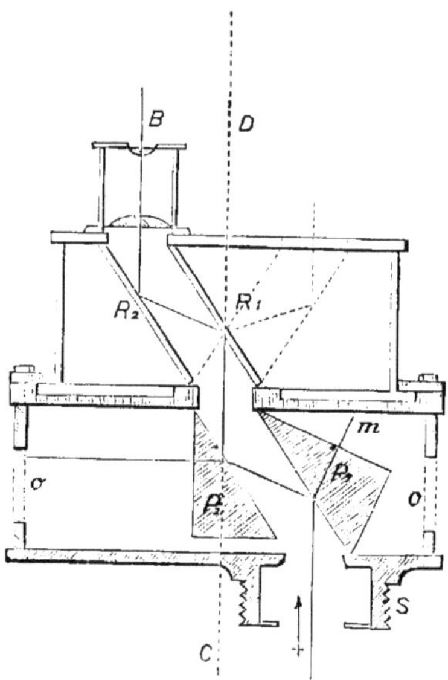

Fig. 12. — Hélioscope de Merz.

avec leur teinte véritable. Un autre avantage, c'est que cette disposition ne change pas, comme le font toutes les espèces d'oculaires en diagonale, l'orientation de l'image du soleil. Le nord, le sud, l'est et l'ouest occupent leurs positions ordinaires et naturelles : point assez important pour la commodité de l'observation.

MM. Secchi, Langley, Christie, Pickering, ont imaginé encore d'autres formes d'oculaires hélioscopiques fondés sur la polarisation, qui ont chacun leurs avantages particuliers ; mais les limites imposées à ce travail ne nous permettent pas de nous arrêter davantage sur cette question. Nous ajoutons seulement que dans certains cas, par exemple pour l'étude de la structure interne des taches du soleil, il y a grand avantage à adopter la disposition de Dawes, et à limiter le champ visuel par un petit diaphragme que l'on fait en perçant une carte ou une plaque d'ivoire avec une aiguille chaude, ce qui arrête la lumière de tous les points de la surface solaire, sauf de celui que l'on étudie au moment même.

CHAPITRE III

LE SPECTROSCOPE ET LE SPECTRE SOLAIRE

Le spectre et les raies de Fraunhofer. — Le spectroscope prismatique:
Description de ses formes diverses et explication de la manière dont il
agit. — Spectroscope de diffraction. — Spectroscope analyseur et spectroscope intégrant. — Le télespectroscope et la manière de l'ajuster. —
Explication des raies du spectre. — Recherches et lois de Kirchhoff. —
Atmosphère absorbante et couche renversante du soleil. — Éléments qui
se trouvent dans le soleil. — Recherches et hypothèse de M. Lockyer. —
Lignes de base. — Recherches de M. Draper sur la présence de l'oxygène
dans le soleil. — Observations de Schuster. — Effet du mouvement sur
la longueur d'onde des rayons et déterminations spectroscopiques du mouvement sur la direction visuelle.

Nous savons depuis Newton qu'un rayon de lumière blanche
se décompose en plusieurs couleurs simples lorsqu'il traverse
un prisme, etque, dans certaines circonstances, il en résulte la
bande colorée des teintes de l'arc-en-ciel à laquelle on a
donné le nom de spectre solaire. En 1802, Wollaston découvrit
dans ce spectre certaines teintes noirâtres, et en 1814 Fraunhofer constata de son côté et indépendamment de son devancier
les mêmes apparences; il perfectionna même son appareil et
sa méthode d'observation de manière à obtenir non seulement
des ombres mal définies, mais encore des raies nettes et distinctes, dont il dressa la carte en désignant d'une manière
spéciale plusieurs des raies principales. Ces raies du spectre
solaire portent même encore son nom.

Cependant Fraunhofer ne réussit pas à expliquer l'existence
de ces raies; il put seulement prouver qu'elles ne venaient ni
de son instrument ni de l'atmosphère terrestre; et ce ne fut
qu'après la publication des recherches de Kirchhoff et de Bun-

sen, en 1859 et en 1860, que les savants commencèrent à en comprendre la signification et l'importance.

Nous parlons du travail de Kirchhoff et de Bunsen comme faisant époque dans la science, et c'est avec raison. Mais le secret du spectre solaire avait été deviné auparavant, du moins en partie, par Stokes, Thomson et Angström, par ce dernier surtout, dont le mémoire, publié en 1853, aurait certainement fait beaucoup de bruit s'il avait paru en français, en anglais ou en allemand au lieu de paraître en suédois. Swan et Zantedeschi avaient aussi donné au spectroscope presque sa forme actuelle, et plusieurs autres savants, parmi lesquels il faut dis-

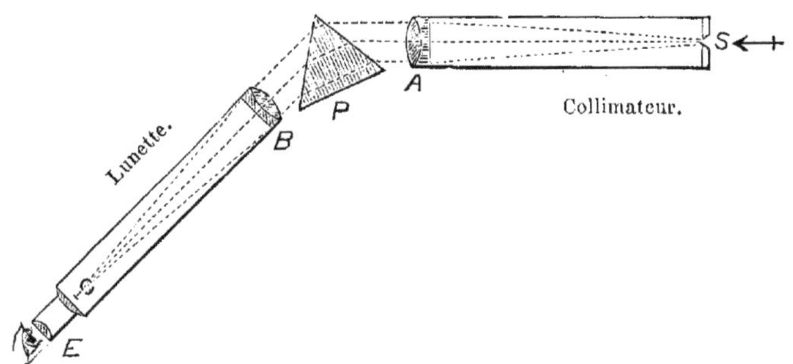

Fig. 13. — Disposition du spectroscope prismatique.

tinguer sir John Herschel, Wheatstone, Foucault et W. Draper, avaient tous contribué à fonder la science nouvelle de la spectroscopie. L'étude des spectres a ouvert aux recherches un monde nouveau et fourni à la physique et à la chimie un champ aussi vaste que la lunette à la vision.

Évidemment un examen trop étendu des instruments, des principes et des méthodes de la spectroscopie dépasserait les limites qui nous sont imposées; nous ne pouvons que la traiter d'une manière tout à fait succincte.

Parlons d'abord de l'instrument. Il se compose ordinairement de trois parties : le collimateur, l'appareil analyseur de la lumière, qui est quelquefois un prisme ou une série de prismes, et quelquefois un réseau de diffraction; enfin la lunette par laquelle on regarde.

La figure montre la construction d'un spectroscope à prisme unique, et la marche des rayons lumineux qui le traversent.

Le collimateur est simplement une lunette dans laquelle l'oculaire est remplacé par une fente étroite. Cette fente se trouve placée exactement au foyer de l'objectif du collimateur, de sorte que les rayons partis de tous les points de la fente deviennent parallèles après avoir traversé la lentille, et qu'une personne qui regarde la fente à travers l'objectif, la voit exactement comme si c'était un objet situé dans le ciel. Optiquement, la fente du collimateur est ainsi rejetée à une distance infinie, tandis que mécaniquement elle se trouve encore au bout des doigts et parfaitement facile à manier et à ajuster. Mais le collimateur n'est pas indispensable. Fraunhofer a fait toutes ses observations avec une lumière passant par la fente d'un volet situé à une distance de 6 à 10 mètres, ce qui était évidemment bien moins commode.

La lunette destinée à regarder le soleil, qui n'est pas plus indispensable que le collimateur, est d'ordinaire une petite lunette dont l'objectif a la même grandeur que celui du collimateur et qui grossit de cinq à vingt fois. Généralement le collimateur et la lunette des spectroscopes astronomiques ont de 18 à 37 millimètres de diamètre, et de 152 à 456 millimètres de long.

La lumière, après avoir traversé la fente et l'objectif du collimateur, rencontre encore le prisme ou le réseau parallèle, et ces deux pièces sont réellement les deux seules essentielles. Avec un prisme les rayons sont déviés, comme on le voit sur la figure, et pénètrent dans la lunette, laquelle est disposée de manière à les recevoir. Admettons un instant que la lumière qui passe par la fente soit rigoureusement homogène, rouge par exemple. L'œil qui regarde par la lunette verrait alors une image rouge de la fente, image dont la forme et les proportions correspondraient tout à fait à la fente, s'élargissant lorsqu'on élargit celle-ci en tournant la vis de rappel, ou se réduisant à une simple ligne lorsqu'on rapproche les bords de la fente. Si, au lieu de n'être qu'une fente, l'ouverture avait une autre forme, par exemple celle d'un arc de cercle, d'un triangle ou d'un carré, l'image la reproduirait et conserverait toujours la même couleur que la lumière qui entre par l'ouverture. Supposons, d'un autre côté, que la lumière ne soit pas homogène, mais se compose de deux couleurs réunies : par exemple, de rouge et de jaune. Si on regardait la fente directement et sans spectroscope, on ne verrait qu'une seule image orangée ; mais avec le spectroscope on verrait *deux* images bien séparées, l'une rouge et l'autre jaune. Cela vient de ce que le prisme réfracte différemment les lumières de couleurs différentes, de sorte que les rayons, après avoir traversé le prisme, viennent frapper l'objectif de la lunette dans des directions différentes qui donnent des images ou des points différents. Si la lumière contient non seulement deux couleurs, mais un grand nombre, les images seront nombreuses, rangées côte à côte comme une ligne de piquets ; et si, comme lorsqu'il s'agit de la flamme d'une bougie, la lumière émise contient un nombre indéfini de teintes, alors les images de la fente, rangées côte à côte, se fondront en une bande colorée continue. Si dans la flamme de la bougie, certaines espèces de lumière sont particulièrement abondantes, alors les images correspondantes de la fente seront plus brillantes que leurs voisines ; et si, comme il arrive d'ordinaire, la fente se réduit à une raie, ces images de la fente deviendront *des raies brillantes* du spectre — des raies seulement, parce que la fente est elle-même une raie, ce qui est évidemment la meilleure forme à donner à l'ouverture par laquelle arrive la lumière, pour que les différentes images puissent empiéter aussi peu que possible l'une sur l'autre.

Si certaines espèces de lumière manquent, alors les images correspondantes de la fente manqueront aussi, et le spectre sera coupé de raies ou de bandes sombres.

La figure 14 montre l'apparence réelle du spectroscope chimique ordinairement employé dans les laboratoires. Outre le collimateur A et la lunette B, il y a un troisième tube C, qui porte à son extrémité la plus éloignée du prisme une petite échelle photographiée sur verre. Il y a une lentille dans le tube à l'extrémité la plus voisine du prisme, de sorte que celui qui regarde par la lunette peut voir cette échelle dans le champ visuel au bord du spectre, ce qui lui permet de noter exactement la position des raies qu'il observe. Cette disposition est due à Bunsen.

Il est souvent bon d'obtenir une séparation des différentes couleurs ou plutôt, pour employer le terme technique, une dispersion plus grande que n'en donnerait un seul prisme. Dans ce cas, après avoir fait traverser aux rayons le premier prisme, on peut les faire passer par un second, puis par un troisième et ainsi de suite, jusqu'à ce qu'ils arrivent à la lunette par laquelle on regarde. Avec des prismes ordinaires il est difficile d'en employer plus de six de cette façon, mais par des réflexions habilement ménagées, on peut renvoyer les rayons par une seconde série de prismes combinés avec la première de façon à obtenir virtuellement l'effet de dix à douze prismes.

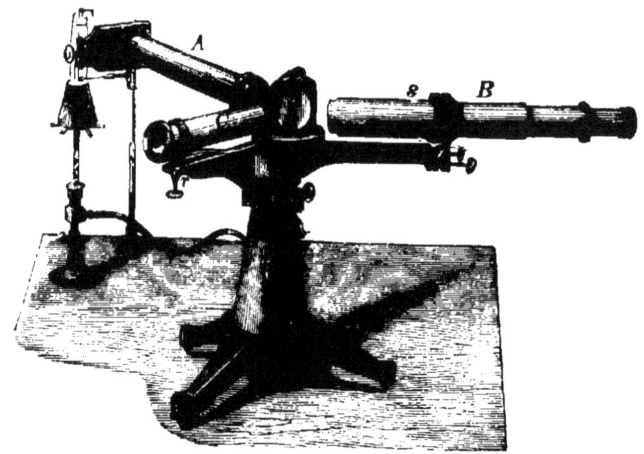

Fig. 14. — Spectroscope de Bunsen.

L'instrument représenté pages 58 et 152, qui sert à observer les proéminences solaires est de cette espèce.

Une autre méthode consiste à employer ce qu'on appelle un prisme composé; chacun de ces instruments se compose d'un prisme A B E à angle très obtus, de quelque substance dispersive, ordinairement de flint glass très lourd, flanqué de deux prismes d'un verre plus léger dont les angles réfringents sont renversés. On peut donner à des prismes de cette espèce un pouvoir dispersif beaucoup plus élevé qu'à des prismes simples, et par suite un nombre moins grand suffira pour donner le même résultat. En donnant aux angles C A E et E B D des proportions convenables, on peut faire que les rayons jaunes du spectre traversent les prismes sans être déviés, tout en conservant une dispersion considérable. Un instrument muni de prismes de ce genre s'appelle spectroscope « à vision directe », et dans certains cas cette forme est bien plus commode que les autres.

M. Thollon a tout dernièrement construit des prismes composés dans lesquels le prisme de verre dense est remplacé par un prisme creux rempli de bisulfure de carbone, lequel a un pouvoir dispersif énorme; avec une série de ces prismes il a obtenu des images du spectre qui ne sont égalées que par les résultats des meilleurs réseaux de diffraction. On arrive aisément ainsi à une dispersion égale à celle de trente ou quarante prismes de spectroscope ordinaire. Cependant la manière dont se comportent ces prismes à bisulfure pour les études ordinaires

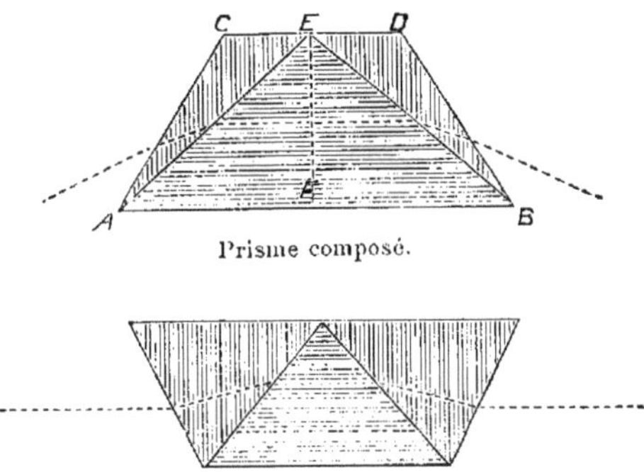

Fig. 15. — Prisme à vision directe.

est loin d'être satisfaisante, parce qu'ils sont excessivement sensibles aux moindres changements de température, ce qui rend le liquide irrégulièrement réfringent, et détruit la netteté de l'image.

Nous avons parlé du pouvoir dispersif de trente ou quarante prismes, mais c'est là une expression très vague, parce que le pouvoir dispersif d'un spectroscope dépend de ses dimensions linéaires aussi bien que de la nature et du nombre de ses prismes, et est proportionnel à ses dimensions. Je veux dire que si pour un spectroscope donné on double la grandeur des prismes, et le diamètre et les longueurs focales du collimateur et de la lunette, mais en conservant la même fente et le même oculaire, son pouvoir dispersif sera doublé par ces changements. Ainsi un grand instrument à un seul prisme pourra égaler en efficacité un autre plus petit à plusieurs prismes.

Lord Rayleigh a fait voir tout récemment que le pouvoir *résolutif* d'un spectroscope construit avec des prismes d'une substance donnée dépend de la longueur du chemin que les rayons lumineux parcourent en les traversant.

Nous avons dit qu'un réseau de diffraction peut remplacer le prisme dans le spectroscope. Ce réseau de diffraction est simplement un système de lignes parallèles, équidistantes et très serrées, tracées sur une plaque de verre ou de métal poli. Les meilleurs qui aient été faits jusqu'ici sont ceux produits par M. Chapman sur une machine construite tout exprès par M. L. M. Rutherfurd, de New-York.

Je possède un de ces réseaux, tracé sur du métal de miroir de télescope, et dont les lignes ont chacune 44 millimètres de long. La rayure couvre une surface de plus de 12 centimètres $\frac{1}{2}$ carrés ; l'intervalle entre deux lignes consécutives est de $\frac{1}{692}$ de millimètre, et le nombre total des lignes est de près de quarante mille. Plus les lignes sont rapprochées, plus la dispersion obtenue est grande ; plus la surface occupée par le réseau est considérable, plus l'opérateur a de lumière à sa disposition, pourvu que le collimateur et la lunette par laquelle on regarde le spectre soient assez grands pour utiliser tout le réseau. Plus le nombre total des lignes est considérable, plus est grand le pouvoir résolutif du réseau, c'est-à-dire la faculté de séparer les raies du spectre qui sont très voisines entre elles.

L'explication de la manière dont le réseau agit pour produire ces spectres nous entraînerait trop loin, nous sommes donc forcés de renvoyer pour cela le lecteur à un bon traité d'optique. Nous disons *les spectres*, parce que si un prisme ne donne qu'un spectre, un réseau en donne un grand nombre, de dispersions inégales, ce qui est souvent fort commode. On comprendra facilement qu'aucun de ces spectres n'est aussi brillant que s'il était unique.

Le réseau dont nous venons de parler, combiné avec un collimateur et une lunette d'environ 1ᵐ,20 de longueur focale, surpasse ou tout au moins égale en pouvoir spectroscopique tous les appareils construits jusqu'ici, et est incomparablement supérieur aux instruments à plusieurs prismes.

La figure 16 montre la disposition des différentes parties d'un appareil de ce genre. Le collimateur et la lunette ont leurs objectifs près l'un de l'autre, de telle sorte que leurs tubes font entre eux un angle aussi petit que le permet la nécessité de maintenir le réseau parallèle à une distance convenable. Il va sans dire que le collimateur et la lunette doivent tous deux être tournés vers le centre du réseau. Celui-ci est monté sur un support dont l'axe est en A, de sorte qu'il peut tourner dans le plan de dispersion, les lignes dont il se compose étant parallèles à cet axe. Le support du réseau doit être construit de manière à le tenir immobile sans le moindre effort, car il est essentiel que la surface soit absolument plane. Quoique le réseau dont nous venons de parler soit tracé sur une plaque carrée de métal à miroir de télescope de 75 millimètres seulement de côté et de près de 9 millimètres d'épaisseur, une pression anormale de 30 grammes seulement sur un des coins exerce

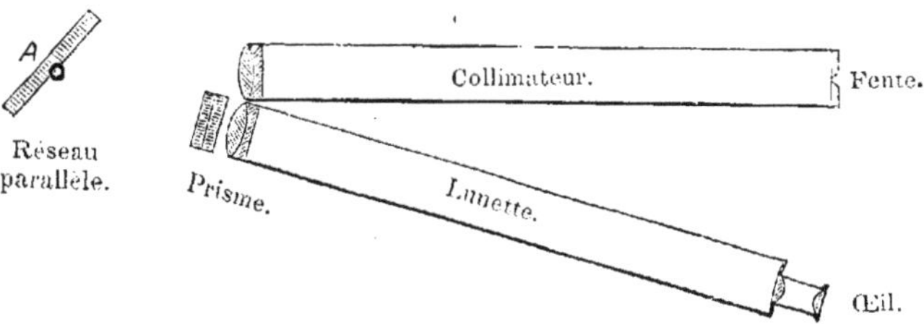

FIG. 16. — Spectroscope de diffraction.

une action sensible sur le résultat, et une de 120 grammes courbe la plaque au point de détruire la netteté de l'image. Comme les spectres de différents ordres empiètent l'un sur l'autre (l'extrémité rouge du spectre de second ordre débordant sur le bleu du troisième, etc.), il est quelquefois nécessaire de les séparer, et on peut y arriver d'une manière dont la première idée a été donnée par Fraunhofer, en interposant entre le réseau et la lunette un prisme unique dont le plan de disposition est perpendiculaire à celui du réseau, puis en inclinant la lunette sous l'angle nécessaire pour recevoir les rayons. Un prisme à vision directe dans l'oculaire atteint le même but, mais d'une manière moins satisfaisante. Dans bien des cas, un écran en verre d'une couleur convenablement choisie est suffisant.

La figure 17 reproduit une photographie de l'instrument dont on se sert à Princeton pour observer les proéminences du soleil. Cet instrument est destiné à être attaché à l'équatorial, et pour cette raison il est plus petit que celui dont nous venons de parler : le collimateur et la lunette ont chacun environ 325 millimètres de long et un diamètre de 31 millimètres. Cependant le réseau parallèle est le même.

Le spectre donné par les prismes de diffraction ou celui d'interférence présentent certaines différences, qui, bien entendu, ne consistent pas dans l'ordre des couleurs ou des raies, mais dans leurs distances relatives. Dans le spectre du prisme, le jaune et le rouge sont très comprimés, tandis que le violet est fort agrandi ; c'est le contraire qui a lieu pour le spectre de dif-

Fig. 17. — Spectroscope de Princeton.

fraction : dans celui-ci les raies du violet s'entassent les unes sous les autres et celles du rouge sont très étalées.

Dans le spectre de diffraction, les raies sont parfaitement droites ; dans celui du prisme, elles sont généralement plus ou moins courbes ; nous disons généralement, parce qu'il y a des genres de spectroscope à forte dispersion dans lesquels cette courbure est corrigée. La courbure vient de ce que les rayons partis du haut et du bas de la fente ne coupent pas la surface réfringente sous les mêmes angles que ceux qui viennent du milieu de la fente ; par suite ils se réfractent d'une manière différente, de sorte que les images de la fente dont se compose le spectre ne sont pas droites, mais déformées.

Il est à peine nécessaire d'ajouter que les raies sombres dirigées dans le sens de la longueur du spectre sont simplement
dues à des parcelles de poussière qui se trouvent entre les bords
de la fente. Il est presque impossible de rendre et de conserver
les bords de la fente assez propres et assez nets pour que des
raies de ce genre ne se montrent pas lorsqu'on rétrécit beaucoup l'ouverture.

On peut se servir du spectroscope de deux manières tout
à fait différentes : on peut simplement diriger le collimateur
vers la source lumineuse, ou bien l'on peut interposer une lentille entre la fente et l'objet lumineux, de manière à former
sur la fente une image de cet objet.

Dans le premier cas, on donne à l'instrument le nom de
spectroscope *intégrant,* parce que chaque point de la fente reçoit
la lumière de l'objet lumineux tout entier, de sorte que le
spectre est le même dans toute sa largeur, et représente la
lumière moyenne de l'objet : il présente le tout en bloc,
pour ainsi dire. Dans le second cas, les différentes parties de
la fente sont éclairées par de la lumière venue de différents
points de l'objet ; le haut de la fente reçoit la lumière d'un
point, le milieu de la fente celle d'un second, et le bas celle
d'un troisième. Si donc les lumières fournies par les trois points
diffèrent entre elles, leurs spectres diffèrent aussi, et l'opérateur reconnaîtra que les différentes parties de la largeur de
son spectre diffèrent d'une manière correspondante : le haut
ne sera pas pareil au milieu, et celui-ci différera du bas. Un
instrument disposé de cette façon est appelé spectroscope
analyseur, parce qu'il nous permet de déterminer séparément
les spectres des diverses parties d'un objet, et d'en analyser
ainsi la constitution : par exemple, lorsqu'il s'agit d'une tache
du soleil et de ses environs. Dans la plupart des cas, surtout
pour l'astronomie, c'est ce dernier spectroscope qui donne les
meilleurs résultats. Quelquefois on peut atteindre le même but
en mettant la fente tout près de l'objet lumineux, comme on
le fait pour l'analyse des flammes ; mais ordinairement il est
bien plus commode de se servir de la lentille. Dans les études
astronomiques on emploie généralement l'objectif d'une grande
lunette équatoriale pour former l'image de l'objet céleste, on
enlève l'oculaire de la lunette et on le remplace par le spectroscope. Souvent on donne à cette combinaison d'instruments

le nom de télé-spectroscope. La figure 18 représente l'appareil dont on se sert à l'Observatoire du collège de Dartmouth.

D'ordinaire il est très important que la fente de l'instrument soit juste dans le plan focal de l'objectif de la lunette pour les rayons que l'on étudie spécialement. A cause de l'existence du

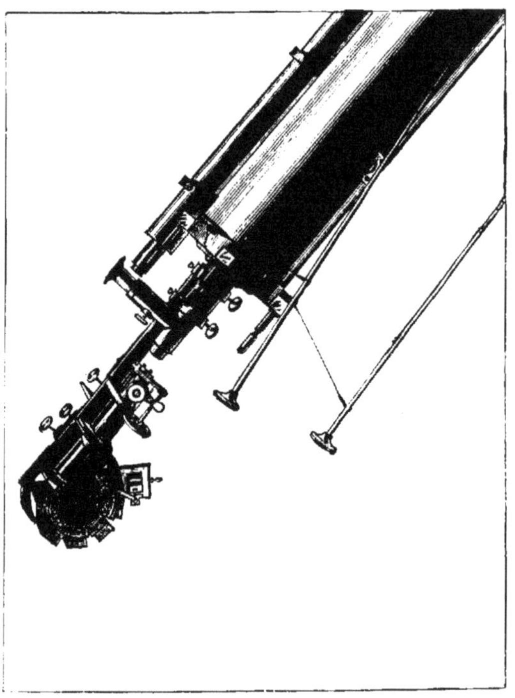

Fig. 18. — Télé-spectroscope.

« spectre secondaire » de la lentille achromatique, ce plan focal est tout à fait différent pour les couleurs différentes, et il faut allonger ou raccourcir le spectroscope de manière à faire varier convenablement la distance de sa fente au grand objectif de la lunette. On peut arriver au même résultat, mais d'une manière moins satisfaisante, au moyen d'une seconde lunette placée entre l'objectif et la fente, et assez près de celle-ci. En déplaçant cette lentille, on peut amener le foyer à coïncider exactement avec la fente; mais si l'on ne prenait pas ce soin, plusieurs des observations spectroscopiques les plus intéressantes et les plus importantes deviendraient tout à fait impossibles.

Si l'on dirige vers une lampe ordinaire ou vers la chaux incandescente d'une flamme de calcium le collimateur d'un spectroscope quelconque, on obtiendra simplement un spectre continu ; ce sera une bande colorée passant graduellement par toutes les nuances comprises entre le rouge et le violet, sans marques ni raies d'aucune espèce. Si l'on tourne l'instrument vers le soleil, on aura quelque chose de bien plus intéressant ; ce sera une bande colorée comme auparavant, mais coupée de centaines et de milliers de raies sombres, les unes fines et noires, pareilles à des cheveux qui traverseraient le spectre, d'autres nuageuses et indistinctes.

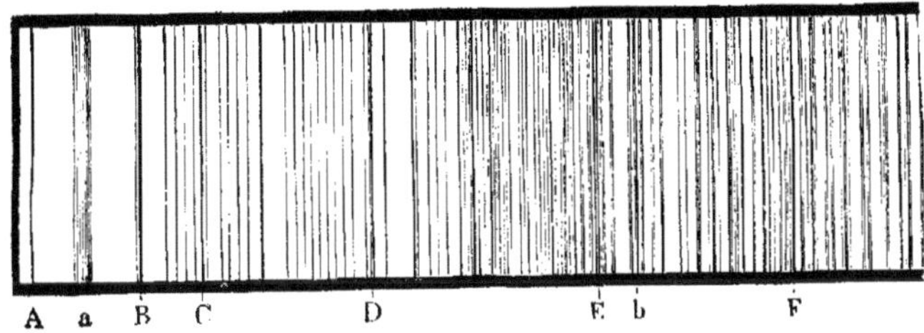

FIG. 19.

La plupart de ces raies conservent constamment la même apparence et la même position ; mais certaines sont plus intenses à un moment qu'à un autre, et lorsque le soleil est près de l'horizon, certaines raies du rouge et du jaune deviennent extrêmement remarquables, ce qui indique clairement qu'elles sont dues, au moins en partie, à notre atmosphère terrestre. La figure 19 reproduit une partie de la carte du spectre solaire que nous devons à Fraunhofer ; elle montre, sauf les couleurs, ce que l'on peut voir avec un excellent spectroscope à un seul prisme. La figure 20 reproduit une très petite partie de la portion verte du spectre, telle que la montre le puissant spectroscope de diffraction dont nous avons parlé un peu plus haut. L'échelle est celle de la carte d'Angstrom. Les grandes raies foncées sont connues sous le nom de groupe *b*, et sont dues, comme nous le verrons bientôt, en partie à la présence de fer et de nickel, et en partie au magnésium, tous à l'état gazeux, dans l'atmosphère solaire.

Si, au lieu de prendre le soleil ou une flamme ordinaire pour

source de lumière, nous examinons au spectroscope l'étincelle
électrique, ou l'arc qui jaillit entre deux pointes de carbone,
ou la lumière que donne le courant d'une bobine d'induction
traversant un gaz raréfié, nous aurons un spectre bien différent, se composant de raies brillantes sur un fond sombre ou
peu lumineux ; et nous reconnaîtrons que ce spectre est toujours le même dans les mêmes circonstances, et dépend principalement de la nature des électrodes et de celle du gaz que
traverse l'électricité, mais aussi, dans une certaine mesure, de
la densité de ce gaz et de l'intensité du courant électrique. De
même aussi, lorsqu'on introduit dans la flamme bleue d'une

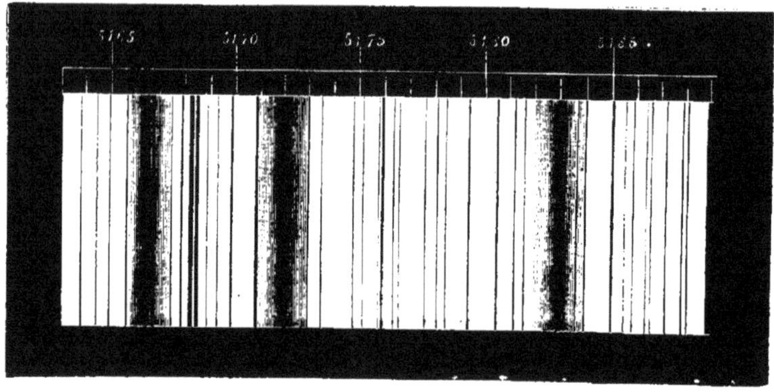

Fig. 20. — Groupe *b* dans le spectre solaire.

lampe à gaz de Bunsen, ou même dans celle d'une lampe à
alcool, certains sels faciles à vaporiser, la flamme devient colorée
et son spectre est un spectre à raies brillantes qui caractérisent
parfaitement le métal dont on étudie le sel. Même la flamme
d'une bougie ordinaire donne presque toujours une de ces raies
brillantes dans le jaune, comme on l'avait remarqué bien des
années avant que Swan ne prouvât, en 1857, qu'elle est due à
la présence du sodium répandu partout à l'état de sel ordinaire.

Dès 1814, Fraunhofer avait découvert que cette raie (ou plutôt
ces raies, car il y en a réellement deux faciles à séparer avec
un spectroscope même peu puissant) coïncide avec la raie
double qu'il a appelée D dans le spectre solaire ; il avait re-
trouvé la même raie dans les spectres de certaines étoiles, mais
il ne savait pas que cette raie est due au sodium, sans quoi il

aurait très probablement fait près de cinquante ans plutôt la découverte qui est devenue le fondement de l'analyse spectrale. Comme nous l'avons déjà dit, les principes sur lesquels s'appuie cette découverte semblent avoir été entrevus avec plus ou moins de netteté, par plusieurs savants, — surtout par Foucault et Angstrom, — bien des années avant la publication du mémoire de Kirchhoff en 1859; mais c'est son travail qui devait donner les premiers fruits.

Il est inutile de redire ici, car elle est bien connue, la manière dont il découvrit que, lorsque les rayons solaires traversent une flamme qui contient de la vapeur de sodium, les raies D du spectre de la lumière solaire ressortent avec une intensité plus grande, quoique, lorsqu'on interpose un écran entre le soleil et la flamme, ces raies soient toujours brillantes dans une flamme de ce genre. Il reconnut aussi que si l'on met derrière la flamme de sodium le cylindre de chaux incandescente de la lumière de calcium, il se produit un phénomène tout à fait semblable, et que les raies brillantes du spectre de la flamme se transforment en raies sombres [1]. Il constata le même fait dans le cas d'une flamme colorée.

Résumons les résultats obtenus par Kirchhoff :

1° Les solides et les liquides incandescents donnent des spectres continus; on sait maintenant qu'il en est de même des gaz sous forte pression.

2° Les corps à l'état gazeux, mais non comprimés, donnent des spectres discontinus composés de raies et de bandes brillantes; ces spectres à raies brillantes sont différents et carac-

---

1. Telle est la noirceur des raies qui se forment ainsi, que l'on a quelquefois peine à croire ce qui est pourtant la vérité : elles sont réellement *plus brillantes* qu'elles ne l'étaient avant l'emploi du cylindre de chaux; leur noirceur n'est qu'apparente et provient de leur contraste avec le fond plus brillant du spectre continu de la chaux incandescente. Mais il est très facile de démontrer le fait par une expérience assez simple. Introduisons dans l'oculaire de la lunette d'un spectroscope assez puissant, un diaphragme opaque traversé par deux fentes faisant entre elles un angle droit, ainsi, $(a)\ \dfrac{(b)}{x}$. Mettons devant la fente du collimateur une flamme de sodium, et avec un peu de soin nous pourrons amener une des deux raies brillantes à être vue à travers la fente b tandis que les deux se voient en même temps comme deux étoiles en x, où elles traversent la fente a. Amenons maintenant derrière la flamme la chaux incandescente : la fente b prendra aussitôt un plus vif éclat, mais a sera toujours bien plus brillante encore, et les deux étoiles de x sembleront remplacées par des points noirs.

téristiques pour les substances différentes, de sorte qu'une substance donnée se reconnaît à son spectre.

3° Quand la lumière qui vient d'un corps incandescent solide ou liquide traverse un gaz, celui-ci absorbe juste les rayons dont se compose son propre spectre, et il en résulte un spectre dans lequel des raies noires occupent exactement les positions où se trouveraient les raies brillantes du spectre du gaz seul.

Si donc il y a du sodium dans l'atmosphère solaire située entre nous et la photosphère, nous devons trouver obscures dans le spectre solaire les raies qui sont brillantes dans le spectre de la vapeur de sodium ; et c'est ce qui arrive en effet. S'il y a du magnésium, il devra se manifester de la même façon, et il le fait; il en est de même de toutes les substances que nous révèle l'analyse spectrale.

Si cette théorie est vraie, il en résulte aussi que cette atmosphère contenant à l'état de gaz les corps dont la présence se manifeste par les raies obscures du spectre ordinaire, —*la couche renversante* du soleil, comme on l'appelle souvent maintenant, — donnerait un spectre à raies brillantes si nous pouvions isoler sa lumière de celle de la photosphère. L'observation de ce fait n'est possible que dans des circonstances toutes particulières. Lors d'une éclipse totale de soleil, au moment où la lune dans son mouvement, vient de couvrir le disque du soleil, l'atmosphère solaire fait naturellement saillie au point où le dernier rayon du soleil a disparu. Si l'on dispose alors un spectroscope de manière que sa fente soit tangente à l'image du soleil au point de contact, on voit un phénomène magnifique. A mesure que la lune avance, rendant de plus en plus étroit le fuseau restant du disque solaire, presque toutes les raies sombres du spectre restent sans changement sensible, tout en devenant un peu plus intenses. Mais certaines de ces raies commencent à pâlir, et quelques-unes prennent même un faible éclat une minute ou deux avant que l'éclipse ne soit totale. Mais aussitôt que le soleil est caché, sur toute la longueur du spectre, dans le rouge, le vert, le violet, on voit jaillir presque instantanément des centaines et des milliers de raies brillantes, rapides et fugitives comme les étoiles d'une fusée qui éclate, car en deux ou trois secondes tout a disparu. Cette couche semble avoir un peu moins de 1.600 kilomètres d'épaisseur, et le mouvement de la lune a bientôt fait de la recouvrir.

Ce phénomène, bien qu'on ait cherché à le constater dans toutes les éclipses qui suivirent l'époque où la spectroscopie solaire fut élevée au rang de science, ne put être observé en 1868 et en 1869, parce que les dispositions nécessaires sont délicates, et il ne fut réellement constaté qu'en 1870. Depuis lors il a été vu d'une manière plus ou moins parfaite à chaque éclipse, sauf une où il a été impossible d'observer ce spectre à raies brillantes, parce qu'il est caché par l'éclairage aérien de notre propre atmosphère.

Cependant il ne faut pas croire que les raies sombres du spectre solaire soient dues uniquement ou même principalement à la couche de gaz située au-dessus du niveau supérieur de la photosphère. S'il en était ainsi, les raies sombres devraient être beaucoup plus fortes dans le spectre de la lumière qui vient des bords du disque que dans celui de la lumière du centre, et cela n'a pas lieu; du moins la différence est très légère. La photosphère, comme on le verra plus loin, est probablement composée de masses nuageuses séparées flottant dans une atmosphère qui contient les vapeurs dont la condensation forme ces nuages; la principale absorption a donc probablement lieu dans les interstices entre les nuages et au-dessous du niveau général de leur limite supérieure.

Les belles observations de M. le professeur Hastings, de Baltimore, dans lesquelles par une disposition ingénieuse il a réussi à mettre en regard l'un de l'autre et à comparer directement les spectres de la lumière du centre et des bords du disque solaire, ont fait ressortir les faits d'une manière très remarquable.

Théoriquement donc, il est très facile de vérifier la présence d'un élément dans le soleil. Il suffit de recouvrir la fente du spectroscope, sur la moitié de sa longueur, d'un miroir ou d'un prisme qui envoie la lumière du soleil dans l'instrument; en même temps on place juste en face de l'autre moitié de la fente une flamme ou une étincelle électrique donnant le spectre de la substance soumise aux recherches. L'instrument étant ainsi disposé, l'observateur voit deux spectres juxtaposés, ayant chacun la moitié de la largeur ordinaire; l'un est le spectre solaire, l'autre celui de l'élément recherché; et il est facile de voir si les raies brillantes de la vapeur élémentaire répondent aux raies sombres correspondantes du spectre solaire

Les figures montrent la disposition habituelle du prisme de comparaison, comme on l'appelle généralement.

Pour observer la partie supérieure ou violette du spectre, on emploie très avantageusement la photographie ; la disposition est exactement la même que celle qui vient d'être indiquée, avec cette différence que l'on met une plaque sensible à la place de la rétine humaine, et que l'on peut garder l'impression d'une manière permanente pour étudier à loisir. Il y a aussi une certaine lumière qui est, comme chacun sait, invisible pour l'œil, et qui agit d'une manière sensible sur la plaque photographique, de sorte que l'on peut par ce moyen trans-

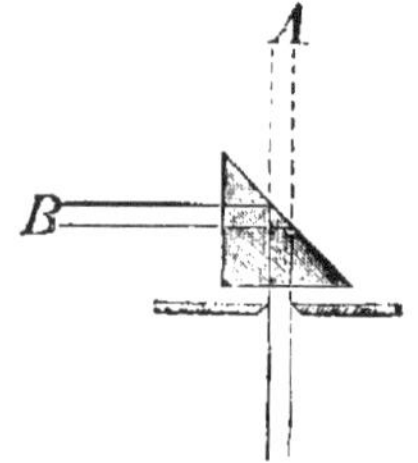

Fig. 21.— Action du
prisme de comparaison.

Fig. 22.— Prisme de comparaison
à la fente du spectroscope.

porter la comparaison dans l'ultra-violet et dans les régions invisibles du spectre.

La figure de la page suivante représente la disposition de l'appareil employé par M. Lockyer dans ses recherches célèbres ; je l'emprunte à ses *Études d'analyse spectrale*.

Théoriquement, nous disons que la comparaison est facile ; mais les difficultés pratiques sont considérables. En premier lieu, il n'est pas facile d'obtenir un spectre du corps que l'on veut étudier dégagé de toutes raies appartenant à d'autres substances. — La partie chimique voulue est très difficile à obtenir ; et en second lieu, les raies sombres du spectre sont si nombreuses qu'il a fallu un pouvoir dispersif très considérable pour obtenir une coïncidence avec certitude ; une raie brillante dans le spectre de l'étincelle électrique peut se trouver très près d'une raie sombre avec laquelle elle n'a aucun rapport. Cependant lorsque, comme dans le cas dont nous avons parlé, les coïncidences ne sont pas au nombre d'une ou deux, mais très nombreuses, et que les raies en question ont

Fig. 23. — Vue générale des dispositions photographiques spectrales
montrant la lampe et les lentilles héliostatiques.

un caractère et une apparence particulières, on arrive bientôt à un résultat satisfaisant.

Ce fut de cette façon (par des comparaisons faites au moyen de l'œil et non de la photographie, que Kirchhoff constata, en 1860, la présence dans l'atmosphère solaire des éléments suivants : sodium, fer, calcium, magnésium, nickel, barium, cuivre et zinc, les deux derniers métaux alors un peu douteux. Depuis lors, la liste a été fort augmentée, et se compose maintenant, d'après les meilleures autorités, des corps suivants :

ÉLÉMENTS.	RAIES BRILLANTES dans le spectre.	RAIES RENVERSÉES dans le spectre solaire.	OBSERVATEUR.
1. Fer..	600	460	Kirchhoff.
2. Titane..	206	118	Thalen.
3. Calcium..	89	75	Kirchhoff.
4. Manganèse..	75	57	Angstrom.
5. Nickel..	51	33	Kirchhoff.
6. Cobalt..	86	19	Thalen.
7. Chrome..	71	18	Kirchhoff.
8. Barium..	26	11	Kirchhoff.
9. Sodium.	9	9	Kirchhoff.
10. Magnesium	7	7	Kirchhoff.
11. Cuivre?..	15	7?	Kirchhoff.
12. Hydrogène..	5	5	Angstrom.
13. Palladium †..	29	5	Lockyer.
14. Vanadium †..	54	4	Lockyer.
15. Molybdène †..	27	4	Lockyer.
16. Strontium *..	74	4	Lockyer.
17. Plomb..	41	3	Lockyer.
18. Uranium †..	21	3	Lockyer.
19. Aluminium †..	14	2	Angstrom.
20. Cérium *..	64	2	Lockyer.
21. Cadmium.	20	2	Lockyer.
22. Oxygène α { † ..	42	12 $\pm$ brill.	H. Draper.
Oxygène β { ..	4	4 ?	Schuster.

L'oxygène a un caractère tout particulier, et nous nous en occuperons plus tard.

Tous les éléments nommés ci-dessus, excepté ceux qui sont marqués du signe †, sont représentés de temps en temps par des raies brillantes dans le spectre de la chromosphère, que nous examinerons dans un autre chapitre ; et le strontium et le cérium ont été observés de cette manière par l'auteur avant que la coïncidence de leurs raies avec les raies sombres

dans le spectre solaire ordinaire ait été constatée d'une
manière satisfaisante. Au moins deux autres éléments terrestres, qui n'ont pu jusqu'ici être identifiés avec aucune substance, sont représentés dans la chromosphère par des raies
brillantes : l'un d'eux est la substance inconnue qui est la plus
remarquable dans la couronne, et l'autre celui auquel M. Frankland a donné le nom d'hélium ; il est bien probable qu'il y en
a encore d'autres.

Outre les éléments compris dans la table ci-dessus, il est
assez probable qu'il y a encore dans l'atmosphère du soleil de
l'indium, du lithium, du rubidium, de l'iridium, du cæsium,
du bismuth, de l'étain, de l'argent, du glucinum, du lanthane,
de l'yttrium, et du carbone, car M. Lockyer a trouvé qu'une
ou plusieurs raies de leur spectre coïncident avec des raies
sombres du spectre solaire.

Quant au carbone, aucune de ses raies caractéristiques n'apparaît dans la partie visible du spectre solaire, mais dans
l'ultra-violet, M. Lockyer a découvert par la photographie un
groupe de raies qu'il attribue à cette substance, de sorte que
sa présence dans l'atmosphère solaire est assez probable.

D'un autre côté, l'observation la plus attentive ne réussit à
découvrir ni dans le spectre ordinaire ni dans celui de la chromosphère la moindre trace de silice, de chlore, de brome
et d'iode ; quant au soufre, le spectre de la chromosphère n'en
contient que des traces douteuses. Quelques-unes des photographies de M. Draper paraissent indiquer, mais seulement
d'une manière très incertaine, la présence de l'azote aussi.

Lorsque nous songeons que les éléments dont nous ne cons-
tatons pas la présence forment une grande partie de la croûte
terrestre, nous nous demandons immédiatement ce que signifie
leur absence apparente. Est-il vrai qu'ils n'existent pas dans le
soleil, ou faut-il seulement admettre qu'ils ne se montrent
pas ; et s'il en est ainsi, quelle en est la raison? Il n'est pas
facile de répondre à cette question, et les astronomes ne sont
pas d'accord sur ce point : M. Lockyer a cependant proposé
une théorie qui, si elle était établie, aplanirait la plupart des
difficultés spectroscopiques, sinon toutes. Il pense que nos
éléments ne sont pas réellement simples, mais composés de
molécules qui sont elles-mêmes composées et capables de *dis-
sociation* sous l'influence de la chaleur. Ainsi, une masse de

chlore, par exemple, peut, à une certaine température, se diviser en éléments; et il se peut bien qu'à certaines températures solaires, plusieurs de nos éléments terrestres ne puissent exister; ou s'ils existent, ce n'est que dans certaines régions très restreintes de l'atmosphère solaire.

Un argument très favorable à cette manière de voir nous est fourni par le fait, qui nous paraît être maintenant incontestable, que la même substance peut, dans des circonstances différentes, donner des spectres très différents. Ainsi l'azote et l'hydrogène ont chacun deux spectres, d'abord un spectre composé de bandes ombrées, et ensuite un autre composé de raies vives et bien définies. L'oxygène, d'après les recherches minutieuses de Schuster, a quatre spectres, et le carbone, d'après ceux qui l'ont étudié, en a quatre aussi. Il paraît y avoir au moins trois explications possibles de ces faits. La première est de supposer que la substance lumineuse, sans aucun changement dans sa propre constitution, vibre différemment et émet des rayons différents lorsque les circonstances ne sont plus les mêmes, tout comme une plaque métallique émet des notes différentes selon la manière dont elle est tenue et frappée. La seconde admet que la substance, sans perdre son identité chimique, subit des changements de structure moléculaire (prend des formes allotropiques) dans les circonstances variées qui produisent les changements de son spectre. D'après l'une ou l'autre de ces théories, quoique nous puissions conclure sans crainte de la présence des raies connues d'un élément dans le spectre solaire, sa présence dans l'atmosphère solaire, nous ne pouvons légitimement tirer aucune conclusion négative : la substance peut être présente, mais les conditions solaires peuvent être telles qu'elles donnent un spectre différent de ceux que nous connaissons.

L'autre explication, qui est la plus simple, est de supposer avec M. Lockyer que les changements du spectre d'un corps sont des indications de sa décomposition, le spectre de la substance primitive étant remplacé par les spectres superposés de ses éléments.

Voici un autre point en faveur de la manière de voir de M. Lockyer : certaines substances ont de nombreuses raies apparemment communes. Ainsi, en examinant la carte du spectre solaire d'Angstrom, on trouve environ vingt-cinq raies

qui sont marquées comme appartenant à la fois au fer et au
calcium. Il en est de même, dans une plus large mesure, du
fer et du titane, et à un degré considérable de plusieurs couples
de substances. Ce fait peut s'expliquer de plusieurs manières ;
les raies ordinaires peuvent provenir d'abord de certaines
impuretés des matières employées, ou bien d'éléments ordinaires des substances, ce qui est l'avis de Lockyer ; elles peuvent provenir aussi d'une certaine analogie de masse ou de
structure moléculaire qui détermine une période de vibration
identique pour les deux substances ; enfin il se peut que la
coïncidence des raies ne soit qu'apparente et approximative
au lieu d'être réelle et exacte ; dans ce cas, un spectroscope
d'un pouvoir dispersif suffisant ferait voir le manque de coïncidence.

Or M. Lockyer a prouvé, par une série de recherches très
laborieuses, qu'un grand nombre des coïncidences que l'on
voit sur la carte, sont simplement dues à des impuretés et il a
pu indiquer, parmi les raies marquées sur la carte comme
communes au fer et au calcium, par exemple, celles qui appartiennent à chacun de ces deux métaux. A mesure que le fer
qu'on emploie est rendu plus pur, certaines des raies communes deviennent plus faibles, et alors appartiennent évidemment au calcium et non au fer. De même on peut, quand
on emploie le calcium, indiquer les raies dues à la présence
du fer. Mais lorsque tout est fait, on trouve que quelques-
unes des raies communes persistent, devenant plus visibles à
mesure que l'on prend plus de précautions pour assurer la
pureté des matières.

En outre, lorsqu'une des substances, le *calcium*, par exemple,
est soumis à des températures toujours croissantes, son spectre
se modifie sans cesse, et ces *raies basiques*, comme M. Lockyer les appelle, sont celles qui deviennent de plus en plus
remarquables, tandis que d'autres disparaissent. C'est justement là ce qui doit arriver si elles sont dues à quelque élément
commun au fer et au calcium, — élément dégagé en abondance
toujours croissante à mesure que la température croît.

Si l'on veut voir cet argument exposé avec toute sa force, il
faut se reporter aux Mémoires de M. Lockyer lui-même, qui
ont pour la plupart paru dans les *Proceedings* de la Société
royale pour 1878 et 1879. La probabilité est certainement très

grande en faveur de cet argument, et cette hypothèse expliquerait d'une manière très simple l'état des choses dans le soleil et dans les étoiles. Il faut admettre que ces astres sont simplement trop chauds pour permettre dans leur atmosphère l'existence des corps absents, lesquels, d'après cette manière de voir, se dissocient ou se décomposent à des températures plus basses. S'il en est ainsi, nous pouvons peut-être espérer un jour, au moyen de l'arc ou de l'étincelle électrique, arriver à produire un résultat semblable dans nos laboratoires, et montrer les éléments de l'oxygène, du chlore ou du carbone. Et même, certaines expériences de Meyer de Zurich, faites en 1878, semblent indiquer que le chlore est un composé contenant de l'oxygène, bien qu'on ait proposé une explication différente.

D'un autre côté, la doctrine nouvelle est mal accueillie par un grand nombre de chimistes, parce qu'il est fort difficile de la mettre d'accord avec les lois que l'on a découvertes comme rattachant ensemble la constitution chimique et le poids atomique des corps.

Dans un très grand nombre de cas aussi, les spectroscopes puissants de Thollon et d'autres ont fait voir que ces raies basiques sont des doubles très voisines, tels par exemple que b_3, b_4 et E; de sorte que dans ces cas nous avons probablement affaire à des raies de différentes substances qui ne sont pas absolument coïncidentes, mais qui sont seulement accidentellement voisines l'une de l'autre dans le spectre. Nous avons récemment fait une étude très attentive des soixante-dix raies indiquées sur la carte d'Angstrom, comme communes à deux substances ou davantage, en nous servant du puissant spectroscope de diffraction décrit plus haut (ch. iii, p. 55). Sur le nombre total de ces raies, cinquante-six sont distinctement doubles ou triples, sept semblent être simples, et quant aux sept autres, elles sont incertaines. Deux de ces raies incertaines sont fortement soupçonnées d'être doubles, et les cinq autres ne peuvent pas être reconnues d'une manière certaine, parce qu'elles tombent sur des espaces couverts de groupes de raies fines que la carte n'indique pas. Pour trois des sept raies qui semblent être simples, il y a désaccord entre la carte d'Angstrom et les tables de Thalen qui accompagnent la carte. Dans l'état actuel des choses on ne peut donc attribuer qu'une très faible importance à l'argument tiré de la coïncidence supposée des raies. Mais s'il arrivait dans la suite que quelqu'une de ces raies doubles se présentât comme doubles dans les spectres *des deux* éléments auxquels Angstrom et Thalen les ont assignées, l'argument reprendrait immédiatement plus de force qu'il n'en a jamais eu avant la résolution des raies, et serait sans réplique comme preuve de communauté de substance ou de structure dans les molécules des éléments en question.

Mais si nous rejetons l'hypothèse que nos soi-disant éléments ne sont réellement pas simples, ce devient une affaire très difficile d'expliquer la non-apparition des raies des substances qui manquent dans le spectre solaire. Il se peut que dans quelques cas l'éclat même des raies d'un élément les empêche de se manifester comme raies sombres. Il est possible, par exemple, de rendre les raies brillantes du sodium si intenses que la lumière d'un cylindre de chaux incandescente ne puisse les renverser, et que, naturellement, en les rendant un peu moins intenses, on les fasse disparaître entièrement, parce qu'elles ne seront ni plus brillantes ni plus sombres que le spectre continu sur lequel elles sont projetées. Ce semble être le cas pour le métal hypothétique, l'hélium, qui donne dans le spectre de la chromosphère une raie d'un jaune intense, désigné par D_3, parce qu'elle est très voisine des raies du sodium, D et D_2. Parfois, et surtout dans le voisinage des taches du soleil, une raie sombre très faible en marque la place, mais habituellement le spectre de la photosphère ne donne pas le moindre signe de sa présence. Il existe quatorze cas semblables dans différentes parties du spectre, mais seulement trois ou quatre d'entre eux peuvent probablement s'identifier avec les raies d'un élément terrestre.

Dans ce cas, cependant, l'élément quel qu'il soit, bien qu'il ne soit pas représenté par une raie sombre dans le spectre de la photosphère, est cependant représenté d'une façon différente et intelligible; mais les éléments qui manquent ne fournissent aucun signe.

L'oxygène offre un cas particulier. Il ne se manifeste pas par des raies sombres remarquables, et les raies brillantes de son spectre ordinaire ne se retrouvent pas dans la chromosphère. En 1877, M. Henri Draper, de New-York, annonça qu'il avait découvert la présence de l'oxygène dans le soleil et publia des

photographies qui prouvent d'une manière tout à fait convaincante la coïncidence entre les raies brillantes de ce corps simple et certains espaces brillants ou certaines bandes du spectre
solaire. Voici comment il procédait : il formait le spectre de
l'oxygène à l'aide d'étincelles données par une puissante bobine
d'induction manœuvrée par une machine dynamo-électrique,
elle-même mise en mouvement par une machine à vapeur. Ces
étincelles passaient entre des pôles de fer dans une petite
chambre faite en stéatite que traversait un courant d'oxygène
pur, presque sous pression atmosphérique; mais quelquefois
on employait de l'air à la place d'oxygène, ce qui donnait
les mêmes résultats, mais avec cette différence qu'alors le
spectre de l'azote venait s'ajouter à celui de l'oxygène. Le
spectre de cette étincelle était photographié en même temps
que celui du soleil, la lumière solaire étant introduite par la
moitié de la fente par un petit réflecteur, ce qui fournissait un
point de comparaison à l'abri de l'influence de toute opinion
personnelle entre le spectre solaire et celui du gaz. Les raies
du fer dues aux pôles sont d'un grand secours pour vérifier les
ajustements. Les raies de l'oxygène obtenues de cette façon
sous pression atmosphérique sont moins bien définies que
celles que l'on voit dans le spectre d'un tube de Geissler, mais
elles sont plutôt larges et indécises.

Dans la partie bleue du spectre solaire, qui est seule accessible à la photographie, les raies de Fraunhofer sont généralement très nombreuses, rapprochées et noires; mais çà et là se
présente un intervalle libre ou relativement libre de toutes
raies. Dans un spectroscope à faible dispersion, un tel intervalle présente l'aspect d'une bande brillante. Or presque
toutes les raies brillantes de l'oxygène que les photographies
nous montrent coïncident exactement avec un de ces intervalles plus brillants.

Il n'est guère probable que ceci soit dû uniquement au hasard, et une étude attentive des photographies démontre presque à tout le monde que, de façon ou d'autre, l'oxygène du
soleil doit jouer un certain rôle dans ce phénomène. Depuis,
M. Draper a répété ces expériences laborieuses et coûteuses
avec un soin encore plus grand, et les résultats qu'il a obtenus
ont pleinement confirmé les résultats précédents. Cependant
il est extrêmement difficile d'expliquer comment la présence

d'oxygène dans l'atmosphère du soleil peut produire un tel
effet dans le spectre solaire ordinaire, tout en restant invisible
dans le spectre de la chromosphère; et les recherches les plus
soigneuses n'ont pas encore permis de découvrir une seule de
ces raies brillantes de l'oxygène. Nous disons de *ces* raies brillantes, parce que M. Schuster a fait voir avec une grande probabilité qu'un spectre d'oxygène différent, qui n'a que quatre
raies brillantes, contient ces quatre raies toutes représentées
par des raies sombres dans le spectre photosphérique, et deux
des quatre dans le spectre de la chromosphère.

Il n'est que juste pour ceux qui refusent encore, comme tant
de savants éminents, de partager l'opinion de M. Henri Draper,
de dire qu'avec les instruments à forte dispersion les raies
brillantes du spectre solaire perdent entièrement leur caractère saillant, et sont même remplacées par un grand nombre
de raies fines et sombres. M. John C. Draper a émis l'opinion
que ces raies sombres pourraient bien être les vrais représen-
tants de l'oxygène.

On voit sans doute que l'opinion de M. Lockyer écarte presque
toutes les difficultés, mais pas toutes. A moins que les photographies de M. H. Draper ne nous trompent absolument par
leurs coïncidences, nous avons encore quelque chose à apprendre sur la formation des spectres dans les conditions solaires.

Les raies du spectre solaire non seulement nous indiquent
la présence ou l'absence de corps dans l'atmosphère solaire,
mais nous renseignent jusqu'à un certain point sur leur état
physique. Le spectre d'un corps donné, de l'hydrogène par
exemple, varie beaucoup sous le rapport de la force et de l'éclat
relatifs de ses raies, suivant les circonstances dans lesquelles
il se produit. Par exemple, si le gaz est très raréfié, et que
l'étincelle électrique qui l'éclaire ne soit pas trop forte, les
raies seront fines et nettement marquées. Sous une pression
plus forte et avec des décharges plus intenses, quelques-unes
des raies deviendront larges et vaporeuses, et l'on verra apparaître de nouvelles raies qui avaient jusqu'alors échappé à la
vue. Il en est de même d'autres substances; et ceci est indépendant du fait déjà signalé qu'un élément donné a souvent plusieurs spectres entièrement différents. Des changements tels
que ceux que nous avons indiqués se poursuivent jusqu'à un
certain point, puis tout à coup on voit apparaître un spectre

entièrement nouveau qui semble n'avoir pas plus de rapport avec celui qui l'a précédé que s'il provenait d'un élément ou d'un mélange d'éléments tout autres; et telle est probablement la vérité d'après la théorie de M. Lockyer.

Or, dans le spectre solaire, les raies sombres qui caractérisent un élément coïncident toutes avec les raies brillantes de son spectre gazeux ; mais il n'arrive pas souvent que la largeur et l'intensité relatives des raies solaires correspondent à celles des raies brillantes du spectre obtenu par des moyens artificiels. Dans le spectre du calcium, par exemple. certaines raies qui dans nos expériences de laboratoire sont les plus remarquables, sont très faibles sur le soleil, et d'autres, qui sont assez faibles dans le spectre de l'étincelle, sont beaucoup plus importantes sur la surface solaire. Jusqu'ici nous ne savons pas expliquer avec certitude toutes ces variations, mais, d'une façon générale, l'on peut dire qu'elles semblent toutes indiquer que la température de l'atmosphère solaire est beaucoup plus élevée que celle d'aucune de nos flammes d'arcs ou d'étincelles électriques.

Parfois aussi, lorsque les mouvements de l'atmosphère solaire acquièrent une intensité peu ordinaire, le spectroscope nous en avertit, et nous fournit les moyens de déterminer la vitesse avec laquelle les masses en mouvement se rapprochent ou s'éloignent de nous. Si un corps lumineux s'approche avec une vitesse qui puisse se comparer à celle de la lumière, la *hauteur* de la lumière, s'il est permis de s'exprimer ainsi, — sa longueur d'onde et son nombre de vibrations par seconde, — sera changée et accrue tout comme l'est celle du son.

Presque tous nos lecteurs ont probablement remarqué le curieux changement de hauteur de la cloche ou du sifflet d'une locomotive qui passe à toute vitesse, surtout si nous sommes nous-mêmes sur un train qui marche en sens contraire. Lorsque la vitesse est grande, par exemple d'une soixantaine de kilomètres par heure pour chaque train, la hauteur monte d'une bonne tierce majeure.

L'explication de ce fait est bien simple : si nous et la locomotive qui porte la cloche étions sans mouvement, nous entendrions le véritable son de la cloche, les vibrations se suivant aux intervalles réguliers et véritables. Mais si nous avançons rapidement vers la cloche, l'intervalle de temps entre le choc

de chaque vibration sur l'oreille et celui de la suivante sera
raccourci, parce que, après avoir reçu une vibration, nous
avançons un peu au-devant de la suivante, de sorte que nous
la rencontrons plus tôt que si nous étions demeurés en repos.
Or cet intervalle de temps entre les vibrations successives est
précisément ce qui détermine la hauteur du son : plus il y a
de vibrations par seconde, plus la hauteur est grande. Il est
évident que si nous restons en repos et que la cloche avance
vers nous, l'effet sera le même, et que, si la cloche et l'auditeur sont tous deux en mouvement, les deux effets s'ajoute-
ront ; enfin il est clair que, si l'auditeur s'éloigne de la cloche,
l'effet contraire se produira et que le son deviendra plus bas.

Il en est exactement de même pour la lumière : celle-ci aussi
se compose de vibrations, et la réfrangibilité d'un rayon et sa
diffrangibilité, s'il nous est permis de fabriquer cette expression,
dépendent toutes deux du nombre de vibrations par seconde
avec lequel elle arrive à la surface diffringente ou réfringente.
Plus les vibrations sont fréquentes, plus elle sera réfractée, et
moins elle sera diffractée. Si donc nous approchions rapidement d'une masse d'hydrogène incandescent par exemple,
nous verrions la position de chacun de ses rayons caractéristiques dans le spectre s'altérer légèrement, et s'éloigner davantage de l'extrémité rouge du spectre (région des vibrations
lentes) que si nous étions en repos. En comparant les positions de ces raies avec celles que donne un tube de Geissler
plein d'hydrogène, nous pourrions découvrir le changement
produit, et par conséquent reconnaître le rapport qui existe
entre la vitesse avec laquelle nous avançons vers la masse en
mouvement, et celle de la lumière. Il en serait de même si le
corps avançait vers nous. Et *vice versa*, si la distance augmentait, les raies s'abaisseraient dans le spectre vers le rouge.

Comme la vitesse de la lumière est excessive (plus de
299.000 kilomètres par seconde), il est évident que des mouvements très rapides peuvent seuls produire un déplacement très
sensible des raies du spectre. Mais puisque dans le voisinage
des taches du soleil et dans les proéminences solaires nous
rencontrons souvent des masses de gaz animées d'une vitesse
de 45 à 80, et quelquefois même de 480 kilomètres par seconde,
il n'est pas extraordinaire, lorsqu'on se sert du téléspectroscope,
d'observer la déformation et le déplacement de parties d'une

raie sombre qui sont produits par ces mouvements et qui les indiquent.

La figure 24 représente l'aspect de la raie C que j'ai vue dans le spectre d'une tache du soleil le 22 septembre 1870. Les vitesses indiquées varient de 368 à 512 kilomètres par seconde : ce dernier chiffre est bien rarement dépassé.

Des résultats de ce genre sont tellement surprenants qu'on a souvent essayé de s'y dérober et d'expliquer la déformation des raies de quelque autre façon, mais sans jamais y réussir d'une manière satisfaisante. On a cherché aussi à élever des difficultés sur la théorie mathématique de la question. Mais

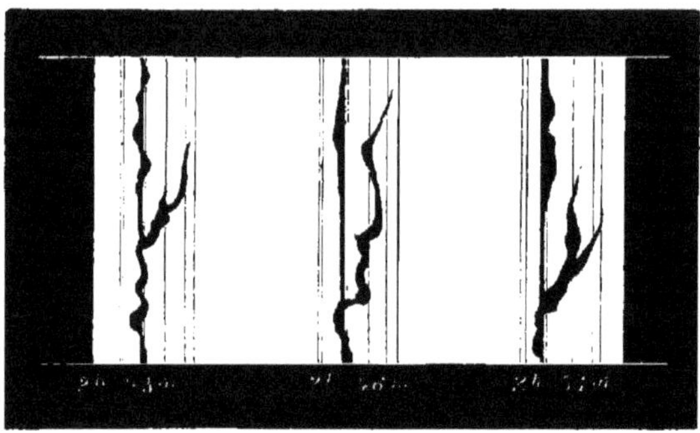

Fig. 24. Changement de la raie C (22 septembre 1870).

elles ont été écartées, et nous avons pu obtenir une vérification pour ainsi dire expérimentale de l'exactitude de la théorie admise, en mesurant le déplacement des raies dans les spectres du bord oriental et du bord occidental du soleil. Le bord oriental marche vers nous, et le bord occidental s'en éloigne, par suite de la rotation du soleil; la vitesse de chacun de ces bords est d'environ 2 kilomètres par seconde. Le déplacement des raies qui en résulte est naturellement fort minime, seulement environ $\frac{1}{100}$ de la distance entre les deux raies D—, mais malgré sa petitesse il a été constaté et mesuré d'une manière satisfaisante par plusieurs observateurs, entre autres par Zöllner, Vogel, Langley et moi-même.

Les valeurs déterminées ont généralement varié entre des chiffres un peu supérieurs à 1,25. Le résultat que j'ai moi-même obtenu a été 1,42 ± 0,07. La différence est un peu plus grande que l'erreur probable ne semble le permettre, et pourrait bien indiquer un fait physique : elle signifie peut-être que l'atmosphère solaire avance sur la photosphère. Mais cette hypothèse a besoin d'être confirmée avant d'être admise comme certaine.

L'hypothèse de la déformation des raies par le mouvement est tout à fait favorable aux idées de Lockyer. Assez souvent il arrive que, dans le voisinage d'une tache, certaines des raies que nous reconnaissons comme appartenant au spectre du fer indiquent un mouvement violent, tandis que tout près d'elles, d'autres raies, caractérisant également le spectre fourni par le fer dans le laboratoire, ne révèlent aucune perturbation. Si nous admettons que ce que nous appelons le spectre du fer soit réellement formé dans nos expériences de la superposition de deux spectres ou davantage appartenant à ses éléments, et que sur le soleil ces éléments soient pour la plupart limités à différentes régions de pression, de température et de hauteur fort variables, il devient facile de voir comment une des catégories de raies peut être affectée sans l'autre.

Les mêmes faits peuvent, il est vrai, s'expliquer aussi en admettant qu'il existe plusieurs formes allotropiques de vapeur de fer mêlées ensemble dans les expériences faites à la surface de la terre, mais séparées sur le soleil et pour ainsi dire triées par les conditions de température et de pression.

CHAPITRE IV

TACHES ET SURFACE DU SOLEIL

Lorsqu'un observateur muni d'appareils télescopiques convenables examine la surface du soleil, il voit devant lui un champ plein d'intérêt. A première vue, il est vrai, ce champ frappe moins que la lune ; il offre moins d'objets qui attirent immédiatement l'attention : il n'y a ni chaînes de montagnes et cratères, ni ombres, ni ruisseaux ou rayons.

Mais si la lunette est bonne, et que les conditions atmosphériques soient favorables, les détails apparaissent bientôt ; on reconnaît que la surface est loin d'être uniforme : elle se compose de très petits grains d'un éclat intense et de forme irrégulière flottant dans un milieu plus sombre et disposés en raies et en groupes. Si le grossissement dont on se sert n'est pas très fort, l'effet général produit par la surface ressemble assez à celui d'un papier à dessin un peu grossier, ou à du lait caillé vu d'une certaine distance ; et en général, on ne peut se servir que d'un faible grossissement, parce que la chaleur du soleil maintient ordinairement l'air dans un état de grande perturbation, de sorte que c'est seulement de temps en temps que l'on peut

étudier la surface solaire avec des grossissements aussi forts
que ceux dont on se sert continuellement pour la lune et les
planètes. Mais de temps en temps, il y a des minutes, et même
des heures favorables où l'on peut porter au maximum l'action
télescopique, et alors nous obtenons des vues comme celle dont
M. Langley a donné un magnifique dessin que nous avons représenté sur notre frontispice. On voit que les grains ou nodules,
comme Herschel les appelait, sont des masses irrégulièrement
arrondies, de plusieurs centaines de lieues dans tous les sens,
disséminées sur un fond moins brillant et faisant à peu près le
même effet que des flocons de neige disséminés sur une étoffe
grisâtre, pour nous servir de la comparaison de M. Langley.
Si le diamètre de la lunette n'est pas de moins de 225 millimètres, et si la vue est tout à fait nette, alors ces grains eux-
mêmes se résolvent quelquefois en « granules », petits points
lumineux qui n'ont pas plus d'une quarantaine de lieues de
diamètre, et dont la réunion compose les grains, de même qu'à
leur tour ils forment les masses plus grossières de la surface
solaire. M. Langley estime que ces granules forment à peu près
le cinquième de la surface solaire, et donnent au moins es trois
quarts de la lumière de cet astre. Langley et Secchi semblent
être jusqu'ici les seuls observateurs qui les aient jamais bien
vus. Les grains sont connus depuis des années, et bien des
observateurs les ont décrits, mais avec certaines différences fort
embarrassantes. En 1861, M. Nasmith les représentait comme
ayant la forme de feuilles de saule d'au moins 1.000 lieues de
long, mais étroites et à bouts pointus; il représentait la forme
du soleil comme un enlacement de filaments de ce genre. La
figure 25 représente un de ces enlacements. Cette description
souleva d'assez chaudes discussions. M. Dawes nia absolument
l'existence de formes de ce genre, tandis que MM. Stone et
Secchi leur assignaient des dimensions bien inférieures et les
comparaient à des grains de riz. M. Huggins n'est tout à fait
d'accord ni avec l'un ni avec l'autre, mais il représente la surface solaire par un dessin auquel nous empruntons la figure 26.
C'est là incontestablement la représentation très exacte de ce
que l'on voit avec une bonne lunette dans des circonstances
favorables, mais non les meilleures possibles.

Mais il y a des parties du disque solaire dont la structure élémentaire se compose souvent de longs filaments étroits et à

bouts émoussés, qui ressemblent moins à des « feuilles de

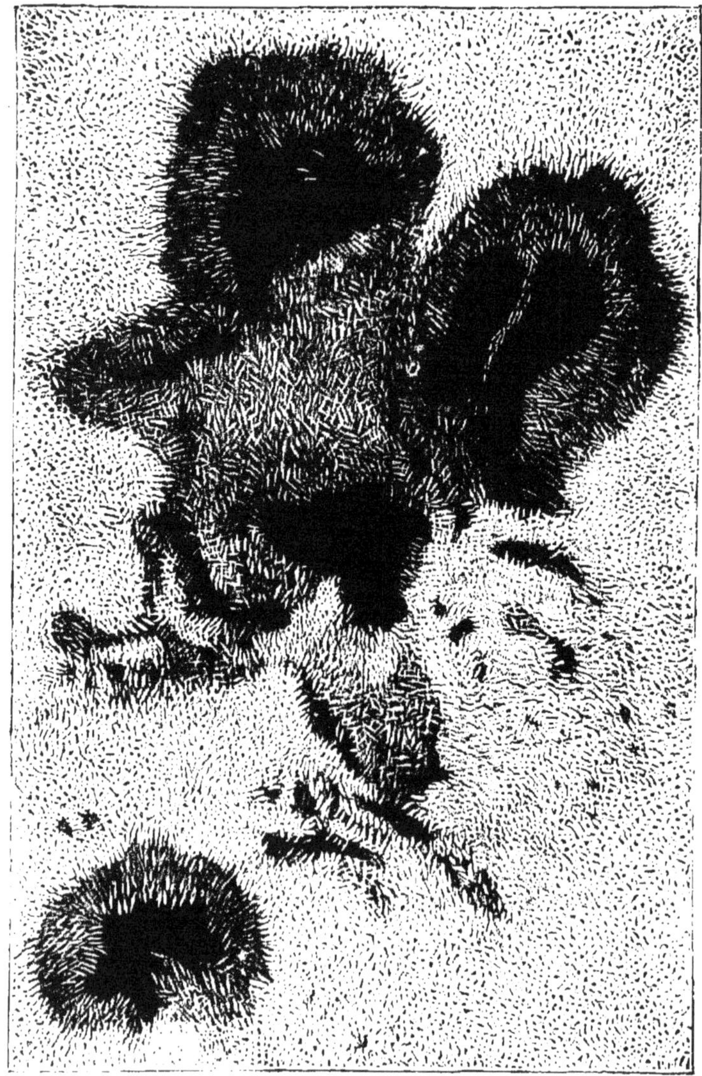

Fig. 25.

saule » qu'à des brins de paille à peu près parallèles entre eux,
présentant l'apparence du chaume, auquel on les a comparés.

Cet aspect est particulièrement ordinaire aux pénombres des taches, ou à leur voisinage immédiat.

Si l'on se demandait comment il faut expliquer les grains et les brins de chaume, on se dirait peut-être que les grains sont les extrémités supérieures de longs filaments d'un nuage lumi-

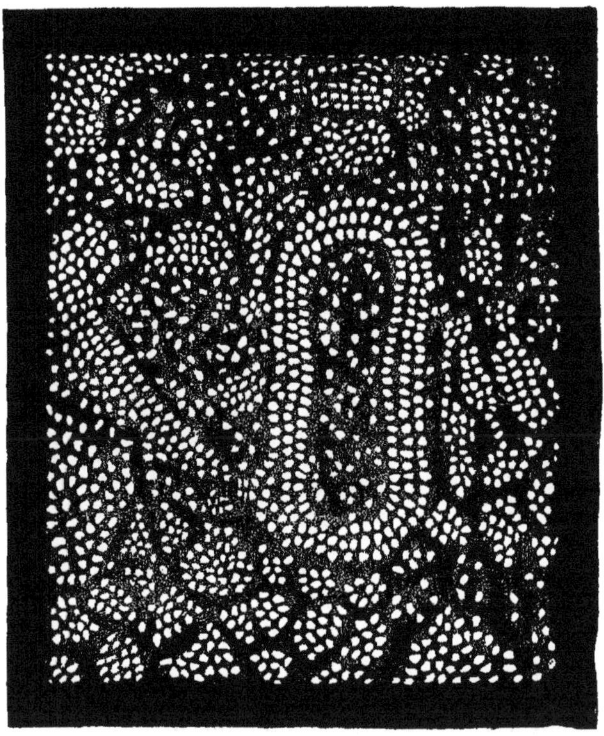

Fig. 26. — Granules et pores de la surface solaire (d'après Huggins).

neux qui, sur la plus grande partie de la surface solaire, sont à peu près verticaux, mais qui dans la pénombre d'une tache sont inclinés de manière à se trouver presque horizontaux. Cependant ceci n'est nullement certain ; il se peut que les masses nuageuses des portions les plus tranquilles de la surface solaire soient réellement, comme elles le paraissent, presque rondes, tandis que près des taches, des courants atmosphériques leur donnent la forme de filaments allongés.

Quelle que soit l'explication réelle des faits, l'apparence des choses dans le voisinage immédiat d'une tache est souvent assez bien représentée par les figures de M. Nasmith, quoique celle de 'M. Langley soit décidément plus exacte dans les détails, et représente des vues bien meilleures.

Près des bords du disque la lumière décroît très rapidement, et certaines formes particulières auxquelles on donne le nom de facules, y sont bien plus remarquables que près du centre du disque. Ces facules (en latin petites torches) sont des raies

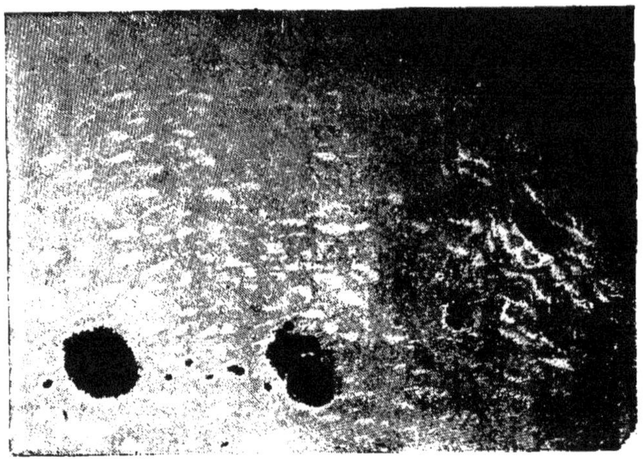

Fig. 27. — Taches solaires et facules (d'après une photographie).

irrégulières qui ont plus d'éclat que la surface générale, et qui ressemblent assez aux raies d'écume qui sillonnent la surface d'un cours au-dessus d'une chute. Assez souvent elles ont de deux à sept mille lieues de long, et l'espace qu'elles recouvrent est bien plus considérable que la surface d'un des continents terrestres.

La figure 27, que nous empruntons à une photographie de M. de La Rue, donne une idée assez exacte de l'apparence générale de ces objets et de la manière dont le limbe du soleil s'obscurcit. Cependant une gravure ne peut jamais rendre la délicatesse des détails. Ces facules sont des régions élevées de la surface solaire, des arêtes et des crètes de matière lumineuse qui dépassent le niveau général et pénètrent à travers les parlies les plus denses de l'atmosphère solaire, tout comme nos montagnes terrestres. La preuve, c'est que de temps en temps lorsqu'une d'elles dépasse le bord du disque, on la voit faire saillie comme une petite dent; mais le lecteur ne doit pas oublier que l'élévation pour être appréciable doit être d'au moins une demi-seconde d'arc, c'est-à-dire 360 kilomètres ou à peu près 45 fois la hauteur de l'Himalaya.

Voici la raison qui les rend bien plus visibles près du limbe : la surface lumineuse est recouverte, comme nous l'avons déjà dit, d'une atmosphère qui n'est pas très épaisse si on la compare aux dimensions du soleil, mais qui l'est cependant assez pour absorber une quantité notable de lumière. La lumière qui vient

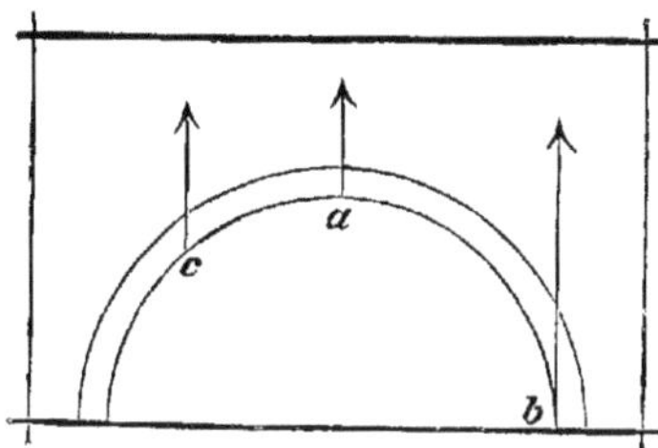

Fig. 28.

du centre du disque pénètre dans cette atmosphère comme le montre la figure en *a*, dans les conditions les plus favorables, et n'est que très peu réduite. Mais les bords du disque sont vus à travers une épaisseur d'atmosphère bien plus grande, en *b* par exemple, et sont nécessairement fort obscurcis, dans une proportion que certains observateurs estiment à 75 pour 100. Or, pour prendre un cas extrême, si nous supposons une facule assez haute pour porter son sommet à travers toute l'épaisseur de cette atmosphère, elle ne subira elle-même aucune diminution d'éclat, tandis que la rotation du soleil la porte du centre du disque jusqu'au limbe, mais elle aura passé d'un fond d'un éclat presque égal au sien, sur lequel elle n'aurait été vue qu'avec peine, à un autre d'environ 75 pour 100 plus sombre, et deviendra ainsi très visible. Ce qui est vrai des facules de ces dimensions exagérées, l'est naturellement aussi d'une façon appréciable des facules moins hautes.

Les facules se rencontrent plus ou moins sur toute la surface du soleil, bien qu'elles soient peu nombreuses dans les régions polaires, mais elles sont surtout abondantes dans le voisinage immédiat des taches, comme le montre la figure. En réalité, il est presque aussi peu ordinaire de trouver une tache solaire sans facules qui l'accompagnent, qu'une vallée terrestre sans collines qui l'avoisinent. Mais la comparaison n'est pas absolument exacte, car il y a beaucoup de facules qui ne sont pas accompagnées de taches.

Excepté près des taches, les facules changent de forme et de place, assez lentement pour la plupart, puisqu'elles persistent quelquefois plusieurs jours sans altération très visible. Cependant une observation attentive et des mesures micrométriques font toujours découvrir quelque mouvement ou quelque déformation, même au bout d'une heure ou deux seulement; et dans le voisinage des taches, les changements sont souvent si rapides et si extrêmes, que même un dessinateur habile a de la peine à les suivre.

Cela montre nécessairement que les facules ne doivent pas être comparées à des montagnes; elles ne sont pas permanentes et stables, et la surface du soleil n'est ni un continent ni même un océan : c'est ou une nappe de flamme ou un nuage agité et sans un instant de repos. Lorsque nous étudions les détails minutieux de la granulation, nous trouvons que des mouvements d'une vitesse de plusieurs milliers de milles par heure sont la règle plutôt que l'exception.

Et, quoique ce ne soit pas ici le lieu de traiter ce sujet en détail, nous pouvons ajouter que tout ce que nous pouvons apprendre sur la température et la constitution du soleil rend presque certain que la surface visible appelée photosphère n'est qu'une nappe de nuages lumineux parfaitement semblables aux nuages de notre propre atmosphère, avec cette exception, que les gouttelettes d'eau dont se composent les nuages terrestres sont remplacées sur le soleil par des gouttes de métal fondu, et que l'atmosphère solaire dans laquelle elles flottent est la flamme d'un feu ardent qui brûle avec une intensité et une furie inconcevables. Comme nous la regardons d'une distance de 31.000.000 de lieues, nous ne voyons pas tout d'abord dans des objets tels que les facules et les granules la preuve de cette agitation; mais, lorsque nous transformons nos mesures micrométriques de changements pres-

que imperceptibles en kilomètres et en vitesse, et que nous
nous figurons l'échelle du mouvement, nous comprenons peu
à peu leur signification, et nous commençons à comprendre
de quoi il s'agit.

De très grands progrès dans la connaissance de la surface
solaire ont récemment été faits grâce à l'ouvrage photographique de M. Janssen dont nous avons parlé plus haut [1]. Un
grand nombre de ses figures (dans lesquelles le disque du
soleil a environ 45 centimètres de diamètre) présentent les
détails de la surface à peu près aussi bien que le ferait une
observation visuelle, et avec cet avantage que l'observateur
n'aurait avec l'œil qu'un champ très limité, tandis qu'avec ces
photographies il voit à la fois tout l'ensemble et se rend compte
des rapports des différentes parties. Lorsqu'on examine une
de ces magnifiques épreuves, on est tout d'abord frappé d'un
aspect « barbouillé », pour nous servir des termes de M. Huggins, qui pourrait faire croire que la plaque n'a pas été bien
nettoyée avant qu'on y mît le collodion. Mais en y regardant
de plus près on voit que cet aspect ne tient pas à la plaque,
mais à l'image; qu'il y a des espaces bien nets d'à peu près
625 millimètres de diamètre sur une épreuve de la grandeur
indiquée, séparés par des raies absolument indistinctes et
confuses.

On pourrait naturellement attribuer cet aspect au mouvement de l'air dans le tube de la lunette et à des nuages de
vapeur provenant de la surface du collodion humide frappée
par le rayon solaire; mais M. Janssen a reconnu que des épreuves obtenues immédiatement l'une après l'autre offrent les
mêmes barbouillages sur les mêmes points du soleil, ce qui
évidemment n'aurait pas lieu si ces barbouillages étaient dus
à des courants d'air ou de vapeur accidentels dans l'intérieur
du télescope. Il en conclut donc que ce phénomène est dû au
soleil, et il lui a donné le nom de réseau photosphérique, parce
que les rayures et les espaces indistincts couvrent la surface
comme un filet.

La découverte de cette particularité dans la structure de
la surface solaire est jusqu'ici le résultat le plus intéressant et
le plus important de la photographie astronomique.

1. Voir page 41.

Si des épreuves prises immédiatement l'une après l'autre offrent les mêmes détails de réticulation, celles qui ont été obtenues à des intervalles d'une ou deux heures de distance présentent de grands changements, surtout près des taches et des facules. Nous donnons dans la page ci-contre deux de ces photographies, empruntées à l'*Annuaire du bureau des longitudes de* 1879. Les photographies originales ont été obtenues par M. Janssen, à Meudon, le 1er juin 1878, à cinquante minutes d'intervalle. Ces épreuves montrent clairement les caractères particuliers du réseau photosphérique, ainsi que la nature et l'étendue des changements qui s'opèrent dans un temps si court. Comparons surtout la granulation du coin inférieur de droite de chaque épreuve, et celle située immédiatement autour de la tache du haut, sans oublier que l'échelle de l'épreuve est d'environ 643 lieues par centimètre, et que la petite tache du haut de la figure a près de 2.333 lieues de diamètre.

M. Janssen pense que les régions peu distinctes sont celles où nous regardons la surface à travers une partie de l'atmosphère solaire qui se trouve momentanément très agitée, tandis que les portions où les détails de la granulation sont nets et bien définis sont celles qui se trouvent momentanément couvertes d'une atmosphère exceptionnellement tranquille et homogène. Ces régions se remplacent sans cesse entre elles, comme le font des espaces d'orage et de beau temps à la surface de la terre, mais avec une vitesse bien plus grande.

Cependant il n'est pas certain que les portions agitées de l'atmosphère solaire auxquelles est due l'apparence confuse en question soient situées dans le voisinage de la surface du soleil. Il se peut qu'elles se trouvent fort haut, et il n'y aurait rien de déraisonnable à supposer que les banderoles et les masses lumineuses de la couronne ne soient pas étrangères à ce phénomène ; il est presque certain que toute grande agrégation de matière chromosphérique doit modifier l'apparence de tout ce qui est au-dessus. Le fait est, évidemment, que nous regardons les granules et les autres détails de la surface solaire, non pas à travers une atmosphère mince, fraîche et calme comme celle de la terre, mais à travers une enveloppe de matière en partie gazeuse, et en partie peut-être pulvérulente ou fumeuse, de plusieurs milliers de lieues d'épaisseur, et toujours profondément et très violemment agitée.

6 h. 47 m.

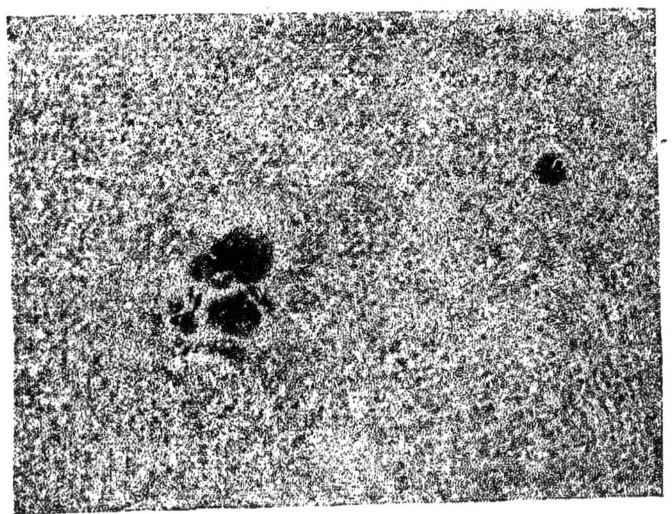

7 h. 37 m.

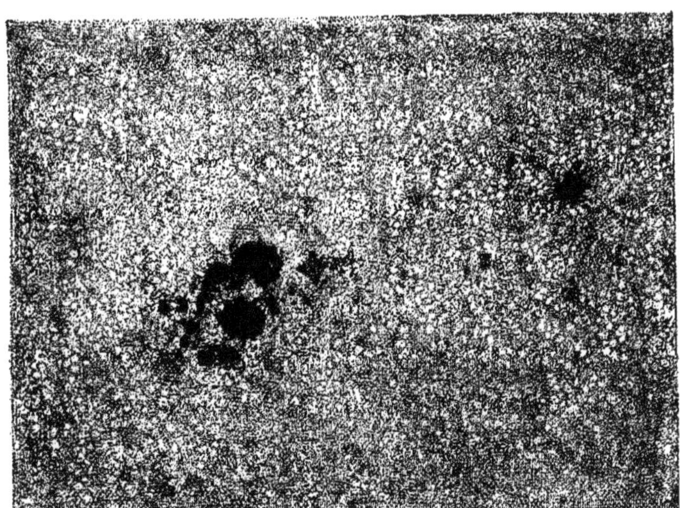

Meudon, 1er juin 1878.   Intervalle 50 minutes.

Fig. 28 *bis*. — Photographies d'une partie du soleil, par M. Janssen.

Mais s'il se rencontre par hasard un groupe bien formé de taches à la surface du soleil, ces taches ne manqueront pas d'attirer, exclusivement à tout autre objet, l'attention de tous ceux qui regardent pour la première fois le soleil avec une lunette. L'ombre avec ses noyaux, les ponts, les voiles et les nuages situés au-dessus ; la pénombre et tout son ensemble délicat de filaments et de panaches ; les facules qui les entourent et la surface agitée de la photosphère dans tout le voisinage de la perturbation ; par dessus tout, le changement continuel et la marche des phénomènes s'unissent pour faire d'une belle tache du soleil un des objets télescopiques les plus beaux et les plus intéressants.

Même avant le temps des lunettes, il a souvent été question, surtout dans les *Annales chinoises*, de taches sombres vues à l'œil nu sur le disque du soleil. En l'an 807 de l'ère chrétienne, une grande tache fut visible en Europe pendant une huitaine de jours, et bien des gens la prirent pour la planète Mercure ; la même chose arriva pour une tache observée par Kepler, en 1609, et même dans tous les cas où l'on remarqua de telles apparences, on les attribua à des corps qui s'interposaient entre la terre et le soleil. L'idée de telles imperfections sur le disque d'un corps céleste répugnait absolument à la philosophie théologique du moyen âge, et ne fut admise que lentement et à regret, même lorsque ce fait eût été complètement démontré.

En 1610 et 1611, cette découverte semble avoir été faite séparément par Fabricius, Scheiner et Galilée ; d'après nos règles modernes de priorité scientifique, c'est à Fabricius qu'en appartient l'honneur, parce que c'est le premier qui en ait fait mention dans un ouvrage intitulé : *De maculis in sole observatis*, publié à Wittemberg au mois de juin 1611. Cette découverte fut un corollaire nécessaire de l'invention de la lunette astronomique, dont on commença à se servir en Hollande en 1608 ou 1609. La première observation de Fabricius fut faite au mois de décembre 1610. Galilée, dans une lettre répondant à l'annonce de la découverte de Scheiner, publiée au commencement de 1612, dit avoir vu les taches du soleil avec la lunette qu'il venait de construire, dès le mois d'octobre 1610. Scheiner paraît avoir vu pour la première fois les taches du soleil à Ingolstadt au mois de mars 1611 ; mais un supérieur ecclésiastique lui recommanda de ne pas en croire ses yeux malgré l'autorité d'Aristote, et ce ne fut qu'en novembre et en décembre qu'il annonça ce fait dans trois lettres adressées à un certain Welser, bourgmestre d'Augsbourg, plusieurs mois après que l'ouvrage de Fabricius avait été imprimé. Il n'y a aucune raison de douter de la parole de Galilée, et comme il perdit l'honneur de cette découverte pour l'avoir publiée trop tard, ce fut probablement l'origine de sa méthode curieuse de publier ses découvertes subséquentes sous forme d'anagrammes dont il différait l'explication pendant un temps.

Dès le début de ses observations, Fabricius, de même que Galilée, reconnut que les taches sont des objets situés à la surface du soleil, et que ce corps tourne sur son axe en les entraînant avec lui. Scheiner soutint d'abord que ce sont des planètes qui se meuvent très près du soleil, mais non en contact avec lui. Un grand nombre de savants partagèrent cette opinion ; M. Tardé, astronome français, alla jusqu'à les nommer astres bourbonniens, en l'honneur de la dynastie des Bourbons. Mais les observations ultérieures de Scheiner le convainquirent bientôt de la justesse de l'opinion et des arguments de Galilée. Une vingtaine d'années plus tard, Scheiner publia un énorme volume, la *Rosa Ursina*, contenant le recueil de ses observations et la description de ses appareils. Sa lunette était montée en équatoriale, et disposée de manière à projeter l'image du soleil sur un écran, juste de la même façon que le font actuellement quelques-uns des meilleurs observateurs modernes. Il détermina la durée de la rotation du soleil et la position de son équateur d'une façon assez exacte.

Depuis lors, des observations sur ces points ont été poursuivies d'une manière assez continue, mais sans assiduité régulière avant les trente dernières années. On reconnut bientôt que les taches ne sont que passagères et d'une nature nuageuse, et elles excitèrent moins d'intérêt, jusqu'à ce qu'on eût reconnu leurs rapports avec la constitution du soleil.

Une tache solaire bien formée se compose en général de deux parties : une partie très sombre, centrale, irrégulière, appelée ombre, entourée d'une frange qu'on appelle la pénombre, moins foncée et généralement composée de filaments qui rayonnent vers le dedans. L'apparence des choses dans les circonstances ordinaires est comme si l'ombre était un trou et que les filaments de la pénombre la surplombassent

et la cachassent en partie à nos yeux, comme des buissons à
l'entrée d'une caverne. Je dis *comme si*, et ce pourrait bien être
la vérité : la partie centrale serait alors une véritable cavité
pleine de matières moins lumineuses et située au-dessous du
niveau général de la photosphère, tandis que la pénombre
dominerait le bord.

La figure 29, empruntée à Secchi, représente assez bien une
de ces taches, et peut être comparée aux photographies de
Janssen qui présentent à peu près les mêmes particularités,

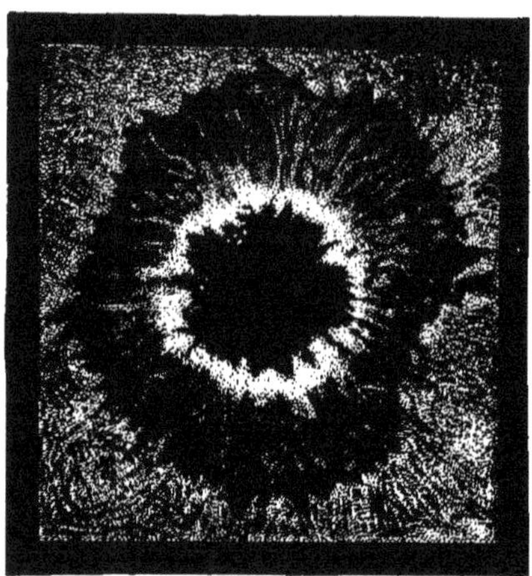

Fig. 29. — Tache du 16 juillet 1866.

quoique avec moins de détails. Les dessins de Nasmith et de
Langley [1] montrent tellement plus de détails qu'on n'en voit
ordinairement, qu'elles sont vraiment des images moins satisfaisantes de ce qu'on peut s'attendre à voir quand on regarde
une tache pour la première fois. Plusieurs points attirent l'attention à la fois. En premier lieu, la forme presque circulaire
de la tache, qui est la forme ordinaire pendant la vie moyenne
d'un de ces objets. Pendant qu'une tache se forme, et lorsqu'elle
est près de disparaître, elle est ordinairement beaucoup plus
irrégulière. Il faut noter aussi qu'il n'y a rien qui ressemble à
une dégradation des teintes, soit en allant de l'ombre à la
pénombre, ou de la pénombre aux parties voisines de la pho-

1. Voyez le frontispice et la page 80.

tosphère ; au contraire, la ligne de séparation est fortement marquée dans les deux cas ; la pénombre est beaucoup plus brillante sur le bord intérieur, et plus foncée sur l'extérieur, de sorte qu'elle contraste nettement et avec l'ombre et avec la surface du soleil dont elle est voisine. Cet éclat de la partie intérieure de la pénombre semble être dû à l'accumulation des filaments de pénombre à l'endroit où ils se superposent à l'ombre. En outre, on peut observer une antithèse générale entre les irrégularités du contour des bords extérieurs et intérieurs de la pénombre. En général, sur les points où un angle de la substance pénombrale empiète sur l'ombre, il y a une extension correspondante en dehors dans la photosphère, et *vice versa*. On remarque aussi qu'un grand nombre de filaments de pénombre sont terminés par de petits grains détachés de matière lumineuse, et qu'il y a aussi des voiles plus faibles d'une substance moins brillante, mais quelquefois rosée, qui semblent flotter au-dessus de l'ombre. Au reste, l'ombre de la figure paraît être uniformément sombre [1]; mais si nous avions réellement observé l'objet le 16 juillet 1866, lorsque cette image a été faite, nous aurions trouvé l'ombre même pleine de détails, composée de masses nuageuses d'un éclat tout à fait intense, et sombre seulement par contraste avec l'éclat encore plus intense de la surface solaire, comme on le reconnaît en excluant la lumière qui vient d'autres portions. Nous aurions probablement aussi pu découvrir parmi ces nuages une ou plusieurs des petites taches rondes découvertes d'abord par Dawis, bien plus sombres que le reste de l'ombre, qui sont probablement les boucles d'orifices tubulaires qui pénètrent jusqu'à des profondeurs inconnues.

Si nous pouvions continuer notre examen pendant quelque temps, nous verrions les détails changer sans cesse, La faible couche de cirrus qui couvre la surface se dissiperait probablement et serait remplacée par d'autres disposées autrement ;

---

1. L'ombre paraît non pas noire, mais pourpre foncé. Mais il est douteux que cette couleur soit réelle, ou seulement due au spectre secondaire de l'objectif de la lunette. La principale raison de le croire vient de ce que, pendant le passage de Mercure en 1878, le disque de la planète offrait précisément la même teinte, quoiqu'il n'y eût aucune raison imaginable pour qu'il fût autre chose que noir. Il est certain aussi, pour des raisons optiques, qu'un objectif ordinaire *doit toujours* présenter une frange pourprée vers l'intérieur au-dessus d'un point noir sur un fond blanc.

les granules brillants des extrémités des filaments de pénombre sembleraient s'affaisser et se fondre, et de nouvelles parties viendraient les remplacer. Nous verrions un afflux continuel de la substance lumineuse sur toute l'étendue de la pénombre. Presque infailliblement la tache changerait de forme et de grandeur, perceptiblement, d'un jour à l'autre, et quelquefois même d'une heure à l'autre. Bien entendu, nous la verrions se déplacer constamment sur le disque solaire de l'est à l'ouest, et à mesure qu'elle s'approcherait du bord, elle semblerait devenir elliptique ; la pénombre du bord de la tache le plus voisin du centre du soleil se rétrécirait, et peut-être disparaîtrait tout à fait, et enfin la tache qui paraît être une simple ligne d'ombre, mais qui est probablement entourée d'une couronne de facules, disparaîtrait derrière le limbe, peut-être pour reparaître de nouveau après une quinzaine de jours à l'extrémité orientale. Je dis peut-être, parce que très souvent ces objets éphémères ne sont vus qu'une fois, ne restant pas même pendant une seule révolution du soleil.

La vie moyenne d'une tache du soleil est d'à peu près deux ou trois mois ; la plus longue qu'on ait encore signalée est celle d'une tache observée en 1840 et en 1841 et qui a duré dix-huit mois. Il y a des cas cependant où la disparition d'une tache est presque immédiatement suivie de l'apparition d'une autre au même endroit, et quelquefois cette disparition et cette apparition alternatives se répètent plusieurs fois. Tandis que des taches restent si longtemps, d'autres cependant ne durent qu'un jour ou deux et quelquefois seulement quelques heures.

Généralement les taches ne se montrent pas isolément, mais par groupes ; du moins les taches isolées d'une certaine dimension sont moins communes que les groupes. Très souvent une grande tache est suivie sur le bord oriental par une suite d'autres plus petites ; en pareil cas, un grand nombre de celles-ci ont souvent une structure très imparfaite : quelquefois elles ne présentent pas d'ombre, souvent elles n'ont de pénombre que d'un côté, et ordinairement elles offrent une forme irrégulière. Il faut remarquer aussi que dans ces cas, lorsqu'un changement considérable de forme ou de structure se manifeste dans la tache principale d'un groupe, elle semble se précipiter en avant (vers l'ouest) sur la surface solaire, laissant ses compagnes derrière elle. Lorsqu'une grande tache se partage en deux autres ou davantage, comme il arrive souvent, les parties semblent ordinairement se repousser entre elles, et s'écartent avec une grande vitesse — grande si on l'évalue en milles par heure, quoique pour celui qui l'observe avec la lunette le mouvement soit très lent, puisqu'on ne peut qu'entrevoir à peine à la surface du soleil un déplacement de 200.000 milles même avec un très fort grossissement. Des vitesses de 3 ou 400 milles à l'heure sont ordinaires, et des vitesses de 1.000 milles et même davantage ne sont pas du tout exceptionnelles.

Quelquefois, mais très rarement, un phénomène différent, du caractère le plus surprenant et le plus étrange, se manifeste avec ces objets : des plaques d'un éclat intense se montrent tout à coup et restent visibles quelques minutes, se déplaçant, pendant leur durée, avec des vitesses qui vont jusqu'à cent milles (33 lieues) *par seconde*.

Un de ces faits est devenu classique. Il eut lieu dans la matinée (heure de Greenwich) du 1er septembre 1859, et fut constaté séparément par deux observateurs bien connus et dignes de foi, MM. Carrington et Hodgson, dont les récits se trouvent dans les comptes rendus mensuels de la Société royale astronomique du mois de novembre 1859. M. Carrington finissait alors son observation journalière sur la position, la configuration et la grandeur des taches au moyen d'une image du disque solaire sur un écran, car il travaillait à la série de huit années d'observations qui a servi de fondement à une si grande partie de notre science solaire actuelle. M. Hodgson, à plusieurs milles de là, dessinait en même temps les détails de la structure des taches du soleil, à l'aide d'un oculaire solaire et d'un écran de verre. Ils virent au même instant deux objets lumineux ayant à peu près la forme de deux nouvelles lunes, chacune d'environ 8.000 milles de long et 2.000 milles de large, et à près de 12.000 milles l'un de l'autre. Ces objets apparurent brusquement sur le bord d'une grande tache du soleil, d'un éclat au moins cinq ou six fois plus éblouissant que les parties voisines de la photosphère, et marchèrent vers l'est sur des lignes parallèles en diminuant et en pâlissant peu à peu, puis disparurent au bout de cinq minutes environ après avoir parcouru à peu près 36.000 milles. Leur passage ne parut nullement changer la configuration de la tache qu'ils parcouraient. Le dessin tracé par M. Carrington et qui venait

d'être achevé un moment avant qu'ils n'eussent paru, se trouva
encore exact après leur disparition. Sans doute, on peut douter
du rapport entre ce phénomène et la tache près de laquelle il
se montra; mais comme des apparences assez semblables ont
été vues depuis par d'autres observateurs, et toujours dans le
voisinage des taches, il est probable qu'il y a là quelque rapport. Le fait a donné lieu à bien des explications différentes.
Les uns ont soutenu que ce phénomène était simplement dû à
la chute de deux immenses météores dans l'atmosphère du
soleil, d'autres ont dit qu'il était causé par une brusque éruption, partie de dessous, comme le spectroscope nous en révèle
souvent de nos jours; mais il faudrait que cette éruption eût
un éclat et une violence peu ordinaires, car aucune éruption
observée depuis au spectroscope n'a jamais été visible sans cet
instrument.

Un grand orage magnétique et une brillante aurore boréale
suivirent cet évènement la nuit même, et furent peut-être causés
par lui; mais nous reviendrons sur ce point.

La formation d'une tache n'est soumise à aucune loi régulière. Quelquefois elle est graduelle, et son développement
complet exige des journées et même des semaines entières;
quelquefois un seul jour suffit. En général, quelque temps
avant l'apparition de la tache, il y a une perturbation évidente
de la surface solaire, qui se manifeste surtout par la présence
de nombreuses facules brillantes, parsemées de pores ou de
très petits points noirs. Ces points grossissent, et entre eux on
voit apparaître des plaques grisâtres dans lesquelles se manifeste à un degré peu ordinaire la structure photosphérique,
comme si ces plaques étaient produites par une masse sombre
située au-dessous d'une couche mince de filaments lumineux.
Le voile semble s'amincir peu à peu, et s'ouvre en donnant
enfin la tache achevée avec sa pénombre parfaite. Quelques-
uns des pores s'unissent à la tache principale, d'autres disparaissent, et d'autres enfin constituent le groupe secondaire
dont nous avons déjà parlé. Lorsqu'une fois la tache est complètement formée, elle prend ordinairement une forme à peu
près circulaire et reste presque sans changement frappant
jusqu'à l'époque de sa dissolution. A mesure que sa fin approche,
la photosphère environnante semble envahir, couvrir et acca-
bler la pénombre. Des ponts de lumière souvent bien plus bril-

lants que la moyenne de la surface solaire envahissent l'ombre ;
la disposition des filaments de pénombre devient confuse, et,
selon l'expression de Secchi, la matière lumineuse de la photosphère semble s'écrouler pêle-mêle dans le gouffre qui disparaît en laissant derrière lui une surface troublée marquée
de facules, lesquelles s'affaissent à leur tour après un certain
temps. Mais, comme nous l'avons déjà dit, l'agitation se renou-
velle souvent au même point au bout de quelques jours, et une
tache nouvelle apparaît juste à l'endroit où l'autre avait été
anéantie.

Nous copions d'un mémoire de M. Peters, du collège Hamilton, une description très frappante de l'apparition et du
déclin de certaines taches du soleil, tirée de ses observations
prises à Naples en 1845-46. Elle a paru dans le neuvième
volume des *Proceedings* de l'Association américaine pour l'avan-
cement des sciences. M. Peters s'exprime ainsi :

« Les taches partent de points insensibles, de sorte que le
moment exact de leur naissance ne peut être indiqué, mais
elles grossissent très rapidement d'abord, et presque toujours
en moins d'une journée elles atteignent le maximum de leur
grandeur ; alors elles restent stationnaires, j'appellerais ceci
l'époque vigoureuse de leur vie, avec une pénombre bien définie
de forme régulière et assez simple. Elles se maintiennent ainsi
pendant dix, vingt, et quelques-unes même pendant cinquante
jours. Alors les crans du bord, qui, avec une lunette de fort
grossissement, paraissent toujours un peu dentelés, deviennent
plus profonds, tellement que la pénombre sur quelques points
est interrompue par des raies lumineuses droites et étroites ;
déjà la période de décadence approche. Cette période commence par un phénomène fort intéressant : deux des crans partant de bords opposés envahissent l'air de la tache recouvrant
même une partie du noyau ; et soudain de leurs points proé-
minents partent des éclairs qui se rencontrent en chemin, s'at-
tachent l'un à l'autre pendant un instant, puis se séparent et
retournent à leur point de départ. Bientôt ce jeu électrique
recommence, continue quelques minutes et finit par se terminer par l'union des deux crans, de manière à établir un pont
et à partager la tache en deux parties. Une fois seulement j'ai
eu la bonne fortune d'assister à la production de ce fait entre
trois points avancés. Alors du point A un éclair se dirigea

vers le point B, qui lança un rayon à la rencontre du premier,
lorsque celui-ci fut arrivé très près. Bientôt il sembla saturé et
fut brusquement repoussé ; cependant il ne se retira pas, mais,
par un brusque mouvement, il s'inclina vers le point C ; puis
encore, de la même façon, comme par voie de répulsion et
d'attraction, retourna vers B ; et, après avoir ainsi oscillé
plusieurs fois, le point A finit par adhérer d'une manière permanente au point B. Les éclairs marchaient avec une grande
vitesse, mais pas d'une telle façon que l'œil ne pût les suivre
distinctement. L'estimation du temps et la dimension connue
de l'espace parcouru permettent d'arriver au moins à une
limite inférieure de la vitesse ; ainsi je calcule que cette vitesse
n'est pas inférieure à 200.000.000 de mètres (ou à peu près
120.000 milles) par seconde (*sic*).

« L'action que nous venons de décrire s'accomplit dans la
photosphère supérieure, et semble n'avoir aucune action sur
l'atmosphère inférieure ou sombre. Avec cette action a commencé une deuxième ou plutôt une troisième phase de la vie
de la tache, celle de dissolution, qui dure quelquefois dix ou
vingt jours, temps pendant lequel les éléments se subdivisent
encore, tandis que les autres parties du corps lumineux aussi,
compriment, diminuent, et finalement envahissent le tout, de
manière à terminer l'existence éphémère de la tache.

« Il faut assez de bonheur pour observer le phénomène remarquable par lequel débute le recouvrement, puisqu'il s'opère en
quelques minutes, et il faut, en outre, une atmosphère parfaitement calme pour ne pas le confondre avec l'espèce de scintillation qu'on observe très souvent dans les taches, surtout
avec des yeux fatigués. L'observateur doit l'attendre dans des
circonstances favorables sous tous les autres rapports lorsqu'une grande tache âgée de dix ou vingt jours commence à
présenter de fortes dentelures sur le bord. »

Autant que nous le sachions, M. Peters est le seul observateur qui décrive le phénomène remarquable d'éclairs traversant l'ombre avec une vitesse électrique ; et pour cette raison,
et parce que l'instrument dont il se servait n'était pas très puissant, —c'était un réfracteur de 87 millimètres, — peut-être sa
description doit-elle être reçue avec une certaine réserve jusqu'à plus ample confirmation. En même temps, il n'y a rien
dans la nature du soleil ou d'une tache du soleil, autant que

nous les connaissons jusqu'à présent, qui rende cette description improbable par elle-même; et certainement M. Peters tient, à juste titre, un très haut rang parmi les astronomes pour la pénétration et l'exactitude de ses observations et de ses descriptions.

Il ne faut pas croire que l'histoire d'une tache que nous venons d'esquisser s'applique à toutes les taches, ou même d'une manière exacte à la majorité d'entre elles. Presque chaque tache a ses particularités propres par lesquelles elle s'écarte d'une façon ou d'une autre du cours ordinaire des choses. Des taches d'une grandeur et d'une activité peu ordinaires semblent souvent n'avoir pas de vie moyenne tranquille ; il n'y a pas, dans leur histoire, un temps où elles ne fassent quelque chose de surprenant et de plus ou moins extraordinaire.

Nous avons dit que les filaments qui composent la pénombre sont dirigés vers le centre de la tache. Telle est la règle générale, mais les exceptions sont nombreuses, et rien ne peut montrer, mieux que le dessin délicat de M. Langley, à quel point cette loi est souvent peu suivie. Tandis que, à la gauche et à la partie supérieure de la grande tache, qui, quoique typique, n'est pas un spécimen de tache tranquille, les filaments offrent l'apparence ordinaire, sur le bord intérieur et dans la grande branche du dessus, ils sont arrangés tout autrement. Très curieux et très rare aussi, quoique nous ayons nous-même vu une chose semblable dans deux ou trois occasions, est le pinceau qui s'étend au-dessous de la branche, si semblable à un cristal de givre sur une vitre un matin d'hiver. Quelle peut être la cause de ces apparences; c'est ce que nous ne saurions dire maintenant. Très probablement des analogies tirées de nos nuages terrestres fourniront de meilleures explications que toutes celles proposées jusqu'ici.

Assez souvent les filaments de la pénombre sont courbés et disposés en spirales, de manière à indiquer une action cyclonique marquée. Dans de tels cas, toute la tache tourne ordinairement avec lenteur, et accomplit quelquefois une révolution entière en un petit nombre de jours. Plus souvent cependant, le mouvement en spirale ne dure que peu de temps, et quelquefois, après avoir duré un peu dans un sens, il reprend en sens contraire. Très souvent, pour les taches de grande étendue, on constate des mouvements en spirale en sens opposé, dans des parties différentes de l'ombre ; c'est même plutôt la règle que l'exception. Les taches voisines n'ont aucune tendance à tourner dans le même sens. Le nombre des taches dans lesquelles se manifeste un mouvement cyclonique marqué est relativement très faible. D'après les observations de Carrington et de Secchi, il ne dépasse pas deux ou trois pour cent du tout. Sans doute, ces faits suffisent pour faire voir que ce genre de mouvement, lorsqu'il se produit, ne doit pas être attribué à quelque chose comme l'action de l'atmosphère terrestre qui détermine la rotation dextrorsum et sinistrorsum de nos grands orages dans l'hémisphère sud et l'hémisphère nord. Il est probablement causé dans les taches solaires par des circonstances purement accidentelles qui transforment l'action pénombrale en une rotation de faible rapidité ou de direction incertaine. Il ne semble pas possible de trouver dans ce mouvement cyclonique accidentel, comme Faye cherche à le faire, la clef et l'explication de toute la série des phénomènes des taches solaires.

Les dimensions des taches du soleil sont quelquefois énormes. On a observé bien des groupes qui couvrent des surfaces de plus de 100.000 milles carrés, et l'on a vu des taches dont une seule a 40 ou 50.000 milles de diamètre ; l'ombre centrale, à elle seule, avait 25 ou 30.000 milles de large. Mais une tache de 30.000 milles en tout, serait considérée comme plutôt grande que petite.

Un objet de cette grandeur sur la surface du soleil est facile à voir sans lunette quand l'éclat du soleil est réduit soit par des nuages, soit par la proximité de l'horizon, ou par l'usage d'un écran. Lors du passage de Vénus, en 1874, tout le monde put voir la planète facilement, sans l'aide d'une lunette. Son diamètre apparent était d'environ 67 secondes en ce moment, ce qui équivaut à peu près à 31.000 milles sur la surface solaire. Il est probable qu'un œil très perçant verrait une tache qui n'aurait pas plus de 23 ou 24.000 milles.

Lorsque les taches sont nombreuses, il se passe à peine une année qui n'en fournisse plusieurs de cette grandeur ; de sorte qu'il est plutôt surprenant de n'avoir pas un plus grand nombre de mentions de taches solaires pour les siècles prétélescopiques. Cela s'explique peut-être par deux raisons : le soleil est trop

brillant pour qu'on le regarde souvent ou facilement, et lorsqu'on voyait des taches, on les prenait probablement pour des
illusions optiques plutôt que pour des réalités.

Pendant les années 1871 et 1872, des taches furent visibles à
l'œil nu pendant une partie considérable de leur durée. Dans
plusieurs occasions, des élèves de l'auteur de ce livre les remarquèrent d'eux-mêmes, sans qu'on eût auparavant attiré leur
attention sur ce fait. La plus grande tache qu'on ait encore
signalée, fut observée en 1858. Elle avait une largeur de plus
de 143.000 milles, ou de près de dix-huit fois le diamètre de la
terre et couvrait à peu près $\frac{1}{76}$ de la surface totale du soleil.

On a dit que les taches sont des dépressions au-dessous du
niveau général de la surface solaire; les preuves en sont nombreuses, et cette conclusion paraît inévitable, bien qu'elle ne
soit pas sans difficultés.

Ce fait fut clairement mis en lumière pour la première fois
par le docteur Wilson, de Glasgow, en 1769, et sa démonstration
était basée sur la manière d'être de la pénombre d'une tache
qu'il observa au mois de novembre de cette même année. Il
trouva que quand la tache apparut sur le bord ou limbe oriental du soleil, ne faisant que devenir visible, la pénombre était
bien marquée sur le côté de la tache le plus près du bord du
disque, tandis que sur l'autre bord de la tache, le plus près du
centre, il n'y avait pas de pénombre visible du tout, et l'ombre
elle-même était presque cachée, comme si elle était derrière
un banc. Quand la tache eut fait une journée de marche vers
le centre du disque, l'ombre entière devint visible, et la
pénombre du bord interne de la tache apparut comme une
ligne étroite. Quand la tache fut bien avancée sur le disque, la
pénombre était de la même largeur tout autour de la tache ;
mais quand la tache s'approcha du bord occidental du soleil,
les mêmes phénomènes qu'à l'est furent répétés, c'est-à-dire
que la pénombre du bord interne de la tache se rétrécit bien
plus vite que celle du bord externe, disparut entièrement, et
finalement parut cacher une grande partie de l'ombre, presque
un jour entier avant que la tache disparût autour du limbe. Il
est à peine nécessaire d'indiquer ce que la figure rend tout de
suite évident; c'est précisément la manière dont les choses
se passeraient, si la tache était une dépression de la surface solaire en forme de soucoupe, le fond de la soucoupe

correspondant à l'ombre et les côtés en pente à la pénombre.

L'observation d'une seule tache pourrait difficilement résoudre cette question, car on voit souvent des taches qui n'ont de pénombre que d'un côté. En effet, quand les taches sont en voie de formation ou de dissolution, la pénombre est rarement de la même largeur tout autour. De la Rue, Stewart et Loewy ont donc fait, il y a quelques années, une discussion attentive d'un peu plus de six cents cas de taches, avec pénombre mesurable, et ils ont trouvé que, dans plus de soixante-quinze pour cent de tous les cas, la pénombre était

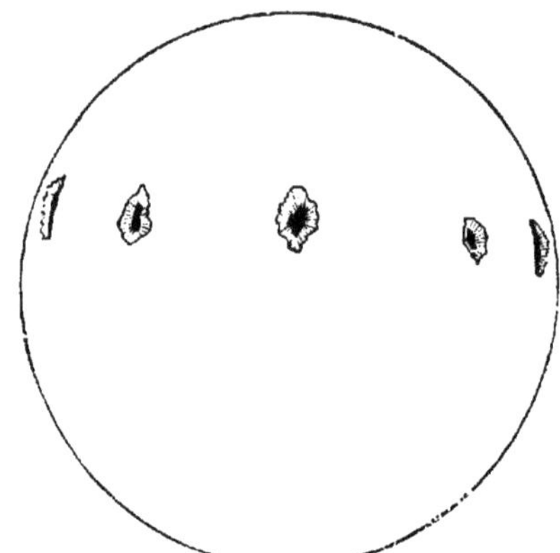

Fig. 30. — Figure démontrant que les taches solaires
sont des cavités de la photosphère.

plus large sur le bord de la tache le plus voisin du limbe, comme l'exige la théorie de Wilson ; dans un peu plus de douze pour cent, il n'y avait pas de différence notable ; et dans les douze pour cent restants, elle était plus large sur le bord intérieur.

D'autres, surtout Secchi, ont examiné la question en mesurant soigneusement, de jour en jour, la position sur le disque du soleil de quelques points choisis de l'ombre d'une tache. La tâche n'est pas facile et est assez ingrate à cause des changements rapides qui rendent difficile de reconnaître le point dont il s'agit pour les observations successives ; cependant le résultat est tout à fait décisif, montrant comme règle ordinaire que ce qui peut être appelé le « plancher » de l'ombre subit une dépression de 2 à 6.000 milles, et quelquefois plus, au-dessous du niveau général de la photosphère.

Quelquefois, lorsqu'une tache de grosseur et d'épaisseur peu ordinaires passe sur le limbe du soleil, on observe une dépression distincte sur le contour. Cassini décrit un cas de ce genre en 1719. Herschel, De la Rue, Secchi et d'autres nous ont fourni plusieurs autres observations du même genre. Mais ordinairement les facules qui entourent la tache masquent entièrement cet effet, et souvent nous présentent réellement une foule de petits monticules en saillie au lieu de la dépression attendue.

Le spectre d'une tache solaire fournit également un argument dans le même sens tendant à montrer que la portion foncée est une cavité remplie de gaz et de vapeurs, qui produisent l'obscuration, en partie du moins, en absorbant la lumière émise par le plancher de la dépression. Il n'est pas difficile de disposer l'instrument de sorte que l'image d'une tache solaire tombe précisément sur la fente du spectroscope. Dans ce cas, on verra que le spectre est traversé par une raie sombre, longitudinale, qui est le spectre de l'ombre de la tache : de chaque côté est le spectre de la pénombre, qui n'est ordinairement qu'un peu plus faible que celui de la surface générale du soleil. Naturellement la largeur de la raie dépend du diamètre de la tache. Sur toute la longueur du spectre de la tache, le fond est obscurci, ce qui indique une absorption générale ; et dans la partie supérieure du spectre de F à H, c'est à peu près tout ce qu'on peut noter. Dans la partie inférieure du spectre cependant, de F en avant, et surtout entre C et D, le spectre de la tache est plein de détails et de particularités intéressantes, qui méritent une étude bien plus complète et plus prolongée que celle qu'on leur a jusqu'à présent accordée. Un grand nombre de raies sombres du spectre ordinaire ne subissent absolument aucune modification dans le spectre de la tache ; en réalité, ce semble être le cas pour la majorité d'entre elles. D'autres cependant sont fort élargies et obscurcies, et quelques-unes, qui sont à peine visibles dans le spectre ordinaire, sont si fortes et si noires, même dans la pénombre, qu'elles frappent les yeux. Certaines autres raies, qui sont très fortes dans le spectre ordinaire, s'amincissent et disparaissent peut-être dans le spectre des taches, et il en est même qui sont quelquefois renversées. Il y a aussi un grand nombre de raies brillantes, pas très brillantes il est vrai, mais cependant méconnaissables, et il y a des ombres noires d'une apparence particulière.

La figure 31, qui représente une petite partie du spectre d'une tache que j'ai observée en 1872, représente presque toutes ces particularités. La portion représentée ici se trouve entre C et D, à la même échelle que la carte de Kirchhoff.

Généralement parlant, les raies de l'hydrogène, du fer, du titanium, du calcium et du sodium sont plus affectées que celles des autres éléments. Les raies de l'hydrogène sont très souvent interverties; celles du fer, du titanium et du calcium sont ordinairement épaissies, et celles du sodium sont souvent

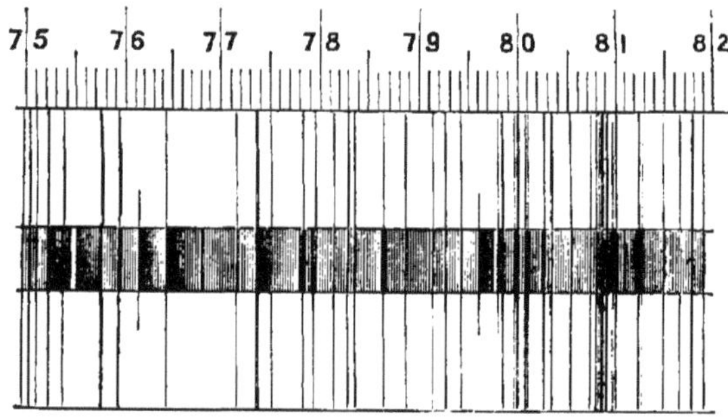

Fig. 31. — Partie du spectre d'une tache solaire entre C et D.

énormément élargies; quelquefois même elles sont à la fois élargies et interverties comme le montre la figure 82, qui représente leur aspect dans le spectre d'une tache observée le 22 septembre 1870. Notons en même temps que la raie D_3 de l'hélium, qui est ordinairement invisible sur la surface solaire, était tout à fait visible, formant une ombre foncée. Dans cette occasion les raies du magnésium aussi se comportèrent de la même manière que celles du sodium.

Quelquefois aussi le spectre d'une tache montre de violents mouvements dans les gaz supérieurs par distorsion et déplacement des raies. Quand ce phénomène a lieu, c'est plus ordinairement sur des points voisins du bord extérieur de la pénombre que dans la partie centrale de la tache, mais quelquefois le voisinage est violemment agité. En pareils cas, il arrive souvent que des raies du spectre situées côte à côte sont affectées de manières entièrement différentes; l'une est grandement déplacée, tandis que sa voisine n'est point troublée, ce qui montre que les vapeurs qui produisent les raies sont à des niveaux différents dans l'atmosphère solaire, et ne participent pas beaucoup aux mouvements l'une de l'autre.

Il faut peut-être insister sur ce que les deux raies H paraissent être renversées dans le spectre d'une tache comme règle générale, beaucoup plus souvent même qu'aucune des autres raies connues.

Pendant longtemps, ces raies ont été attribuées au calcium par la plupart des autorités, mais les recherches récentes de Huggins, de Vogel, de Lockyer et d'autres tendent à montrer que H_1 au moins doit être attribuée à l'hydrogène.

Quelquefois les éruptions gazeuses du voisinage d'une tache

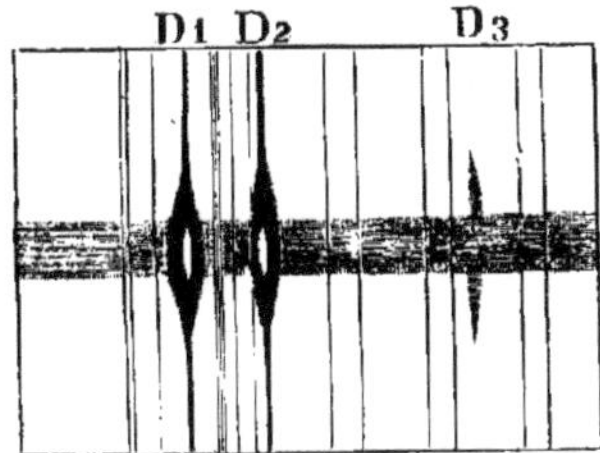

Fig. 32. — Renversement des raies D.

sont si puissantes et si brillantes qu'avec le spectroscope leurs formes peuvent être définies sur le fond de la surface solaire de la même manière que les saillies sont vues sur le bord du soleil. En effet, il n'y a probablement aucune différence dans les phénomènes, si ce n'est que seulement les saillies d'un éclat tout à fait extraordinaire peuvent être ainsi découvertes sur la surface solaire. Un cas de cette espèce se présenta à l'observation de l'auteur le 28 septembre 1870. Une grande tache laissa voir dans le spectre de son ombre toutes les raies de l'hydrogène, du magnésium, du sodium et de quelques autres renversées. Tout à coup les raies de l'hydrogène devinrent beaucoup plus brillantes, si bien qu'en ouvrant la fente on aperçut deux immenses nuages lumineux, l'un d'entre eux ayant près de 130.000 milles de longueur sur 20.000 milles de largeur, et l'autre étant moitié aussi long. Ils paraissaient sortir, à une extrémité, de deux points près du bord de la pénombre de la tache. Après être restés visibles pendant environ vingt minutes, ils s'évanouirent graduellement, sans mouvement apparent.

Outre les taches dont nous venons de parler, on voit quelquefois sur la surface solaire des plaques gris foncé que Trouvelot, qui les signala le premier en 1875, a nommé « taches voilées [1] » considérant qu'elles sont essentiellement de même nature que les autres taches, mais en diffèrent en ce que le trouble qui les produit n'est pas assez puissant pour arriver à la surface et se faire entièrement jour à travers la photosphère. Sur ces taches *voilées* les granules brillants sont moins nombreux et plus petits qu'autre part, mais beaucoup plus mobiles; quelquefois, et même assez souvent, ils sont recouverts par des facules. Les changements de forme et d'apparence de ces objets sont très rapides : l'affaire d'une minute ou deux seulement, selon Trouvelot. On les trouve sur toute la surface solaire, et non pas seulement dans les régions occupées par les taches ordinaires; quelquefois ils se rencontrent à huit ou dix degrés du pôle du soleil. Mais ils ont été peu étudiés, et ce qu'on sait à leur égard est jusqu'à présent assez peu de chose.

ROTATION DU SOLEIL ET MOUVEMENTS PROPRES DES TACHES

Nous avons déjà dit que les taches se meuvent sur le disque du soleil du bord oriental au bord occidental, de manière à faire voir qu'elles sont attachées à la surface et que le soleil tourne sur son axe. La durée exacte de cette rotation est d'environ vingt-cinq jours, et la durée apparente est d'à peu près deux jours plus longue, parce que la terre elle-même avance constamment dans son orbite.

Cependant, lorsque nous en venons à étudier avec plus de soin les mouvements des taches, nous reconnaissons qu'elles ont des mouvements propres comme disent les astronomes, mouvements en latitude et en longitude, de sorte qu'aucune observation d'une seule tache, avec quelque attention qu'elle soit faite, ne peut fournir une détermination exacte de l'axe du soleil et de la durée de sa rotation. Ce fait ne semble pas

---

1. Pour leur description par Trouvelot, voyez *American Journal of Science and Art*, mars 1876, 3e série, vol. XI.

avoir été compris des premiers observateurs (bien qu'une remarque de Scheiner à laquelle on a fait peu d'attention, indique qu'il avait entrevu la vérité) : aussi avons-nous des désaccords sérieux entre leurs différents résultats, qui vont de 25,01
jours, résultat obtenu par Delambre en 1775, à 25,58 jours,
durée déterminée par Cassini environ cent ans plus tôt. Les
différentes valeurs de l'inclinaison de l'équateur solaire à l'é-
cliptique sont comprises entre $6° \frac{1}{2}$ et $7° \frac{1}{2}$, et celles de la
longitude du nœud entre 70° et 80°. Les résultats modernes les
plus dignes de foi sont ceux de Carrington et de Spoerer. Le
premier des deux donne 25,38 jours pour la période *moyenne*
de la rotation du soleil, tandis que Spoerer en fixe le chiffre à
25,23.

Les recherches faites par Carrington[1] de 1853 à 1861 ont
pour la première fois mis clairement en lumière le fait que, rigoureusement parlant, l'ensemble du soleil n'a pas une période
de rotation unique, mais que différentes portions de sa surface
accomplissent leurs révolutions en des temps différents en
comptant par milles à l'heure. Les régions équatoriales non
seulement tournent plus rapidement que le reste de la surface
solaire, mais elles *achèvent leur rotation totale en un temps plus
court*. Si nous en déduisons le temps par moyenne de taches
voisines de l'équateur solaire, nous trouverons qu'il est de
bien près de 25 jours, un peu moins, d'après M. Carrington.
Les taches situées à une latitude solaire de 20° ont, d'un autre
côté, une révolution de près de 18 heures plus longue; à 30° la
révolution dure 26 jours 1/2, et à 45° 27 jours 1/2, quoique à
cette latitude il y ait si peu de taches que la détermination
n'est pas très sûre. Au delà de cette latitude nous n'avons plus
rien de satisfaisant, et il est impossible de déterminer avec
quelque certitude si ce retard se maintient jusqu'au pôle ou
non.

C'est une circonstance curieuse, qui se rattache probablement à cette loi remarquable de mouvements de la surface,
que les taches sont surtout situées entre 10° et 35° de latitude

1. Un mémoire de Laugier, présenté à l'Académie française en 1844, mais
qui n'a jamais été publié *in extenso*, contient, d'après Faye, des données
qui mèneraient au même résultat. Le sommaire donné dans les comptes
rendus n'indique pas cependant une appréciation de la variation systématique de vitesse de rotation de l'équateur au pôle, et n'affaiblit en rien les
droits de M. Carrington à être considéré comme ayant découvert la loi.

de chaque côté de l'équateur solaire; et c'est ce fait qui rend difficile de constater les lois exactes de la rotation solaire, puisque nos observations sont bornées à une latitude si peu étendue. Jusqu'à présent on n'a pas découvert dans le voisinage des pôles solaires de points assez permanents et définis pour permettre d'observations précises embrassant un espace de temps suffisant. On a tenté de se servir pour cela des facules, mais on les a trouvées trop instables et transitoires.

En discutant toutes ces observations, au nombre de plus de 5.000, de 954 groupes différents de taches, M. Carrington est arrivé à l'expression $X = 865' - 165' \sin^{\frac{7}{4}} l$ pour le mouvement journalier de la surface du soleil en différentes latitudes solaires; l représentant la latitude contenue dans la formule, et X le mouvement journalier en minutes de longitude solaire. Comme nous l'avons déjà dit, cela donnerait pour le temps de la rotation à l'équateur solaire un peu moins de 25 jours. Mais cette expression est purement empirique, et il n'y a pas d'explication théorique imaginaire que l'on puisse donner de l'exposant fractionnaire $\frac{7}{4}$.

M. Faye, admettant d'après des raisons théoriques que cet exposant doit être 2, tire des mêmes observations la formule

$$X = 862' - 186' \sin.^2 l,$$

expression qui s'accorde avec presque toutes les observations à peu près aussi bien que celle de M. Carrington[1]. M. Spœrer, d'après ses propres observations, faites entre 1862 et 1868, et combinées avec celles de Secchi et d'autres, tire encore la formule différente : $X = 1011'' - 203' \sin (41° 13' + l)$.

Enfin, Zöllner, admettant, ce qu'il fait seul, que la surface du soleil se compose d'une mince nappe liquide circulant sur une croûte solide en déduit la formule

$$X = \frac{863' - 619' \sin{}^2 l}{\cos l}.$$

Chacune de ces formules est bien d'accord avec les faits ob-

---

1. M. Tisserand, d'après des observations de 325 taches faites en 1874-75, déduit l'expression $X = 857',6 - 157'3 \sin^2 l$. Cette expression est probablement moins digne de foi que l'une ou l'autre des précédentes puisqu'elle est fondée sur un bien plus petit nombre d'observations. Nous la donnons surtout comme exemple du degré d'incertitude qui s'attache encore à ce sujet.

servés; ni l'une ni l'autre ne peut être regardée comme établie d'une manière logique sur une explication physique solide.

La cause de ce mouvement particulier de surface n'est pas encore connue. John Herschel était disposé à l'attribuer à l'impulsion de matières météoriques venant frapper la surface solaire surtout dans le voisinage de l'équateur, en accélérant continuellement la rotation, comme un sabot d'écolier reçoit l'impulsion du fouet dont l'enfant se sert habilement. Peut-être n'y a-t-il rien d'absurde dans l'idée qu'une quantité suffisante de matières météoriques peut atteindre le soleil, ou que les météores se meuvent pour la plupart dans le plan de l'équateur solaire, et directement, c'est-à-dire *avec* et non pas *contre* le mouvement des planètes, de sorte que leur chute serait surtout bornée aux régions équatoriales, et ainsi accélérerait le mouvement de surface au lieu de le retarder. S'il en est ainsi, la durée du temps de la rotation du soleil devrait continuellement diminuer, effet qui ne ressort pas d'une comparaison des résultats de Scheiner avec les plus récents. Sans doute, il se peut qu'une telle accélération ait réellement eu lieu, mais qu'elle soit trop petite pour être encore reconnue; cependant il semblerait probable qu'une impulsion en avant assez grande pour établir près de deux jours de différence entre la durée de la rotation à l'équateur, et celle à la latitude de 40°, doit avoir produit un effet fort sensible dans l'espace de 300 ans.

Il est plus probable que l'accélération équatoriale se rattache de façon ou d'autre à l'échange de matières qui, si la plus grande partie du soleil est gazeuse, comme cela semble maintenant probable, doit constamment s'effectuer entre l'intérieur et l'extérieur du globe. Si la photosphère est formée de masses *tombantes*, un tel effet en serait une conséquence nécessaire. Si nous supposons que les courants de gaz et de vapeur chauds qui s'élancent au dehors en s'élevant, restent à l'état gazeux jusqu'à ce qu'ils atteignent le point le plus élevé de leur ascension, et restent à cette hauteur assez longtemps pour acquérir sensiblement la vitesse de rotation correspondant à leur altitude, et qu'alors les produits de condensation résultant de leur refroidissement tombent, et dans cette chute constituent la photosphère, nous aurons exactement le phénomène actuel. La vitesse de rotation de chaque élément visible de la photosphère serait celle qui correspond à une hauteur plus grande,

et serait par conséquent plus grande que celle qui appartient
naturellement à sa position observée, et cette différence varie-
rait de l'équateur, où elle présenterait un maximum, aux pôles,
où elle disparaîtrait.

Sans doute il n'est pas nécessaire pour cet effet que les conditions supposées soient rigoureusement accomplies; il suffirait d'admettre que dans la photosphère les masses tombantes
sont plus remarquables que celles qui sont ascendantes ou
stationnaires, et il semblerait à peine possible qu'il en fût autrement. Cependant la question de savoir si l'effet ainsi produit
expliquerait par sa mesure aussi bien que par son espèce les
phénomènes observés, cette question, dis-je, demande pour
réponse un examen mathématique plus approfondi que ceux
que nous avons pu entreprendre jusqu'ici [1].

Le fait que des changements rapides de la configuration
d'une tache sont généralement accompagnés d'un mouvement
vers l'est de la tache entière, est favorable à l'idée que la chute
d'un corps a quelque chose à faire dans la question.

---

1. Un calcul qui a été fait depuis la rédaction du texte laisse assez douteuse l'exactitude de la théorie proposée ici, *si nous devons considérer le
mouvement des taches comme identique à celui de la photosphère dans
laquelle elles semblent flotter.* D'après la formule de Laplace, légèrement
modifiée, et en négligeant la résistance de l'air, un corps qui tombe d'une
certaine hauteur, atteint la surface a un point situé à l'est de la verticale
d'une quantité égale à $\frac{1}{3} \frac{\pi}{t} g t^3$; dans laquelle expression π vaut 3.1416, t est
la longueur d'un jour en secondes; g est la mesure de la pesanteur ou deux
fois la distance dont un corps tombe en une seconde; et t est le nombre de
secondes occupées par la chute. De cette formule nous déduisons par diffé-
renciation que la vitesse vers l'est du corps, lorsqu'il atteint le sol, est
$V = 2 \frac{\pi}{t} g t^2$, ou $4 \frac{\pi}{t} h$ (puisque $h = \frac{1}{2} g t^2$), où h est la hauteur de la chute.
En considérant vingt-sept jours comme la durée de la rotation du pôle au
soleil, nous trouvons ainsi qu'une chute de 5.000 milles produirait une
vitesse relative vers l'est d'environ 142 pieds par seconde à l'équateur du
soleil, et ceci donnerait une rotation équatoriale apparente de 25,8 jours,
l'accélération n'étant qu'environ les $\frac{2}{3}$ de ce qu'il faut pour expliquer les faits
observés, même si nous négligeons, comme on aurait tort de le faire, la
résistance de l'atmosphère solaire. Si nous considérons *seulement les taches,*
il semblerait tout à fait possible qu'elles fussent produites par de la matière
qui est tombée d'une hauteur de même 15 ou 20.000 milles, et cette chute serait
bien suffisante pour expliquer toute leur accélération. C'est donc une question intéressante de savoir si les taches ont ou n'ont pas un mouvement de
progression par rapport aux granules photosphériques de leur voisinage.
Nous ne connaissons pas d'observation ou de mesure existante qui puisse la
résoudre.

L'idée de **M.** Faye semble avoir été presque le contraire de celle qui est exprimée ici. Il attribue la formation de la photosphère à de la matière gazeuse, non pas tombant d'en haut, mais montant d'en bas, et partant d'une couche située à une certaine profondeur au-dessous de la surface ; en supposant que la profondeur de cette couche varie avec les latitudes, qu'elle est à son maximum aux pôles du soleil et à son minimum à l'équateur, il est facile d'expliquer d'après cette hypothèse le mouvement accéléré de la surface à l'équateur, et de justifier sa formule qui présente le ralentissement aux latitudes supérieures comme proportionnel au carré du sinus de la latitude ; mais il n'y a pas de raison évidente pour que la profondeur de cette couche varie.

Quant à l'idée de Zöllner que l'accélération équatoriale est due au frottement entre une nappe liquide, constituant la photosphère, et un noyau solide au dessous, il est à peine nécessaire de dire que cette manière de voir est en opposition complète avec celle de tous les astronomes, et semble insoutenable dans ses hypothèses fondamentales.

Le plan de la rotation du soleil est légèrement incliné par rapport à celui de l'orbite terrestre. Selon **M.** Carrington, l'angle est de 7°15′, tandis que Spoerer l'évalue à 6°57′. Ce plan coupe l'écliptique en deux points opposés appelés nœuds, dont l'un a pour longitude 73°40′, d'après **M.** Carrington, et 74°36′, selon Spoerer. L'axe du soleil est donc dirigé vers un point de la constellation du Dragon, qui n'est marqué par aucune étoile remarquable. Les astronomes en définissent la position en disant que son ascension droite est de 18^h 44^m ; et sa déclinaison de 64°. Il est presque exactement à mi-chemin entre l'étoile brillante a de la Lyre et l'étoile polaire.

La terre passe par les deux nœuds le 3 juin et le 5 décembre, ou vers ces deux dates. A ces époques les taches passent en apparence en lignes droites par le disque du soleil, et ses pôles sont situés sur sa circonférence. Pendant l'été et l'automne, de juin à décembre, le pôle Nord du soleil est incliné vers la terre ; pendant les mois d'hiver c'est le pôle Sud. L'angle que l'axe du soleil paraît faire avec une ligne Nord-Sud du ciel (techniquement, l'angle de position de l'axe du soleil), change beaucoup pendant l'année, et varie de 26° de part et d'autre du zéro. Comme il est souvent fort désirable pour un amateur de con-

naître approximativement cet angle, nous donnons ici la petite
table suivante, qui indique l'angle de position du pôle Nord
du soleil, rapporté au centre du disque. Cette table est empruntée de celle de Secchi qui est beaucoup plus étendue, dans son
livre intitulé : *le Soleil.*

ANGLE DE POSITION DE L'AXE DU SOLEIL.			
Janvier 4, Juillet 6.. . . . . 0º,00			
Janv. 15, Juin 25.. . .	5º ouest.	Déc. 24, Juil. 17.. .	5º est.
Janv. 26, Juin 14.. .	10º ouest.	Déc. 15, Juil. 29.. .	10º est.
Fév. 7, Juin 2. . . .	15º ouest.	Déc. 3, Août 11. . .	15º est.
Fév. 22, Mai 18. . .	20º ouest.	Nov. 19, Août 27.. .	20º est.
Mars 18, Avril 25. .	25º ouest.	Oct. 29, sept. 20.. .	25º est.
Avril 5.	26º 20' ouest.	Oct. 10.	26º 20' est.

Il est naturellement sous-entendu que la table n'est qu'approximative, parce que les nombres changent un peu selon la
place de l'année courante dans le cycle de l'année bissextile ;
mais les résultats obtenus sont toujours exacts à $\frac{1}{4}$ º près, ce
qui est assez pour la plupart des cas.

Après avoir tenu compte de l'accélération équatoriale, on
trouve que presque toutes les taches ont un mouvement propre
plus ou moins grand. Entre les latitudes de 20º nord et 20º sud,
M. Carrington trouve en général, une légère tendance à se
mouvoir vers l'équateur, le mouvement s'élevant à une minute
ou deux par jour ; de 20º à 30º des deux côtés de l'équateur, il
y a un mouvement un peu plus marqué vers les pôles. M. Faye
a aussi montré que beaucoup de taches décrivent de petites
ellipses sur la surface du soleil, complétant leurs circuits en
un jour ou deux, et les répétant avec une grande régularité
pendant des semaines et même des mois. Toutes les fois qu'une
tache subit des changements soudains, elle s'avance ordinairement sur la surface solaire, en faisant presque un saut, comme
on l'a déjà remarqué ; et quand une tache se divise en deux ou
plusieurs, les parties se séparent généralement avec une grande
vitesse, comme si (nous ne disons pas *parce que*) il y avait une
répulsion entre elles.

Les taches du soleil, comme nous l'avons déjà dit, ne sont
pas réparties sur la surface du soleil avec la moindre uniformité. Elles se présentent surtout en deux zones de chaque côté

de l'équateur, et entre les latitudes de 10° et 30°. Sur l'équateur lui-même elles sont relativement rares ; on en trouve encore moins au delà de 35° de latitude, et seulement une tache a jusqu'à présent été signalée à plus de 45° de l'équateur solaire ; cette tache a été remarquée en 1846 par M. Peters qui appartient au collège Hamilton, et qui était alors à Naples.

La figure indique la répartition de 1.386 taches observées par M. Carrington. Voici comment elle a été construite : la circon-

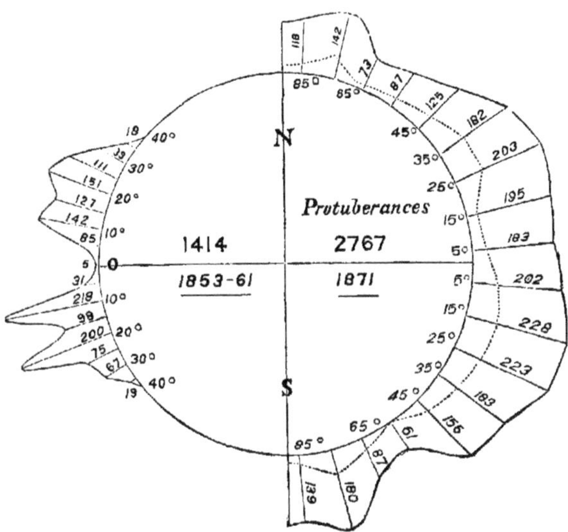

Fig. 33. — Répartition de taches du soleil et de protubérances.

férence du soleil à la gauche de la figure est partagée en espaces de 5° de part et d'autre de l'équateur, et à chacun de ces espaces est tracée une ligne radiale dont la longueur en $\frac{4}{100}$ de pouce est proportionnelle au nombre des taches observées par 2° 1/2 de latitude de chaque côté. Ainsi, la ligne tracée au 20° de latitude nord et marquée 151 a $\frac{151}{400}$ de pouce de long, et signifie que 151 taches ont été signalées entre 17° 1/2 et 22° 1/2 latitude nord.

Il est immédiatement évident, à première vue, que la distribution ne suit aucune loi de latitude simple. Dans l'hémisphère nord, la distribution, pendant les huit années auxquelles s'étendent les observations, n'a pas été très irrégulière, quoiqu'il y ait un minimum distinct à 15°, et 2 maxima vers 11° et 22° de latitude. Dans l'hémisphère sud le minimum à 15° est très marqué, et les nombres à 10° et 20° sont bien en avance sur ceux de l'hémisphère nord. Sur le nombre total il y en avait 711 dans l'hémisphère sud et 675 dans l'hémisphère nord.

Il est probable que ce minimum à 15° de latitude et cette différence entre les deux hémisphères sont purement accidentels et spéciaux aux huit années en question, car les observations de Spoerer de 1861 à 1867 n'indiquent rien de pareil [1]. Notons en outre que lorsque les taches sont nombreuses, leur latitude moyenne est plus grande que quand elles sont en petit nombre, ou, en d'autres termes, que l'accroissement du nombre des taches entraîne généralement avec lui l'élargissement des zones dans lesquelles se montrent les taches. Toutes les observations sont d'accord pour le montrer.

La cause de cette répartition des taches par zones n'est pas connue. Elle se lie probablement à l'origine des taches elles-mêmes, et se rattache peut-être à la loi du mouvement de surface que nous avons tout à l'heure examinée. Du moins il est certain, comme M. Faye l'a indiqué il y a quelques années, que tandis qu'aux pôles et à l'équateur solaires les parties voisines de la photosphère n'ont pas de mouvement relatif les unes par rapport aux autres, cependant pour les latitudes moyennes ceci n'est pas exact : ici chaque élément de la surface a une vitesse différente des éléments immédiatement au nord et au sud, de sorte qu'ils se déplacent entre eux comme les filaments d'un courant liquide qui subit un retard, produisant, comme le suppose M. Faye, des tourbillons et des remous qui, selon lui, donnent naissance aux taches.

C'est une question d'une grande importance théorique de savoir si des taches se reproduisent plusieurs fois sur les mêmes points ; car, s'il en était réellement ainsi, cela prouverait d'une

---

1. Les observations de Spoerer, de 1861 à 1867, donnent la répartition suivante en latitude pour 1.053 taches, savoir : $+35°,4$; $+30°,1$; $+25°,16$; $+20°,50$; $+15°,133$; $+10°,198$; $+5°,114$ — en tout 519 taches au nord de l'équateur solaire. 40 taches étaient sur l'équateur ou à moins de 2° de distance. Au sud de l'équateur, nous avons en latitude : $-5°,113$; $-10°,206$; $-15°,109$; $-20°,38$; $-25°,19$; $-30°,7$; $-35°,1$; $-40°,1$ — en tout 494 taches méridionales. En 1866, année de minimum de taches, il n'y en a eu en tout que 94, et de ce nombre toutes, sauf 2, étaient situées à moins de 17° de l'équateur.

manière presque certaine que sous la photosphère il doit y
avoir un noyau cohérent entraînant dans sa rotation des régions
volcaniques ou autrement remarquables qui font apparaître
des taches au-dessus d'elles. Il n'y aurait pas grande difficulté
à expliquer deux ou trois dissolutions et réapparitions dans la
même région sans une telle hypothèse, puisqu'une grande perturbation dans l'atmosphère solaire mettrait longtemps à se
calmer entièrement. Mais s'il arrivait que pendant un grand
nombre d'années des taches se fussent plusieurs fois reproduites
aux mêmes points, il en serait tout autrement. Spoerer semble
assez disposé à penser qu'il en est ainsi, et un assez grand
nombre de ses observations et de celles d'autres encore semblent favorables à cette manière de voir; mais après tout,
si l'on considère l'incertitude de ce que nous savons sur la
durée véritable de la rotation du soleil, les preuves ne sont
pas suffisantes pour l'établir. Si elle est démontrée plus tard,
cela amènera un remaniement complet des idées reçues sur la
constitution du soleil.

CHAPITRE V

PÉRIODICITÉ DES TACHES DU SOLEIL

LEURS EFFETS SUR LA TERRE

ET THÉORIES SUR LEUR CAUSE ET LEUR NATURE

Observations de Schwabe. — Nombres de Wolf. — Explications proposées pour la périodicité. — Rapport entre les taches solaires et le magnétisme terrestre. — Perturbations solaires et orages magnétiques remarquables. — Effets des taches du soleil sur la température. — Taches du soleil, cyclones et quantités de pluies. — Recherches de MM. Symons et Meldrum. — Taches du soleil et crises commerciales. — Théories des taches de Galilée. — Théorie d'Herschel. — Première théorie de Secchi. — Théorie de Zöllner. — Théorie de Faye. — Opinions plus récentes de Secchi. — Autres théories.

On a remarqué de très bonne heure que le nombre des taches du soleil est très variable, mais la découverte de la périodicité régulière de leur nombre date de 1851, année où Schwabe, de Dessau, publia pour la première fois le résultat de vingt-cinq ans d'observations. Pendant cet espace de temps il avait examiné le soleil pendant tous les jours clairs, et avait obtenu une description presque parfaite de toutes les taches qui se voyaient sur la surface solaire. Il avait commencé son travail sans aucune idée d'obtenir le résultat auquel il arriva, et il raconte, en parlant de lui-même, que « comme Saül, il s'était mis à la recherche des ânesses de son père et avait trouvé un royaume ». Ses observations prouvèrent d'une manière certaine qu'il existe pour le nombre des taches du soleil un accroissement et un décroissement presque régulier, l'intervalle d'un maximum au suivant étant d'à peu près dix ans. Les observations subséquentes et un examen approfondi de tous les catalogues précédents connus confirment pleinement cette conclusion; seulement la durée moyenne semble un peu plus grande, et 11 ans et $\frac{1}{9}$ donnent la valeur généralement reçue à présent. M. R. Wolf, de Zurich, a été spécialement infatigable dans ses recherches sur ce sujet, et a réussi à déterrer de toutes sortes de cachettes une histoire presque complète de la surface solaire depuis les 150 dernières années. Entre autres choses, il trouve parmi les manuscrits inédits de Horrebow (astronome danois qui florissait il y a un siècle) l'affirmation distincte (qui date de 1776) qu'une étude attentive et continue des taches du soleil pourrait amener à « la découverte d'une période, comme pour les mouvements des autres corps célestes », avec la remarque que c'est « alors seulement qu'il sera temps d'examiner de quelle manière les corps qui sont gouvernés et éclairés par le soleil sont influencés par les taches du soleil; peut être veut-il parler de certaines idées qui, alors comme maintenant, avaient plus ou moins cours, et dont nous citerons comme exemple l'essai fait par W. Herschel quelques années plus tard, pour établir un rapport entre le prix du blé et le nombre des taches du soleil.

Wolf a réuni un nombre énorme d'observations, et à force de travail il en a fait un tout homogène, d'où il a tiré une série de nombres qu'il appelle *relatifs*, et qui représentent l'état des taches du soleil pour chaque année depuis 1745. Il obtient son *nombre relatif* d'une façon assez arbitraire par l'observation des taches : ce nombre étant représenté par r, la formule est :

$$r = k\,(f + 10g)$$

dans laquelle g est le nombre de groupes et de taches isolées observé, et f le nombre total des taches que l'on peut compter dans ces groupes et isolément, tandis que k est un coefficient qui dépend de l'observateur et de sa lunette. Wolf le prend comme unité pour lui-même, observant avec une lunette de 3 pouces de diamètre et d'une puissance égale à 64. Pour un observateur qui aurait un instrument plus grand, k serait plus petit, tandis qu'un instrument moins puissant et un observateur moins assidu donneraient à k une valeur plus grande que l'unité, puisqu'on verrait probablement moins de taches que Wolf n'en voyait avec son instrument. On trouve que ces nombres relatifs étaient, ainsi que l'ont démontré les résultats photographiques de De la Rue et Stewart, à très peu de chose près, proportionnels à la surface couverte par les taches.

Nous donnons ci-contre un tableau construit d'après les nombres publiés par Wolf en 1877, dans les Mémoires de la

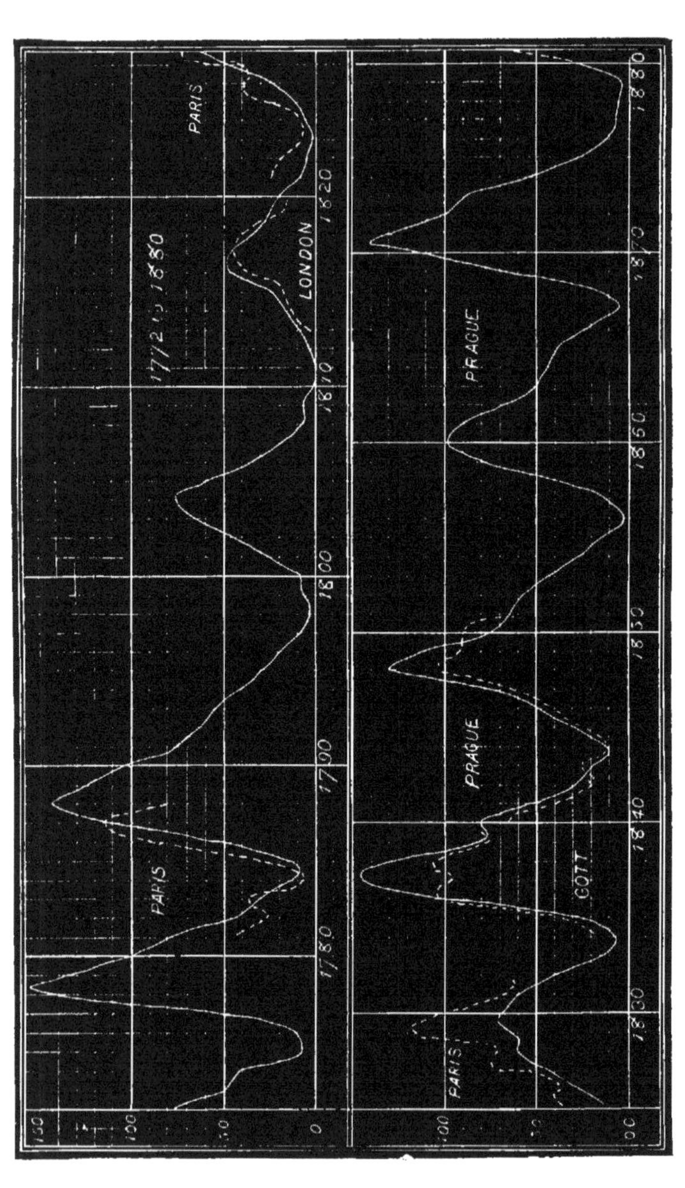

Fig. 34. — Nombre de taches du soleil de Wolf.

Société royale astronomique, qui montre leur marche année par année depuis 1772. Les divisions horizontales indiquent les années, et la hauteur de la courbe à chaque point donne le nombre relatif pour la date en question. Par exemple, en 1870, vers le milieu de l'année, le nombre relatif était 140, tandis qu'au commencement de 1879 il n'était que 3.

PREMIÈRE SÉRIE		DEUXIÈME SÉRIE	
Minima.	Maxima.	Minima.	Maxima.
1610,8	1615,5	1745,0	1750,3
8,2	10,5	10,2	11,2
1619,0	1626,0	1755,2	1761,5
15,0	13,5	11,3	8,2
1634,0	1639,5	1766,5	1769,7
11,0	9,5	9,0	8,7
1645,0	1649,0	1775,5	1778,4
10,0	11,0	9,2	9,7
1655,0	1660,0	1784,7	1788,1
11,0	15,0	13,6	16,1
1666,0	1675,0	1798,3	1804,2
13,5	10,0	12,3	12,2
1679,5	1685,0	1810,6	1816,4
10,0	8,0	12,7	13,5
1689,5	1693,0	1823,3	1829,9
8,5	12,5	10,6	7,3
1698,0	1705,5	1833,9	1837,2
14,0	12,7	9,6	10,9
1712,0	1718,2	1843,5	1848,1
11,5	9,3	12,5	12,0
1723,5	1727,5	1856,0	1860,1
10,5	11,2	11,2	10,5
1734,0	1738,7	1867,2	1870,6
		(11,7)[1]	
		(1878,9)[1]	
période moyenne.	période moyenne.	période moyenne.	période moyenne.
11,20 ± 2,11	11,20 ± 2,06	11,16 ± 1,54	10,94 ± 2,52
± 0,64	± 0,63	± 0,47	± 0,76

Les lignes pointillées sont des courbes de perturbation magnétique, dont nous ne nous occuperons point quant à présent. Notre diagramme, à cause du peu de grandeur de la page, ne

1. La date 1878,9 et la période correspondante 11,7 sont empruntées à une note de Wolf, qui se trouve au vol. XCVI de l'*Astronomische Nachrichten*. Les nombres moyens de Wolf qui sont au-dessous (11, 16, etc.), n'ont cependant pas été altérés de façon à tenir compte de ce dernier minimum, mais ils restent tels qu'ils ont été donnés primitivement en 1877.

part que de 1772, mais les recherches de Wolf vont jusqu'en 1610, et il donne dans le mémoire d'où ont été tirés les nombres qui nous ont servi à construire notre diagramme, l'importante table qui précède des maxima et des minima des taches solaires depuis cette date ; il a divisé les résultats en deux séries, dont la première, à cause du petit nombre d'observations, doit être regardée comme très inférieure à la seconde.

De ces données Wolf déduit une période moyenne de 11,111 années, avec une variabilité moyenne de 2,03 années et une incertitude de 0,307 due principalement à la difficulté de déterminer la date exacte du maximum ou du minimum.

Un coup d'œil jeté sur la table montre que la période n'est pas du tout fixe et certaine comme celle d'un mouvement orbitaire, mais qu'elle est soumise à de grandes variations. Ainsi entre les maxima de 1829,9 et de 1837,2 nous n'avons qu'un intervalle de 7,3 années, tandis qu'entre 1788 et 1804 il y avait un intervalle de 16,1 années [1]. Cette grande variabilité de la période est peut-être due à l'insuffisance de nos observations : mais ce n'est là qu'une des causes. Il est fort probable qu'une fluctuation, d'une durée beaucoup plus longue, près de 50 ans, produit cet effet jusqu'à un certain point à cause de sa superposition à l'oscillation principale de 11 ans.

Un autre fait important, c'est que l'intervalle entre un minimum et le maximum suivant n'est que d'environ 4 années ¹⁄₂ en moyenne, tandis que l'intervalle entre le maximum et le minimum suivant est de 6,6 années. La perturbation qui produit les taches solaires se montre tout à coup, mais s'éteint peu à peu.

Il n'y a pas dans la physique solaire de question plus intéressante ou plus importante que celle qui a rapport à la cause de cette périodicité ; mais on n'y a pas encore trouvé de solution satisfaisante. Quelques astronomes des plus autorisés ont supposé qu'elle était due en partie à l'influence des planètes. Jupiter, Vénus et Mercure ont surtout été soupçonnés de complicité dans l'affaire, le premier en raison de son énorme masse, les deux autres à cause de leur voisinage. De La Rue et Stewart tirent de leurs observations photographiques des taches solaires exécutées entre 1862 et 1866, une série de nom-

---

1. Quelques astronomes prétendent qu'il doit y avoir un autre maximum intercalé vers 1795. Les observations sont peu nombreuses vers cette époque, et laissent beaucoup à désirer.

bres qui tendent fortement à prouver que lorsque deux planètes puissantes sont presque en ligne avec le soleil, la surface couverte par la tache en est très agrandie. Ils ont surtout étudié l'effet combiné de Mercure et Vénus, de Jupiter et Vénus et de Jupiter et Mercure, ainsi que l'effet produit par Mercure lorsqu'il se rapproche du soleil ou s'en écarte. Dans ces quatre cas, il semble qu'il y ait une progression numérique à peu près régulière, mais moins bien marquée dans le troisième et le quatrième cas que dans le premier et le second. Cependant les variations irrégulières des nombres sont si grandes, et la durée des observations est si courte, qu'il n'est pas sûr de compter beaucoup sur les coïncidences observées, attendu qu'elles peuvent être purement accidentelles. On a tenté aussi de rattacher la période de 11 années à celle de la planète Jupiter, mais cet essai a échoué. Pendant une partie du temps il y a, il est vrai, assez d'accord entre la courbe des taches solaires, et celle qui représente la distance variable de Jupiter au soleil, mais à d'autres moments il y a un désaccord complet. Vers 1870, le maximum des taches a eu lieu lorsque la planète était le plus rapprochée du soleil, tandis qu'au commencement du siècle le cas inverse s'était présenté. Loomis (qui est partisan de l'intercalation d'un maximum de taches solaires en 1794, et qui de cette hypothèse conclut à une période moyenne de taches solaires de 10 ans au lieu de 11,1) émet l'idée que les conjonctions et les oppositions de Jupiter et de Saturne peuvent être au fond de l'affaire. Ces phénomènes se produisent à des intervalles de 9,93 années, d'une conjonction à une opposition ou inversement. Mais quand nous examinons la question à fond, nous trouvons que, dans certains cas, les minima des taches solaires ont coïncidé avec cet alignement des deux planètes, et dans d'autres cas, les maxima.

On a, en effet, beaucoup de peine à comprendre comment les planètes, qui sont si petites et si éloignées, peuvent produire sur le soleil des troubles si profonds et si étendus. Il est à peine possible que ce soit leur gravitation qui agisse, attendu que le pouvoir attractif de Vénus sur la surface solaire ne serait qu'environ le $\frac{1}{750}$ de celui que le soleil exerce sur la terre; et dans le cas de Mercure et Jupiter l'effet serait encore moindre, soit environ $\frac{1}{1000}$ de l'influence du soleil sur la terre. Le soleil, considéré à part de la lune, soulève sur les eaux profondes à

l'équateur de la terre une marée d'un peu moins de 33 centimètres de hauteur, de sorte qu'en tenant compte de la raréfaction des substances dont se compose la photosphère, il est bien
évident qu'aucune marée produite par une planète ne peut expliquer directement les phénomènes. Si les taches solaires sont
dues d'une manière quelconque à l'action planétaire, cette action doit être celle d'une influence différente et bien plus subtile.

Plusieurs astronomes, entre autres M. le professeur B. Peirce,
semblent avoir adopté une idée que nous avons indiquée plus
haut, et qui, à ce que nous croyons, a été émise pour la première fois par sir John Herschel, à savoir que les taches sont
dues à la chute de météores sur le soleil. D'après cela, la périodicité des taches s'expliquerait simplement en supposant que
les météores se meuvent en décrivant une orbite très allongée,
dont la période serait de 11,1 ans, en y ajoutant cette hypothèse supplémentaire que dans une partie de l'orbite ils forment
un groupe très dense, tandis que dans les autres parties ils sont
dispersés. Cette orbite météorique devrait être située dans le
voisinage du plan de l'équateur solaire et avoir son aphélie
près de l'orbite de Saturne. Évidemment, il n'est pas nécessaire
de limiter notre hypothèse à un seul courant de météores. Ce
que nous savons des pluies de météores que rencontre la terre,
rend très probable qu'il y en a plusieurs de périodes différentes ;
on peut ainsi expliquer quelques-unes des irrégularités observées dans les périodes des taches solaires. Cette hypothèse est
très bonne sous bien des rapports, et nous aurons occasion d'y
revenir. En même temps, on peut dire ici qu'il paraît très difficile d'expliquer, au moyen de cette hypothèse, les dimensions
énormes et la persistance de nombreux groupes de taches, et
la distribution de ces taches sur la surface solaire en deux zones
parallèles, avec un minimum à l'équateur. L'irrégularité des
époques des maxima et des minima est aussi beaucoup plus
grande qu'on aurait pu s'y attendre.

En somme, il semble un peu plus probable que la périodicité
réside dans le soleil lui-même, et qu'elle ne dépend pas de
causes extérieures, mais de la constitution de la photosphère
et de la vitesse avec laquelle le soleil perd sa chaleur. Peut-
être pouvons-nous comparer les petites choses aux grandes en
citant les éruptions périodiques des geysers de l'Islande, ou les
chocs de l'éther et de bien d'autres liquides dans une éprou-

vette de chimie. En considérant la question sous ce point de vue, nous penserions que les faits consistent en une accumulation de forces intérieures pendant un temps de repos extérieur, suivi d'une explosion qui décharge la force intérieure; le repos et les paroxysmes se reproduisent à des intervalles à peu près réguliers simplement parce que les forces, les substances et les conditions dont il s'agit, ne changent que lentement avec le temps. S'il en est réellement ainsi, il est clair, naturellement, que cette périodicité ne sera jamais très régulière, et ne suivra longtemps la marche d'aucune planète. Le temps résoudra donc peu à peu ce problème, ou au moins réfutera toute hypothèse fausse fondée sur le retour des positions planétaires.

La question de savoir si cette périodicité produit des effets notables sur la terre est bien plus importante encore que le problème de la cause de la périodicité des taches solaires; dans le cas de l'affirmative, quels en sont les effets? Sur cette question le monde astronomique est divisé en deux camps presque hostiles, tant la différence des opinions est tranchée, et la discussion vive. L'un des partis soutient que l'état de la surface solaire est un facteur déterminant de notre météorologie terrestre, qui se fait sentir dans la température, la pression barométrique, les pluies, les cyclones, les récoltes et même dans notre condition financière, et que, par conséquent, on doit surveiller le soleil avec le plus grand soin, pour des raisons aussi bien économiques que scientifiques. L'autre parti soutient qu'aucune influence sensible n'est et ne peut être exercée sur la terre par des variations aussi faibles de la lumière et de la chaleur du soleil; néanmoins tous naturellement (à l'exception de l'astronome français Faye, autant que je le sais) reconnaissent le rapport qui existe entre les taches solaires et l'état des éléments magnétiques terrestres. Il nous semble assez évident que nous ne sommes pas encore en état de trancher la question dans un sens ou dans l'autre; pour la résoudre il faudra une période d'observation bien plus longue, et des observations faites spécialement en vue du sujet en question. En tous cas, les données dont nous disposons actuellement ont fourni des conclusions tout à fait opposées à des hommes fort habiles et fort laborieux.

Assurément il n'est pas assez évident que les taches du soleil n'ont pas l'influence qui leur est attribuée par ceux que j'appellerai volontiers leurs adorateurs pour que nous puissions nous dispenser d'étudier la question de la manière la plus complète. D'un autre côté, il n'est nullement certain non plus que le travail des recherches doive nous dédommager autant que nous le voudrions. Ceux qui recherchent de bonne foi la vérité peuvent néanmoins être sûrs d'être récompensés d'une manière quelconque.

J'ai déjà dit qu'il n'y a aucun doute sur le rapport qui existe entre les taches du soleil et le magnétisme terrestre.

En 1850, Lamont, de Munich, appela l'attention sur ce fait que les mouvements diurnes moyens de l'aiguille aimantée ont une période, qu'il fixait à 10 années $\frac{1}{3}$, d'après le petit nombre de décades qu'il avait eues à sa disposition pour observer. Ici un mot d'explication est peut-être nécessaire. Chacun sait que l'aiguille de la boussole ne marque pas exactement le nord, et que l'angle qu'elle fait avec le méridien véritable varie avec la latitude. Sur le bord de l'Atlantique, aux États-Unis par exemple, le pôle nord magnétique est marqué au nord-ouest, et sur la côte du Pacifique au nord-est. Bien plus, dans chaque endroit, la direction de l'aiguille varie continuellement, et ces variations sont analogues aux variations de la température de l'air; quelques-unes sont régulières et peuvent être prédites, et d'autres ne suivent aucune loi, autant que nous pouvons le voir. Une des variations magnétiques régulières les plus remarquables est celle qu'on appelle l'oscillation diurne. Pendant la première partie du jour, entre le lever du soleil et une ou deux heures de l'après-midi, le pôle nord de l'aiguille se meut de l'est à l'ouest dans ces latitudes, revient à sa position moyenne vers 10 heures du soir, et reste à peu près stationnaire pendant la nuit. L'amplitude de cette oscillation est aux États-Unis d'environ 15′ en été, et d'à peu près la moitié en hiver; mais cette amplitude varie beaucoup en différents endroits et à diverses époques; en outre, et ceci constitue la découverte de Lamont, l'amplitude moyenne de cette oscillation diurne dans un observatoire donné, croît et décroît assez régulièrement pendant une période de 10 années $\frac{1}{3}$, d'après les calculs de cet astronome. Aussitôt que Schwabe annonça sa découverte de la périodicité des taches solaires, Sabine en Angleterre, Gautier en France et Wolf en Suisse, ensemble et indépendamment les uns des autres, remarquèrent la coïncidence entre les maxima de taches et ceux des oscillations magnétiques. Faye a récemment essayé de combattre cette conclusion. Pour prouver son dire, il insiste sur ce que, d'après les observations de Cassini, le maximum magnétique a eu lieu au commencement de 1787, et divisant l'intervalle qui s'est écoulé entre cette époque et le dernier maximum magnétique à la fin de 1870, par 8, nombre des périodes intermédiaires, il trouve 10,45 années pour la période magnétique moyenne, au lieu de 11,11 années. A cela on peut lui répondre que les observations des taches solaires et des éléments magnétiques à la fin du xviii° siècle sont si rares et si peu satisfaisantes que les témoignages manquent pour préciser la date des maxima et des minima. On ne sait même pas, comme nous l'avons dit plus haut, si l'on ne devrait pas admettre un maximum de taches solaires supplémentaire en 1795, outre ceux énumérés par Wolf.

Ce qui montre d'une manière convaincante que ce rapport existe réellement, c'est l'exactitude avec laquelle, depuis que nous avons eu des observations continues et satisfaisantes, la courbe magnétique reproduit la courbe des taches solaires. Dans la figure 34 les courbes pointillées représentent la valeur moyenne des oscillations magnétiques, tirée par Wolf de diverses séries d'observations. Depuis 1820 l'enregistrement est presque continu, et la coïncidence de la courbe est de nature à ne laisser aucun doute dans tout esprit impartial [1].

L'observation des registres de l'aurore boréale donne beaucoup de force à cet argument. Il se présente de temps à autre ce qu'on appelle *des orages électriques*, durant lesquels l'aiguille de la boussole s'agite quelquefois d'une manière presque folle, oscillant de 5° et même de 10° en une heure ou deux. Ces orages sont généralement accompagnés d'une aurore, et une aurore est toujours accompagnée de perturbations magnétiques.

Alors, si on compare les observations des aurores avec celles des taches solaires, comme Loomis l'a fait avec beaucoup de soin et d'attention, on découvre un parallélisme presque parfait entre les courbes de fréquence des aurores et des taches solaires.

---

1. Une discussion, par Balfour Stewart, des observations faites à Kew, entre 1856 et 1867, fait admirablement ressortir cet accord et semble démontrer que les variations magnétiques sont en retard d'environ cinq mois sur les taches solaires.

Il est difficile d'imaginer une théorie satisfaisante pour expliquer cet effet des troubles solaires sur notre magnétisme terrestre. Le rapport peut à peine s'établir par la température, car l'influence des taches solaires à cet égard est si faible qu'on ne sait pas encore si nous recevons du soleil plus ou moins de la quantité moyenne de chaleur pendant un maximum de taches solaires. Le rapport magnétique est probablement plus immédiat et plus direct ; il est peut-être de même nature que l'action qui repousse la matière de la queue d'une comète, et prouve que

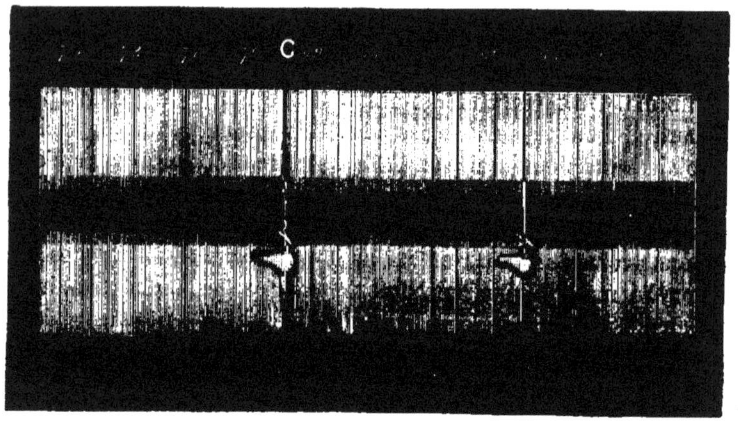

Fig. 35. — Raie C dans le spectre d'une tache (5 août 1872).

d'autres forces que la gravitation agissent dans l'espace interplanétaire.

Un certain nombre d'exemples que l'on a observés, sans être cependant suffisants pour démontrer le fait, rendent néanmoins très probable que chaque perturbation importante de la surface solaire se transmet à notre magnétisme terrestre avec la vitesse de la lumière. Le fait observé par Carrington et Hodgson, le 1er septembre 1859, fut immédiatement suivi d'un orage magnétique d'une violence peu ordinaire, les lueurs d'aurore boréale étant tout à fait magnifiques sur les deux bords de l'Atlantique, et jusqu'en Australie. J'en ai remarqué un autre exemple dans le cours d'une série d'observations spectroscopiques à Sherman. Le 3 août 1872, la chromosphère, dans le voisinage d'une tache solaire, qui apparaissait à ce moment

sur le bord du soleil, présenta à plusieurs reprises de grandes
perturbations pendant la matinée. Des jets de matière lumineuse d'un éclat intense s'élançaient du soleil, et les raies
sombres du spectre furent renversées par centaines pendant
plusieurs minutes de suite. Il y eut trois *paroxysmes* particulièrement remarquables, à 8ʰ,45, 10ʰ,30, et 11ʰ,50 du matin. A
dîner, le photographe de l'expédition, qui faisait nos observations magnétiques, me dit, avant de savoir rien de ce que

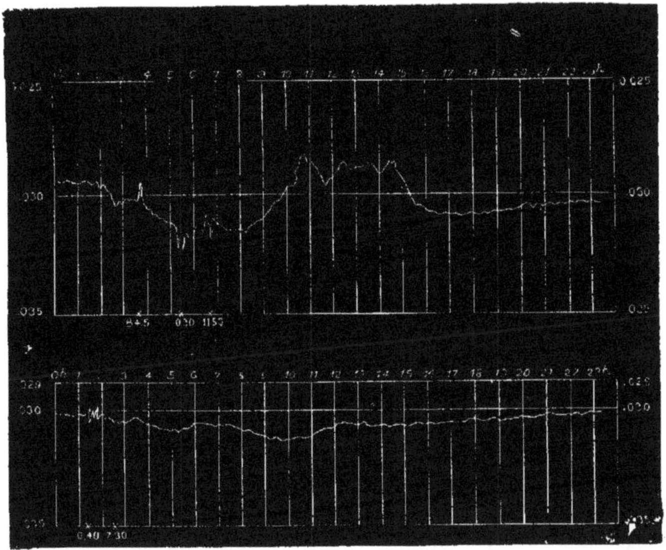

Fig 36. — Courbes magnétiques à Greenwich (la courbe supérieure
se rapporte au 3 août 1872, la courbe inférieure au 5 août).

j'avais observé, qu'il avait été obligé de cesser son travail,
l'aiguille aimantée ayant complètement quitté le cadran.

Deux jours plus tard la tache avait fait le tour du bord du
limbe. Le matin du 5 août je commençai mes observations à
6ʰ,40, et pendant une heure environ j'ai été témoin d'un des
phénomènes les plus remarquables que j'aie jamais vus. Les
raies de l'hydrogène ainsi que beaucoup d'autres furent renversées d'une manière brillante dans le spectre du noyau, et
en un point de la pénombre la raie C fit jaillir quelque chose
qui ressemblait à une flamme de chalumeau dirigée vers

l'extrémité supérieure du spectre, et indiquant un *mouvement* d'environ 120 milles par seconde le long du rayon visuel. Ce mouvement s'éteignait et se renouvelait à une minute ou deux d'intervalle. La figure donne une idée de l'apparence du spectre. La perturbation cessa avant 8 heures et ne se renouvela pas ce matin-là. En écrivant en Angleterre, je reçus, de Greenwich et de Stonyhurst, par les bons soins de Sir G. B. Airy et du Révérend S. J. Perry, des copies des notes magnétiques photographiées pendant ces deux jours. La figure 36 est une réduction de la courbe de Greenwich. Celle qu'on a obtenue à Stonyhurst est essentiellement la même. On verra que le 3 août, jour où la perturbation magnétique fut générale, les trois paroxysmes que j'ai remarqués à Sherman étaient accompagnés de secousses particulières des aimants de l'Angleterre. Aussi le 5 août, au point de vue magnétique, fut un jour de calme, mais juste pendant cette heure où la tache solaire était active, l'aiguille magnétique tremblait et vibrait. Autant qu'il semble aussi, l'action magnétique du soleil fut instantanée. En tenant compte de la longitude, la perturbation magnétique en Angleterre fut, autant qu'on peut en juger, simultanée avec la perturbation spectroscopique observée sur les montagnes Rocheuses.

Naturellement, ainsi que je l'ai dit, deux ou trois coïncidences comme celles que j'ai indiquées ne suffisent pas pour établir la doctrine de l'action magnétique immédiate du soleil sur la terre; mais elles lui donnent assez de vraisemblance pour justifier un examen attentif du sujet; examen qui n'est cependant pas aisé, car il exige dans la pratique une observation continuelle de la surface solaire.

Quant à l'influence des taches solaires sur la température du globe, il ne paraît pas possible d'en rien dire de concluant pour le moment. Les taches en elles-mêmes, telles que nous les ont montrées Henry, Secchi, Langley et d'autres, nous envoient certainement par rayonnement moins de chaleur que la surface générale du soleil. D'après les résultats déterminés avec beaucoup de soin par M. Langley, l'ombre d'une tache émet environ 54 p. 100 et la pénombre environ 80 p. 100 de la chaleur émise par une surface correspondante à la photosphère. Les taches ont donc pour effet direct de refroidir la terre. La surface totale couverte par les taches, même à l'époque du maximum, ne dépassant jamais $\frac{1}{500}$ de la surface totale du soleil [1], il s'ensuit que directement elles peuvent diminuer notre provision de chaleur d'environ $\frac{1}{1000}$ de la quantité totale. Cet effet serait-il sensible? C'est une question à laquelle il est difficile de répondre.

Mais, tandis que l'effet direct serait de cette nature, il est tout à fait probable qu'il est pour le moins pleinement compensé par un autre d'un caractère tout opposé. Notre lumière et notre chaleur nous viennent de la photosphère, qui est recouverte d'une atmosphère de gaz, dans laquelle s'effectue une absorption considérable. Or, si le niveau de la surface photosphérique est troublé, de telle sorte qu'il soit couvert d'ondulations et d'élévations d'une hauteur considérable, comparée à l'épaisseur de l'atmosphère qui la recouvre, alors, ainsi que l'a démontré Langley, le rayonnement augmentera aussitôt; l'absorption, augmentant de tant pour cent dans les parties de la photosphère qui sont abaissées au-dessous de leur niveau ordinaire, diminue d'autant plus dans les parties qui sont élevées.

La raison de ce fait est que lorsqu'un objet lumineux est plongé dans un milieu absorbant, il perd beaucoup plus de lumière pour le premier pied de submersion que pour le second et plus pour le second que pour le troisième, de sorte que, lorsqu'il a atteint une profondeur considérable, il faut encore un grand nombre de pieds de submersion pour diminuer son rayonnement autant que l'a fait le premier pied. Si donc les taches solaires sont accompagnées de perturbations verticales considérables de la photosphère, ainsi qu'il est presque certain que cela a lieu, on a comme résultat un rayonnement qui augmente en raison de la perturbation, et qui compense d'une manière plus ou moins complète l'effet opposé, lequel est, à première vue, le plus évident.

Il est donc encore tout à fait probable que les taches sont dues à une action éruptive, ou sont accompagnées d'une action éruptive, les gaz intérieurs et plus chauds, se précipitant à travers la photosphère avec une abondance extraordinaire aux époques de maximum de taches. Ceci doit nécessairement ten-

---

1. On a enregistré dans l'histoire de l'astronomie un petit nombre de cas dans lesquels la surface d'un groupe de taches a dépassé de beaucoup ce chiffre pendant quelques jours, mais les résultats de Stewart et de De La Rue montrent que c'est une évaluation extrême pour la surface moyenne couverte par la tache pendant toute une année de maximum de taches solaires.

dre à augmenter l'émission de chaleur du soleil, et il se peut que ce soit exact en grande partie. Mais, d'un autre côté, une augmentation considérable de l'épaisseur de la chromosphère, comme peut en causer une éruption longue et abondante, devrait agir en sens inverse.

Il est donc impossible de prédire *à priori* quel effet l'emportera, ou de savoir si la température de la terre doit s'élever ou s'abaisser pendant un maximum de taches solaires; et jusqu'ici aucune comparaison des observations n'a éclairci ce point à la satisfaction générale. Du moins en 1878 un des savants les plus compétents, Balfour Stewart, s'exprime ainsi : « Il est presque, sinon tout à fait impossible, d'après les observations qui ont déjà été faites, de dire si le soleil sera plus chaud ou plus froid, à tout considérer, quand il y a le plus de taches sur sa surface.

D'une part, Jelinek, d'après toutes les observations de température faites en Allemagne jusqu'en 1870, a trouvé que l'influence des taches solaires est tout à fait inappréciable, bien que d'après les mêmes observations il ait déduit de très petits effets produits par les variations de la distance de la lune et ses phases. D'autre part M. Stone, lorsqu'il était astronome royal au cap de Bonne-Espérance, et M. Gould, dans l'Amérique du Sud, considèrent que les observations qu'ils ont faites dans leurs stations indiquent une diminution de température distincte, bien que légère, à l'époque d'un maximum de taches solaires : d'après M. Gould, la différence à Buenos-Ayres entre le maximum et le minimum s'élève à environ $1\frac{3}{4}°$ Fahr. Au cap de Bonne-Espérance, M. Stone trouve que la différence est d'environ trois quarts de degré, d'après 30 années d'observations, du moins si nous interprétons correctement sa courbe des températures, car on ne sait pas au juste de quelle unité de température il s'est servi pour construire sa figure.

A Édimbourg, Piazzi Smyth trouve dans les registres des thermomètres des rochers une période définie de 11 ans, dont l'étendue mesure environ un degré Fahrenheit; et les maxima, au lieu de coïncider avec les minima des taches solaires, se trouvent environ deux années en retard.

En opposition à tout ceci, M. F. Chambers, de Bombay, conclut, d'après les observations barométriques faites en Asie entre 1848 et 1876, que le soleil est plus chaud lors des maxima de taches. On trouvera son mémoire dans la *Nature* du 26 septembre 1878, avec un diagramme des courbes barométriques d'où il tire ses conclusions.

En somme, dans l'état actuel des choses, il serait peut-être bon de dire qu'il y a un léger excès de probabilité en faveur de ceux qui disent que les années de maximum de taches solaires sont d'un degré environ plus froides que les années de minimum; mais la différence est bien faible, et le premier qui fera de nouvelles recherches peut la faire pencher de l'autre côté.

Quant à l'influence des taches solaires sur les orages et la chute de la pluie, les témoignages, s'ils ne sont entièrement concluants, comme le considèrent M. Lockyer et d'autres autorités sérieuses, sont du moins beaucoup plus forts. En 1872, M. Meldrum, directeur de l'Observatoire de l'île Maurice, publia une comparaison des nombres de cyclones observés dans l'Océan Indien et de l'état du soleil, et remarqua que le nombre de cyclones était plus grand à l'époque d'un maximum de taches solaires. Nous citons ses paroles (*Nature*, vol. VI, p. 358) : « En prenant les époques maxima et minima de la période de taches solaires, en prenant une année avant et après de chaque côté de ces époques, et en comparant le nombre des cyclones survenus pendant ces périodes de trois années, on obtient les résultats suivants :

ANNÉES		NOMBRE de CYCLONES chaque année.	NOMBRE total de cyclones.
Maxima	1847..	4	
	1848..	6	15
	1849..	5	
Minima	1855..	4	
	1856..	1.	8
	1857..	3	
Maxima	1859..	5	
	1860..	8	21
	1861..	8	
Minima	1866..	5	
	1867..	2	9
	1868..	2	
Maxima	1870..	3	
	1871..	4	14
	1872..	7	

Plus tard M. Meldrum a fait des comparaisons plus étendues, comprenant, outre les cyclones proprement dits, d'autres grands orages, et il en tire essentiellement les mêmes résultats. On doit remarquer en même temps que les nombres annuels varient énormément, et en se rapportant à son second mémoire (*Nature*, vol. VIII, p. 495), on verra que le nombre correspondant au maximum de taches solaires 1847-49 n'est que de 23, tandis que celui qui correspond au minimum 1866-68, est de 21. (M. Meldrum flatte un peu le premier maximum de taches solaires en préférant dans sa comparaison les années 1848-50, peut-être à tort, ce semble, puisque l'époque de maximum de taches solaires était 1848, 1 : en se servant de ces années, il obtient 26 au lieu de 23.)

Les variations d'année en année sont si grandes, qu'il suffit de dire que l'on peut à peine considérer ces observations comme démonstratives sans une nouvelle confirmation provenant d'une autre source.

M. Meldrum a essayé de nous fournir cette confirmation, en faisant un tableau des pluies tombées dans un certain nombre de stations situées dans l'Océan Indien et aux environs. Il obtient un résultat qui en somme est confirmatif, bien qu'il y ait plusieurs désaccords. M. Lockyer, d'après les observations de chutes de pluies au cap de Bonne-Espérance et à Madras, obtient des nombres corroboratifs. M. Symons, d'après la chute de la pluie en Angleterre pendant les cent quarante dernières années, arrive à un résultat équivoque. Les stations d'Amérique, autant qu'elles ont été étudiées, sont un peu en opposition avec celles de l'Océan Indien, et indiquent un peu moins de pluies que d'habitude pendant un maximum de taches solaires. Mais, comme tout le monde peut le voir en consultant le mémoire de M. Symons dans la *Nature*, vol. VII, p. 143-145, dans lequel il a construit un tableau d'un nombre énorme de statistiques de chutes de pluies, les témoignages sont tout à fait opposés. leur force et leurs caractères sont bien différents de ceux qui démontrent l'influence magnétique des perturbations solaires[1].

1. Depuis que ceci a été écrit, nous avons reçu de M. Meldrum le mémoire qu'il a publié dans le *Monthly Notices* de la Société météorologique de l'île Maurice pour décembre 1878. Dans ce mémoire il discute tout au long les chutes de pluie de cinquante stations différentes de toutes les parties du globe, ainsi que les niveaux des principaux fleuves de l'Europe. La discussion comprend presque toutes les données qu'on a pu avoir de

On a fait encore d'autres tentatives pour établir un rapport entre les taches solaires et divers phénomènes terrestres. Ainsi, M. T. Moffat, en 1874, a publié des résultats tendant à démontrer que dans les années de taches solaires la quantité moyenne d'ozone atmosphérique est quelque peu plus grande que pendant un minimum de taches.

Un autre physicien éminent, dont le nom nous échappe, s'est efforcé, il y a quelques années, de démontrer que les apparitions du choléra asiatique sont périodiques, et que leur période dépend de celle des taches solaires; elle est exactement une fois et demie aussi longue, environ quinze années. Il se peut que cette périodicité existe; mais, s'il en est ainsi, le fait que les maxima du choléra sont alternativement synchrones avec les maxima et les minima des taches, suffirait pour éloigner l'idée d'un rapport de cause quelconque entre ces phénomènes.

La dernière et la plus intéressante des tentatives faites dans cette direction générale est celle du professeur Jevons, qui cherche à démontrer l'existence d'un rapport entre les taches solaires et les crises commerciales. L'idée n'est nullement absurde, comme l'ont déclaré quelques personnes; c'est une simple question de fait. Si les taches solaires ont réellement une influence sensible sur la météorologie terrestre, sur la température, les orages et les chutes de pluie, elles doivent indirectement agir sur les moissons et troubler par suite les

---

1824 à 1867. Il n'est que juste, pour M. Meldrum, de dire que cette manière d'opérer paraît suffisamment complète et parfaitement loyale; le résultat final est décidément en faveur de son opinion, c'est-à-dire qu'il y a un rapport réel entre la quantité d'eau qui tombe tous les ans et l'état de la surface solaire. Il trouve que la quantité moyenne d'eau qui tombe tous les ans sur la terre est d'environ 38,5 pouces; l'écart entre le maximum et le minimum est d'environ 4 pouces, et le maximum pour la chute de la pluie arrive environ une année après le maximum de taches solaires, avec de grandes variations toutefois, selon les stations. Dans quelques pays, en effet, et à certaines époques (aux États-Unis, par exemple, entre 1834 et 1843), les résultats sont en contradiction avec la théorie, mais le rapport général est remarquable et semble justifier sa conclusion que les quantités moyennes d'eau tombant en Grande-Bretagne, en Europe, en Amérique et dans l'Inde, telles qu'elles sont représentées par tous les rapports qui ont été reçus, ont, malgré les anomalies, varié dans le même rapport que les nombres des taches solaires de Wolf, et les époques de maximum et de minimum de pluies ont presque coïncidé avec celles des taches solaires. Les observations de chute de pluie dans cinq stations de l'hémisphère sud, pour des périodes plus courtes, donnent des résultats analogues.

rapports financiers ; dans une organisation aussi délicate que celle du monde commercial, il suffit d'un poids minime, placé au bon endroit, pour changer la marche du commerce et du crédit et pour produire un *boom* (que l'on nous pardonne l'emploi de ce mot qui convient si bien), ou un *krach*.

Le temps et l'espace nous manquent pour discuter le mémoire de M. Jevons ; nous devons seulement nous contenter de dire que, pour nous au moins, les faits ne paraissent pas justifier cette conclusion. M. Proctor, dans un article publié par le *Scribner's Magazine* en juillet 1880, a très bien et très complètement traité ce sujet.

Cela ne peut pas faire de mal de répéter ce que nous avons dit plus haut : la question de l'influence des taches solaires ne peut pas être considérée comme éclaircie ; et la seule manière de la résoudre est de faire une série continue d'observations attentives, dirigées spécialement vers ce but, ou du moins faites en tenant compte des conditions du problème, puisque les mêmes observations seraient aussi très utiles comme données pour diverses autres recherches. Nous voulons et nous cherchons un rapport suivi de l'état de la surface solaire, tel que peuvent nous en fournir, nous l'espérons, les nouveaux observatoires astrophysiques de Potsdam et de Meudon et quelques autres institutions du même genre qui vont bientôt être organisées dans différentes parties du monde.

Pour joindre à ces observations solaires, nous demandons aussi un système d'observations météorologiques simultanées, comprenant à la fois les hémisphères nord et sud, est et ouest, de façon que les influences locales puissent disparaître de nos résultats moyens ne laissant que les influences générales et cosmiques. Nous pouvons raisonnablement espérer voir ce système établi d'ici à peu de temps.

THÉORIES RELATIVES A LA CAUSE ET A LA NATURE
DES TACHES SOLAIRES

Les phénomènes remarquables des taches du soleil ont naturellement engagé à rechercher leur cause.

Comme nous l'avons déjà dit, quelques-uns des premiers observateurs ont pensé que les taches étaient des corps planétaires qui tournaient autour du soleil, très près de sa surface. Galilée a complètement réfuté cette idée en remarquant que dans ce cas la tache, dans son mouvement autour du soleil, devrait être visible pendant moins de la moitié du temps. De son côté, il émit la théorie que ce sont des nuages flottant dans l'atmosphère solaire.

Cette idée, sous une forme ou sous une autre, a été soutenue depuis par nombre d'astronomes d'une grande autorité. Derham pensait que ces nuages sont des éruptions de volcans solaires, et de nos jours Capocci a adopté et soutenu la même théorie. Peters semble l'avoir envisagée favorablement en 1846, au moins en ce qui concerne la partie volcanique de l'hypothèse, tandis que Kirchhoff semble s'être rangé à l'opinion primitive de Galilée sans modification. Si cette opinion est interprétée comme signifiant que les taches solaires sont des masses de matières nuageuses, moins lumineuses que la photosphère, et flottant dans la photosphère et non au-dessus, il est très probable qu'un grand nombre de ceux qui étudient la physique solaire se rangeraient aujourd'hui à cette opinion. Galilée, cependant, estimait que les nuages qui forment les taches sont élevés au-dessus de la surface brillante, et nous savons maintenant que ce n'est pas exact; en effet, les observations de Wilson, en 1769, que nous avons mentionnées plus haut, et tout l'ensemble des observations faites depuis, ont mis hors de toute contestation ce fait que l'ombre d'une tache solaire se trouve située à plusieurs centaines de milles au-dessous du niveau de la photosphère.

Lalande, néanmoins, n'était pas disposé à accepter la théorie de Wilson, et soutint que les taches solaires étaient le sommet des montagnes solaires se projetant au-dessus de la surface lumineuse — des îles dans l'océan de feu. Dans cette hypothèse, la pénombre s'explique par les flancs en pente des montagnes vus à travers la demi-transparence de la flamme. Naturellement, les mouvements des taches que l'on a observées, et la découverte de Wilson ne s'accordent pas du tout avec cette idée. On remarquera que toutes les théories mentionnées jusqu'ici, ainsi que celle de sir William Herschel que nous allons développer, s'appuient toutes sur cette hypothèse que le noyau central du soleil est solide.

Vers le commencement de ce siècle, sir William Herschel,

après une étude attentive des faits, mais très influencé par cette pensée que le soleil doit (pour des raisons théologiques) être habitable, proposa une hypothèse qui subsista sans changements pendant près d'un demi-siècle, et qui se trouve encore dans quelques-uns de nos livres d'astronomie.

Il supposait que la partie centrale du soleil est solide; et sa surface froide, non lumineuse et habitable. Autour il plaçait deux enveloppes de nuages: l'enveloppe extérieure, la photosphère, incandescente et brûlant avec une furie inimaginable; l'enveloppe intérieure non lumineuse, obscure elle-même, mais capable de réfléchir la lumière à sa surface extérieure, et d'agir comme un écran pour protéger contre la chaleur de la photosphère la contrée située au-dessous. Il supposait que les

Fig. 37. — Théorie d'une tache solaire, par Herschel.

taches sont causées par des trous qui s'ouvrent dans les nuages, et à travers lesquels nous pourrions apercevoir la surface sombre du globe central; la pénombre étant causée par la couche de nuages intermédiaires, dans laquelle l'ouverture serait moins grande que dans la photosphère. La figure explique cette théorie. Quant à la cause de ces ouvertures, il n'a émis aucune idée arrêtée, tout en insinuant qu'elles peuvent être dues à des éruptions volcaniques qui se frayeraient un passage à travers l'atmosphère supérieure.

Longtemps après, son fils, sir John Herschel, proposa une explication qui ferait des taches solaires de grands tourbillons orageux perçant la photosphère et les nuages, au lieu d'éruptions se faisant un chemin au dehors. D'après lui, la rotation du soleil détermine une accumulation de l'atmosphère solaire vers l'équateur de cet astre; un épaississement de la couche extérieure qui arrête le rayonnement de la chaleur. Cela étant ainsi, il y aurait sur le soleil comme sur la terre, bien que pour une raison tout à fait différente, une température plus élevée à l'équateur que partout ailleurs; de là, il s'ensuivrait

une longue suite de conséquences, et entre autres celles-ci :
l'atmosphère solaire serait troublée par des courants analogues
aux vents alizés de la terre; il y aurait des zones orageuses de
chaque côté de l'équateur, et ces orages fourniraient l'explication des taches.

La cause alléguée doit exister réellement dans une certaine
mesure. La rotation du soleil doit nécessairement épaissir
la couche atmosphérique qui enveloppe la photosphère (c'est-
à-dire qu'elle le doit, si l'on peut regarder la surface de la photosphère et celle de la chromosphère comme des surfaces horizontales) et cette cause doit tendre à élever la température
véritable de l'équateur solaire, tandis qu'en même temps elle
doit diminuer son rayonnement vers la terre, et rendre ainsi
l'équateur solaire *plus froid en apparence,* ainsi que le prouvent les observations faites de la terre. Mais, autant qu'on
peut en juger, cet effet est absolument insensible, comme
il doit l'être, puisque la rotation du soleil est si lente; de plus,
le mouvement des taches n'indique aucun mouvement de
dérive systématique vers le nord ou le sud tel qu'en produi-
raient nécessairement des vents alizés solaires.

La théorie de l'aîné des Herschel satisfait à toutes les apparences télescopiques des taches solaires, tout aussi bien peut-
être qu'aucune de celles qu'on a proposées jusqu'ici. Cette
théorie reste court dans son hypothèse que la principale portion
du soleil est une masse solide, hypothèse qui est maintenant
presque universellement regardée comme incompatible avec
ce que nous savons de la température, du rayonnement et de
la constitution du soleil.

Les physiciens modernes croient que l'on ne peut pas faire
autrement que de conclure que la masse centrale du soleil
doit être gazeuse ou au moins non solide. Partant de cette idée,
Faye et Secchi, vers 1868, proposèrent chacun de leur côté la
théorie que les taches sont des ouvertures de la photosphère à
travers lesquelles les gaz intérieurs se précipitent au dehors.
D'après cette manière de voir, l'ombre est obscure parce que
le centre gazeux du soleil, que l'on aperçoit à travers l'ouverture, possède une puissance de rayonnement moins grande que
les gouttelettes incandescentes dont se composent les nuages
de la photosphère. Nous donnons ici une des figures de Secchi
pour expliquer cette idée. Cette théorie est si simple, qu'il est

malheureux qu'elle ne soit pas exacte. Mais elle fut abandonnée par ses auteurs dès que l'on eut clairement montré que, dans ce cas, le spectre de l'ombre d'une tache solaire se composerait de raies brillantes; Secchi lui-même et d'autres avaient démontré qu'il n'en est pas du tout ainsi, mais que c'est un spectre dû à une absorption augmentée et qui indique probablement, non pas une sortie violente de gaz échauffés à travers la photosphère, mais une descente de matière plus

Fig. 38. — Première théorie d'une tache solaire de Secchi.

froide et moins lumineuse. Vers 1870, Zöllner proposa une théorie particulière qui a beaucoup de bon, mais qui semble exposée à des objections fatales, et qui a trouvé très peu de défenseurs. Il suppose la surface du soleil liquide; ce serait une masse de métal fondu entourée d'une atmosphère de vapeur. Il imagine parfois que cette surface liquide est recouverte çà et là de masses analogues à des scories et d'un pouvoir rayonnant bien moindre, résultat d'un refroidissement local. Près des bords, les flammes solaires jaillissent avec un redoublement de furie, mais au centre la masse plus froide des scories détermine un courant allant de haut en bas, de manière à établir dans l'atmosphère solaire une puissante circulation de haut en bas au centre de la tache, extérieure dans toutes les directions à la surface de la scorie, de bas en haut sur les bords, et intérieure, vers le centre, dans la partie supérieure. Cette théorie s'accorde admirablement avec les phénomènes spectroscopiques; mais l'hypothèse d'une enveloppe continue et liquide, assez froide pour permettre la formation de scories, paraît incompatible avec d'autres phénomènes, qui rendent impossible d'admettre qu'il y ait une température aussi basse à une si grande profondeur.

Aujourd'hui l'opinion, pour la plus grande partie, semble partagée entre deux théories rivales proposées par M. Faye et Secchi.

M. Faye suppose que les taches sont dues à des orages solaires; Secchi pense que ce sont des nuages épais de produits éruptifs qui se fixent dans la photosphère *près* des points d'où ils ont été chassés, et non pas en ces mêmes points.

On se rappellera que M. Faye suppose que la loi particulière de rotation du soleil est due à ce fait hypothétique que les masses ascendantes de vapeur, qui par leur condensation forment la photosphère, partent d'une couche dont la profondeur au-dessous de la surface visible diminue régulièrement de l'équateur vers les pôles. Il en résulte des courants parallèles vers l'équateur, et la conséquence de ceci est que, généralement parlant, les parties voisines de la photosphère possèdent un mouvement de dérive relatif. A l'équateur et aux pôles cette dérive disparaît, mais elle est fort considérable dans les latitudes moyennes. Or la théorie de M. Faye veut que, par suite de cette dérive relative, il se forme des remous, comme nous l'avons expliqué précédemment; ces remous deviennent des cyclones ou des tourbillons précisément analogues à ceux que l'on remarque dans l'eau, lorsqu'un fort courant est arrêté par un obstacle. Dans ce cas, comme chacun sait, il se forme des tourbillons en forme d'entonnoir dans lesquels les matières flottantes et l'air sont emportées à de grandes profondeurs. Nos cyclones et nos tourbillons terrestres, d'après M. Faye, mais contrairement à toutes les théories reçues, se produisent d'une manière analogue, partant d'en haut, et pénétrant dans l'atmosphère de haut en bas, jusqu'à ce que la pointe du tourbillon atteigne et balaie la terre. Or, un tel tourbillon à l'échelle solaire est l'essence d'une tache du soleil, d'après M. Faye.

On voit tout de suite que cette théorie donne une explication raisonnable de la distribution des taches en deux zones parallèles situées de chaque côté de l'équateur solaire, et que l'action tourbillonnante dans laquelle réside, à ce que l'on suppose, la cause des taches, est une cause véritable.

La théorie s'accorde aussi très bien avec les phénomènes qui accompagnent la subdivision des taches, puisque dans l'eau les tourbillons, et les cyclones dans l'atmosphère terrestre, se comportent d'une manière tout à fait analogue. Elle se trouve bien d'accord aussi avec les indications spectroscopiques. La cavité remplie des vapeurs descendantes donnerait juste la même sorte de spectre que celle qu'on observe ordinairement. Bien plus, les gaz qui sont emportés par le tourbillon au-dessous de la photosphère, particulièrement l'hydrogène, tourneraient autour du tourbillon, et nous pourrions ainsi nous expliquer le cercle de facules et de proéminences qui entoure généralement toute tache d'une grande importance. On peut aussi se débarrasser aisément de quelques objections plus évidentes. Ainsi, on a dit que si les taches sont des tourbillons, elles doivent avoir un contour circulaire. Faye répond que nous voyons, non pas le tourbillon lui-même, mais un grand nuage de gaz plus froids, qui sont attirés des régions inférieures et recueillis de toutes parts dans l'orage ; la forme de ce nuage dépendrait d'une foule de circonstances.

Mais il y a d'autres objections auxquelles il n'est pas aussi facile de répondre. Si la théorie est vraie, toutes les taches sont des tourbillons et doivent présenter un mouvement giratoire, et en outre, toutes les taches situées au nord de l'équateur doivent tourner dans la même direction et en sens inverse des aiguilles d'une montre (par rapport à la terre), tandis que celles de l'hémisphère solaire sud devraient tourner en sens contraire, absolument comme font les cyclones dans l'atmosphère terrestre.

Il n'en est pas du tout ainsi. Comme nous l'avons vu, une petite proportion seulement de taches nous offrent des signes de mouvement giratoire ; et loin d'observer aucune uniformité dans la direction de la rotation de chaque côté de l'équateur, nous voyons fréquemment différentes taches du même groupe, ou même différentes parties de la même tache tourner en sens contraire des autres.

En somme, lorsque nous en venons à examiner la question
au point de vue numérique, nous voyons que le courant, dont
Faye fait le facteur principal de l'engendrement des taches,
est trop faible pour produire de tels effets.

Il est très facile de calculer ce courant, en admettant l'exactitude de la formule de Faye pour le mouvement d'un point à
la surface du soleil, dans une latitude solaire donnée quelconque ; cette formule est :

$$V' = 862' - 186\ sin^2 \lambda.$$

V' représentant ici le nombre de minutes de longitude solaire
que parcourt un point donné quelconque en 24 heures.

Si nous appliquons cette formule à deux points de la surface
solaire, situés l'un sur le 20° de latitude, et l'autre à 20° 1', soit
à environ 123 milles au nord du premier, nous trouverons que
le premier parcourt 840, 242' en un jour, et le second 840, 207',
soit une différence de 0,035', ou (pour cette latitude) de 4,17
milles. C'est-à-dire que si l'on prend deux points de la surface
solaire situés sur le même méridien, à 20° de latitude, et à une
distance de 123 milles l'un de l'autre, le point le plus rapproché
de l'équateur aura parcouru, au bout de 24 heures, environ
4 milles $\frac{1}{6}$ à l'ouest de l'autre.

Si l'on fait le même calcul pour la latitude 45°, on obtient un
résultat un peu plus élevé, environ 4 milles $\frac{1}{3}$ par jour.

On peut facilement au moyen de ces chiffres voir pourquoi
les taches solaires ne se comportent pas d'une manière plus
analogue aux troubles de l'atmosphère terrestre, en montrant
le mouvement cyclonique comme une caractéristique régulière
et invariable, au lieu d'un phénomène accidentel et plutôt rare.

La dernière théorie de Secchi repose essentiellement sur
cette idée, certainement née de l'observation, que les éruptions
se font continuellement jour à travers la photosphère, et
transportent des vapeurs métalliques provenant des régions
inférieures. Il suppose que ces vapeurs, après s'être considérablement refroidies, redescendent vers la photosphère, et y
occasionnent des dépressions, qui sont remplies de ces matières
moins lumineuses et absorbantes. Il est difficile de voir pourquoi
cet effet durerait avec tant de persistance, ou pourquoi même
si l'éruption durait longtemps, le nuage en question continuerait à redescendre à la même place. En réalité, comme il

a été dit un peu plus haut, une tache est généralement entourée d'un cercle d'éruptions, et les choses se passent comme si elles déversaient tout ce qu'elles vomissent dans le même réceptacle, comme s'il y avait réellement une sorte d'aspiration vers le centre de la tache, ainsi que le suppose la théorie de Faye, aspiration capable d'attirer dans l'intérieur de la tache toutes les matières éruptives situées dans le voisinage.

L'auteur a imaginé, il y a quelque temps, une modification à cette théorie, modification qui peut expliquer peut-être les faits, du moins en partie. Il se peut que les taches soient des dépressions du niveau de la photosphère, occasionnées non pas directement par la pression des matières éruptives provenant d'en haut, mais par la *diminution de la poussée inférieure*, par suite des éruptions du voisinage; les taches seraient alors, pour ainsi dire, des égouts de la photosphère. Sans doute la photosphère est une écorce ou une croûte qui n'est pas tout à fait continue, mais elle est *lourde* à côté des vapeurs non condensées qui l'entourent, absolument comme un nuage pluvieux dans notre atmosphère terrestre est plus lourd que l'air; cette croûte est probablement assez continue pour qu'une diminution de la pression inférieure détermine un effet à la surface extérieure. La masse gazeuse qui se trouve au-dessous de la photosphère supporte le poids de celle-ci, ainsi que le poids des produits de la condensation, qui doivent descendre constamment en pluie et en neige de matières fondues et cristallisées dont on ne peut se faire une idée. Sous tous les rapports, bien que n'étant pas autre chose qu'une couche de nuages, la photosphère forme ainsi une croûte resserrée sous laquelle sont enfermés et comprimés les gaz inférieurs. Bien plus, à une température élevée, la viscosité de ces gaz augmente dans des proportions considérables, de sorte qu'il y a beaucoup de probabilités pour que la matière qui compose le noyau solaire ait une consistance analogue à celle de la poix ou du goudron plutôt qu'à un gaz tel que nous avons l'habitude de nous le figurer. Par conséquent une diminution subite de la pression se transmettra lentement à partir du point où elle a eu lieu. En réunissant tous ces faits, il semblerait que, lorsqu'il se produit une ouverture à travers la photosphère, la pression intérieure diminuant, il en résulte un abaissement d'une partie de la photosphère dans le voisinage pour rétablir l'équilibre;

et si l'éruption se prolonge pendant un certain temps, la dépression de la photosphère continuera jusqu'à la fin de l'éruption. Cette dépression, remplie des gaz environnants, constituerait une tache. Bien plus, la ligne de fracture, si on peut l'appeler ainsi, sur les bords de la dépression serait une région faible de la photosphère, de sorte que nous devrions nous attendre à une série d'éruptions tout autour de la tache. La perturbation augmentera donc pendant un certain temps, et la tache s'élargira et s'assombrira, jusqu'à ce que, malgré la viscosité des gaz intérieurs, l'équilibre de la pression se soit rétabli graduellement au dessous. Autant que nous le savons,

Fig. 39. — Constitution d'une tache solaire.

ni les phénomènes spectroscopiques, ni les phénomènes visuels ne sont en contradiction avec cette hypothèse. Cependant, il n'y a là rien qui puisse nous expliquer la distribution des taches dans les latitudes solaires, ainsi que leur périodicité. La lenteur du courant longitudinal que Faye prend comme base de sa théorie, peut sans doute avoir quelque influence pour déterminer la région des éruptions. Il est possible aussi qu'il y ait quelque chose dans cette idée que la chute des météores est la cause des taches, idée qui a déjà été mentionnée lorsqu'il s'est agi de la périodicité des taches. Il semble difficile qu'un météore, analogue à ceux que nous connaissons sur la terre, puisse *directement* par sa chute déterminer même une petite tache solaire, mais aussi il n'est pas aisé de dire quels pourraient être les effets *indirects* résultant de son passage à travers la photosphère, et les troubles qu'il occasionnerait dans l'équilibre dynamique.

Il est certain que toute théorie des taches solaires qui ne donne pas l'explication de leur distribution et de leur périodicité, ainsi que des phénomènes télescopiques et spectroscopiques les plus apparents, n'est pas complète ; et on doit admettre qu'aucune des théories qui ont été proposées jusqu'ici ne remplit ces conditions d'une manière satisfaisante.

Néanmoins, quelle que soit leur cause, la figure ci-dessus donne probablement une idée exacte de la disposition et des rapports des nuages photosphériques dans le voisinage d'une tache. Sur la surface du soleil, ces nuages ont probablement d'une manière générale la forme de cylindres verticaux, comme en *a a*. Juste à l'extrémité de la tache la photosphère se soulève habituellement en facules comme en *b b*. Ces facules sont pour la plupart surmontées par des éruptions d'hydrogènes et de vapeurs métalliques, comme l'indiquent les nuages ombrés. Nous parlerons plus longuement de ces éruptions métalliques dans le chapitre de la chromosphère et des proéminences ; nous remarquerons seulement ici que ces explosions profondes en forme de langues de vapeurs métalliques arrivent rarement autre part que dans le voisinage d'une tache, et par suite seulement pendant l'époque où elle change rapidement. Dans la pénombre de la tache, les filaments photosphériques deviennent plus ou moins horizontaux comme en *p p* ; dans l'ombre en *u*, on ne sait pas du tout d'une manière certaine quel peut être le véritable état de choses. D'après ce que nous pensons, nous avons représenté là les filaments comme verticaux, mais rabaissés et repoussés vers le bas par un courant descendant. La cavité *o o* est naturellement remplie par les gaz qui entourent la photosphère ; en outre, il est facile de voir qu'une cavité pareille et des filaments lumineux disposés de la même manière présenteraient, vus d'en haut, les apparences que l'on observe aujourd'hui.

CHAPITRE VI

LA CHROMOSPHÈRE ET LES PROÉMINENCES

Premières observations de la chromosphère et des proéminences. — Les éclipses de 1842, 1851 et 1860. — L'éclipse de 1868. — Découverte de Janssen et Lockyer. — Disposition du spectroscope pour les observations de la chromosphère. — Spectre de la chromosphère. — Lignes permanentes. — Lignes variables. — Double renversement des lignes. — Distribution des proéminences. — Leur grandeur. — Leur classification en proéminences éruptives ou métalliques. — Nuages isolés. — Force du mouvement. — Observations du 5 août 1872. — Théories relatives à la formation et à la cause des proéminences.

Ce que nous voyons du soleil dans les circonstances ordinaires, n'est qu'une fraction de sa masse totale. Tandis que de beaucoup la plus grande partie de la masse solaire est renfermée dans la photosphère,—cette brillante enveloppe de nuages, qui paraît former la véritable surface du soleil, et qui est sa principale source de lumière et de chaleur, — la plus grande partie de son volume se trouve en dehors et constitue une atmosphère dont le diamètre est au moins le double de celui du globe central et la masse par suite 7 fois plus grande que celle de ce globe.

Atmosphère, cependant, n'est pas tout à fait le mot exact; car cette enveloppe extérieure, bien que principalement gazeuse, n'est pas sphérique, mais son contour est très irrégulier et très variable. Elle semble être faite, non pas de couches superposées de densité différente, mais plutôt de flammes, de rayons et de banderoles, aussi passagers et aussi mobiles que ceux de nos aurores boréales. Elle est divisée en deux parties, dont la limite est aussi définie, quoique moins régulière, que celle qui les sépare de la photosphère. La partie extérieure, celle qui s'étend le plus loin, et qui par son tissu et sa rareté paraît ressembler à la queue des comètes et que l'on peut presque sans exagération comparer à la « substance dont sont faits les rêves », est connue sous le nom d'atmosphère coronale, parce que c'est à elle qu'est principalement due la couronne ou la gloire qui entoure le soleil obscurci pendant une éclipse, ce qui constitue en cette circonstance le trait le plus frappant.

A la base et en contact avec la photosphère se trouve une sorte de nappe de feu écarlate. Cette apparence qui indique probablement un fait est celle d'une multitude de jets de gaz chaud jaillissant d'évents et de soupiraux sur toute la surface qui se trouve ainsi revêtue de flammes qui montent et s'agitent comme celles d'un incendie.

C'est là la chromosphère (ou chromotosphère, si l'on tient à la forme correcte du mot grec), nom qui fut d'abord proposé par MM. Franckland et Lockyer en 1869, pour signifier sphère de couleur, par allusion au rouge vif de la couche, dû à la prédominance de l'hydrogène dans ces flammes et ces nuages. Elle fut nommée *Sierra* par Airy en 1842, et Proctor et d'autres auteurs préfèrent ce nom à l'autre qui est plus commun.

Çà et là, d'autres masses de cet hydrogène mêlées à d'autres substances s'élèvent à une grande hauteur, montant bien au-dessus du niveau général des régions coronales où elles flottent comme des nuages, ou sont mises en pièces par la lutte des courants. Ces masses de nuages sont connues sous le nom de proéminences ou protubérances solaires, nom commode qui leur fut donné en 1842, époque où elles attirèrent pour la première fois une assez grande attention, tandis qu'on disputait chaudement sur la question de savoir si elles étaient solaires, lunaires, phénomènes de notre atmosphère, ou même de pures illusions optiques. Il est à regretter qu'un nom plus convenable et plus descriptif n'ait pas encore été trouvé pour des objets qui offrent tant de beauté et d'intérêt.

Jusqu'à ces derniers temps l'atmosphère solaire n'était visible que lors d'une éclipse, lorsque le soleil lui-même est caché par la lune. Mais maintenant le spectroscope a mis la chromosphère et les proéminences à la portée des observations journalières, de sorte qu'on peut les étudier presque avec la même facilité que les taches et les facules, ce qui ouvre à la science un champ nouveau plein d'intérêt et d'importance.

Il ne semble guère possible que les anciens aient pu ne pas reconnaître même à l'œil nu, dans quelques-unes des nombreuses éclipses qui ont été signalées, la présence d'objets éclatants semblables à des astres autour du bord de la lune, mais nous ne trouvons nulle mention de quoi que ce soit de cette sorte, bien que la couronne soit décrite comme nous la voyons maintenant. Ceci a fait croire à quelques-uns que le soleil a réellement subi un changement dans les temps modernes, et que la chromosphère et les proéminences sont un trait nouveau présenté par l'histoire du soleil. Mais une preuve de ce genre, purement négative, est tout à fait insuffisante pour établir un fait si important.

La première observation que l'on trouve des proéminences est probablement celle de Vassenius, astronome suédois, qui, pendant l'éclipse totale de 1733, remarqua trois ou quatre petits nuages rosâtres, entièrement séparés du limbe de la lune, et, comme il le supposait, flottant dans l'atmosphère lunaire. A son époque, c'était là l'interprétation la plus naturelle que l'on pût donner à ces apparences, puisque le fait que la lune n'a pas d'atmosphère n'était pas encore connu.

L'amiral espagnol Don Ulloa, dans sa description de l'éclipse de 1778, signale un point lumineux qui parut sur le limbe occidental de la lune environ une minute et quart avant l'émergence du soleil. D'abord petit et faible, il devint de plus en plus brillant jusqu'à ce qu'il s'éteignît devant le retour du soleil. L'amiral espagnol supposa que le phénomène était causé par un trou ou une fissure dans le corps de la lune, mais avec nos connaissances actuelles il est peu douteux que ce ne soit simplement une proéminence graduellement découverte par le mouvement de l'astre.

La chromosphère semble avoir été vue même plus tôt que les proéminences : par exemple, le capitaine Stannyan, dans un rapport sur l'éclipse de 1706, qu'il avait observée à Berne, remarqua que l'émersion du soleil était précédée d'une raie lumineuse d'un rouge de sang, visible pendant six ou sept secondes sur le limbe occidental. Halley et Louville virent la même chose en 1715. Halley dit que deux ou trois secondes avant l'émersion une bande longue et très étroite de lumière sombre, mais d'un rouge prononcé, sembla colorer le bord obscur de la lune sur le bord occidental, à l'endroit où le soleil était sur le point de reparaître. La description de Louville s'accorde en substance avec ceci, et il décrit encore les précautions qu'il prit pour s'assurer que le phénomène n'était pas une simple illusion optique, et qu'il n'était pas dû à une imperfection de sa lunette.

Dans les éclipses qui suivirent celle de 1733, la chromosphère et les proéminences semblent n'avoir attiré que peu d'attention, si même on les aperçut du tout. Quelque chose de ce genre semble avoir été remarqué par Ferrers en 1806, mais la plus grande partie de l'intérêt de son observation tenait à une autre cause.

En juillet 1842, une grande éclipse eut lieu, et l'ombre de la lune décrivit une large zone qui traversa le midi de la France, le nord de l'Italie et une partie de l'Autriche. L'éclipse fut observée avec soin par plusieurs des astronomes les plus célèbres du monde, et les observations précédentes du même genre avaient été si complètement oubliées que les proéminences qui parurent alors avec un grand éclat furent regardées avec une surprise extrême et donnèrent lieu à de vives discussions, non seulement sur leur cause et leur place, mais sur leur existence même. Les uns y virent des montagnes sur le soleil, les autres des flammes solaires, d'autres enfin des nuages qui flottaient dans l'atmosphère solaire. D'autres les attribuèrent à la lune, et d'autres encore prétendirent que c'étaient des illusions optiques. Lors de l'éclipse de 1851 (en Suède et en Norwège), des observations semblables furent répétées, et, comme résultat des discussions et des comparaisons d'observations qui suivirent, les astronomes furent généralement convaincus que les proéminences sont des phénomènes réels de l'atmosphère solaire, analogues à bien des égards à nos nuages terrestres; et plusieurs adoptèrent avec plus ou moins de confiance l'opinion que l'on sait maintenant être vraie (voyez l'*Histoire de l'Astronomie physique* par Grant) que le soleil est entièrement entouré d'une couche continue de la même substance. Cependant beaucoup restèrent sans conviction : M. Faye, par exemple, affirma encore que ce sont de pures illusions optiques, ou des mirages.

Lors de l'éclipse de 1860, la photographie servit pour la première fois avec quelque succès. Les résultats de Secchi et de M. De La Rue firent disparaître tous les doutes qui restaient sur l'existence réelle et le caractère solaire des objets en question, en les faisant voir sur leurs plaques généralement couverts d'un côté du soleil et découverts de l'autre par le mouvement de la lune.

Secchi résume ainsi ses conclusions qui ont été justifiées dans presque tous leurs détails par des observations plus récentes; elles ont besoin de quelques légères corrections :

1° Les proéminences ne sont pas simplement des illusions optiques; ce sont des phénomènes réels qui appartiennent au soleil...

2° Les proéminences sont dues à la réunion de matières lumineuses d'un grand éclat et possédant une activité photographique remarquable. Cette activité est si grande, que beaucoup d'entre elles, qui sont visibles dans nos photographies, ne pourraient pas être aperçues même avec de bons instruments.

3° Il existe des protubérances qui flottent tout à fait librement dans l'atmosphère solaire comme des nuages. Si leur forme varie, ces variations se font assez graduellement pour n'être pas sensibles dans l'espace de 10 minutes (généralement, il est vrai, mais pas toujours).

4° Outre les protubérances isolées et visibles, il existe aussi tout autour du soleil une couche de la même substance lumineuse, au delà de laquelle les protubérances s'élèvent au-dessus du niveau général de la surface solaire.

5° Le nombre des protubérances est indéfiniment grand. Lorsqu'on l'observe directement à travers la lunette, le soleil apparaît entouré de flammes dont le nombre est trop élevé pour qu'on puisse les compter.

6° La hauteur des protubérances est très grande, surtout si l'on tient compte de la partie cachée par la lune. Une d'elles a une hauteur d'au moins 3 minutes, ce qui indique une altitude réelle de plus de 10 fois le diamètre terrestre...

Mais leur nature est toujours un mystère; et tout le monde, sans pouvoir être blâmé, pourra penser qu'il doit toujours en être ainsi jusqu'à un certain point. Aujourd'hui on pourrait à peine espérer que nous parvenions jamais à déterminer leur constitution chimique, et à mesurer la rapidité de leurs mouvements. Et encore ceci a été fait. Avant la grande éclipse indienne du 18 août 1868, on avait inventé le spectroscope (en réalité, il était déjà à l'état d'enfance en 1860), puis on l'avait appliqué aux recherches astronomiques, et les résultats obtenus étaient tout à fait étonnants et des plus importants.

Tout le monde connaît plus ou moins l'histoire de cette éclipse. Herschel, Tennant, Pogson, Rayet et Janssen en ont tous fait le même récit quant au fond. Ils ont trouvé que le spectre des proéminences observées se composait de raies brillantes, parmi lesquelles on voyait les raies de l'hydrogène. Il est vrai qu'il y avait de sérieuses erreurs dans leurs observations, non seulement sur le nombre des raies aperçues, ce dont il ne faut pas s'étonner, mais aussi sur leur position. Ainsi Rayet (qui distingua plus de raies qu'aucun autre) confondit avec la raie B au lieu de la raie C, la raie rouge qu'il avait observée ; et tous les observateurs prirent la raie jaune qu'ils virent pour la raie du sodium.

Toutefois, leurs observations, prises ensemble, démontrent d'une manière complète que les proéminences sont d'énormes masses de matières gazeuses portées à une température élevée, et que leur élément principal est l'hydrogène.

Janssen alla plus loin. Les raies qu'il aperçut pendant l'éclipse étaient si brillantes, qu'il fut persuadé qu'il pourrait les revoir lorsque le soleil serait dans tout son éclat. Des nuages l'empêchèrent de tenter l'expérience le même jour après la fin de l'éclipse; mais le lendemain matin le soleil se leva éclatant de lumière, et dès qu'il eut pris les dispositions nécessaires, et dirigé son instrument vers la partie du limbe solaire où il avait vu la veille les plus belles proéminences, les raies apparurent de nouveau claires et brillantes ; et naturellement rien n'empêchait alors de déterminer à loisir, et avec une exactitude presque complète, leur position dans le spectre. Il confirma aussitôt ce qu'il avait conclu tout d'abord, c'est-à-dire que l'hydrogène est l'élément le plus visible des proéminences ; mais il découvrit que la raie jaune doit être attribuée à un autre élément que le sodium, parce qu'elle est un peu plus réfrangible que la raie D.

Il découvrit aussi qu'en faisant mouvoir lentement sa lunette, et en faisant prendre à l'image du limbe solaire différentes positions en rapport avec la fente du spectroscope, on pouvait même reproduire la forme des proéminences et mesurer leurs dimensions; il resta pendant plusieurs jours à son observatoire, plongé dans ses nouvelles et très intéressantes observations.

Naturellement, il envoya immédiatement chez lui un rapport de ses travaux sur l'éclipse et de sa nouvelle découverte ; mais sa station de Guntoor, dans l'Inde orientale, étant plus éloignée des communications par courrier que les stations qui se trouvaient sur la côte orientale de la péninsule, sa lettre n'arriva en France qu'une semaine ou deux après les rapports des autres observateurs ; lorsqu'elle parvint en France, elle arriva à Paris en même temps qu'une communication de M. Lockyer annonçant la même découverte, qu'il avait faite indépendamment, et même d'une manière plus croyable, puisque M. Lockyer n'avait été en aucune façon inspiré par ce qu'il avait vu, mais s'était appuyé sur des principes fondamentaux.

Près de deux ans auparavant il lui était venu à l'idée (ainsi qu'à d'autres encore, quoi qu'il eût été le premier à le publier) que si les protubérances sont gazeuses, de manière qu'elles donnent un spectre de raies brillantes, ces raies doivent être visibles dans un spectroscope assez puissant, même en plein jour. Voici tout simplement sur quel principe nous nous appuyons.

Dans des circonstances ordinaires les protubérances sont invisibles, pour la même raison que les étoiles en plein jour : elles sont cachées par la lumière intense que réfléchissent les particules de notre propre atmosphère voisines de la place du soleil dans le ciel, et, si nous pouvions seulement affaiblir en même temps la lumière, nous réussirions à les voir. Or c'est précisément là ce que fait le spectroscope. Puisque la lumière de l'air est la lumière du soleil réfléchie, elle présente naturellement le même spectre que la lumière du soleil, c'est-à-dire une bande colorée continue coupée par des raies obscures. Or ce genre de spectre est fort affaibli par toute augmentation de pouvoir dispersif, parce que la lumière s'étale en plus long ruban de manière à couvrir une surface plus étendue. D'un autre côté, un spectre de raies brillantes ne subit aucun affaiblissement de ce genre par l'accroissement du pouvoir dispersif du spectroscope. Les raies brillantes ne font que s'écarter, mais elles ne sont ni diffuses ni privées de leur éclat. Si donc l'image du soleil, formée par une lunette, est examinée au spectroscope, on peut espérer voir au bord du disque les raies brillantes appartenant au spectre des proéminences, dans le cas où elles sont réellement gazeuses.

MM. Lockyer et Huggins en ont tous deux fait l'expérience dès 1867, mais ils ne réussirent pas ; cela vient en partie de ce que leurs instruments n'étaient pas assez puissants pour rendre les raies bien visibles, mais surtout de ce qu'ils ne savaient pas où les chercher dans le spectre, et n'étaient même pas sûrs de leur existence. Quoi qu'il en soit, dès que la découverte fut annoncée, M. Huggins vit immédiatement les raies sans difficulté, avec le même instrument avec lequel il n'avait pu réussir auparavant. On oublie trop souvent que pour apercevoir un objet dont on connaît l'existence il ne faut pas un instrument ou un œil à moitié aussi puissant que pour le découvrir.

Immédiatement après la publication de son idée, M. Lockyer s'était occupé de se procurer un instrument convenable, avec le secours des fonds de la Société royale. Après un long délai dû en partie à la mort de l'opticien qui avait tout d'abord entrepris sa construction et en partie à d'autres causes, il reçut le nouveau spectroscope juste au moment où le compte rendu des observations d'Herschel et de Tennant arrivait en Angleterre. Il se hâta de disposer son instrument qui n'était pas encore tout à fait au complet et l'appliqua de suite à sa lunette ; il trouva ainsi facilement les raies et vérifia leur position. Il découvrit aussi immédiatement qu'elles sont visibles tout autour du soleil, et que, par conséquent, les protubérances ne sont que des extensions d'une enveloppe solaire continue, à laquelle, comme on l'a dit plus haut, on a donné le nom de chromosphère. (Il semble avoir ignoré les conclusions analogues qui avaient été posées auparavant par Arago, Grant, Secchi et d'autres.) Il communiqua aussitôt ses résultats à la Société royale ainsi qu'à l'Académie des sciences de France, et, par une de ces coïncidences qui arrivent si fréquemment, sa lettre et celle de Janssen furent lues à la même séance et à quelques minutes d'intervalle l'une de l'autre.

Cette découverte provoqua l'enthousiasme le plus grand, et, en 1872, le gouvernement français frappa, en l'honneur des deux astronomes, une médaille qui portait leur image réunie.

Plusieurs astronomes, Janssen, Lockyer, Zöllner et d'autres, pensèrent aussitôt qu'en donnant un rapide mouvement de vibration ou de rotation à la fente du spectroscope, il serait possible d'apercevoir à la fois tout le contour et les détails d'une protubérance, mais il semble avoir été réservé à M. Hug-

gins de montrer pratiquement le premier que l'on pouvait
arriver au même but en laissant l'instrument immobile. Avec
un spectroscope d'un pouvoir dispersif assez grand, il suffit
d'élargir la fente de l'instrument au moyen de la vis de pression qui est là dans ce but. A mesure que la fente s'élargit,
une plus grande partie de la protubérance devient visible, et
si elle n'est pas trop large, on peut voir toute la protubérance
à la fois : cependant, comme l'éclat du fond augmente avec
l'élargissement de la fente, on aperçoit moins nettement les
détails les plus menus de l'objet, et on atteint bientôt la limite
au delà de laquelle il n'y aurait plus d'avantage à élargir la
fente. Plus le pouvoir dispersif du spectroscope est élevé, plus

Fig. 40. — Première observation d'une proéminence en plein soleil,
par Huggins.

large est la fente dont on peut se servir, et plus grande est
la protubérance que l'on peut examiner dans toute son étendue.

La première expérience heureuse de M. Huggins relativement à la forme d'une protubérance solaire fut faite le 13 février 1869. La figure 40, reproduite d'après les *Proceedings of
the royal Society*, représente le dessin de ce qu'il vit. Son instrument n'avait qu'un pouvoir dispersif de deux prismes, et une
grande partie du spectre se trouvait comprise dans le champ
visuel; il jugea donc nécessaire d'augmenter la puissance de
l'instrument en employant un verre rouge pour intercepter
la lumière vague des autres couleurs, et en insérant un diaphragme au foyer de la petite lunette du spectroscope pour
limiter le champ de vue à la partie du spectre avoisinant tout à
fait la raie C. Les instruments dont on se sert aujourd'hui
nécessitent rarement l'emploi de ces précautions.

Nous devons faire remarquer en passant que M. Huggins
avait fait auparavant (et qu'il a fait depuis) de nombreuses

expériences sur différents milieux absorbants en vue de trouver
une substance qui rendît les proéminences visibles dans la
lunette, en interceptant toute la lumière des couleurs autres
que celles qu'elles émettent; jusqu'ici ces expériences n'ont
donné aucun résultat satisfaisant.

La forme et la puissance des spectroscopes employés par
différents astronomes pour ces observations varient beaucoup.
La figure 41 représente celui dont on se sert à l'observatoire
Shattuck du Collège Dartmouth, et plusieurs de nos observatoires d'Amérique sont munis d'instruments disposés d'une
manière analogue. La lumière passe du collimateur c à travers

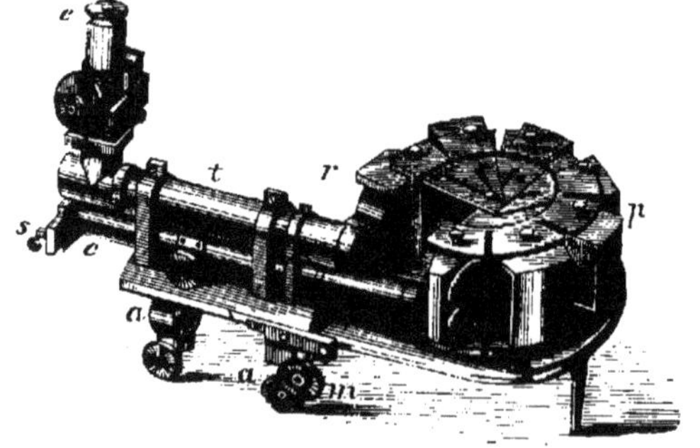

Fig. 41. — Spectroscope à série de prismes.

une succession de primes p près de leur base, et, au moyen de
deux réflexions dans un prisme rectangulaire r, elle se transporte pour ainsi dire à l'étage supérieur de la suite de prismes,
revient vers la lunette t et arrive enfin à l'œil en e. Elle traverse ainsi deux fois une succession de six prismes, et le pouvoir dispersif de l'instrument est alors douze fois aussi grand
qu'il l'eût été avec un seul prisme. Le diamètre du collimateur
est d'un peu moins d'un pouce et sa longueur est de dix
pouces. L'instrument tout entier, aussi puissant qu'il est, ne
pèse qu'environ 14 livres, et couvre un espace d'environ
15 pouces × 6 pouces × 5 pouces. Il est aussi automatique,
c'est-à-dire que la vis tangentielle m permet de disposer la suite
de prismes à leur minimum de déviation et de les maintenir
dans cette position par le même mouvement qui porte les différentes parties du spectre au centre du champ visuel, et la

tête filetée *f* permet d'amener au foyer le collimateur et la lunette en même temps.

Le spectroscope est attaché à la lunette équatoriale auquel
il est destiné au moyen de deux emboîtures circulaires *a a*,
qui glissent sur une forte tige de métal solidement fixée à la
lunette, de telle façon que la fente *s* de l'instrument, peut se
placer exactement au foyer de l'objectif où se forme l'image
du soleil. Cet instrument, attaché à la lunette, a déjà été
représenté page 58.

Les instruments dans lesquels la suite de prismes est remplacée par un réseau parallèle, sont encore plus puissants ; et aussi
plus commodes, puisque l'observateur a le grand avantage de
pouvoir choisir, dans certaines limites, le degré de dispersion
qui convient le mieux pour ce qu'il veut faire, simplement en
tournant le réseau parallèle, de manière à utiliser les diverses
dispositions du spectre ; et cette opération se fait plus facilement et plus vite que la disposition d'une suite de prismes.
Cependant les spectroscopes de diffraction ont un léger désa-
vantage lorsqu'on les emploie avec la fente ouverte ; les formes
des objets vus par la fente sont un peu déformées et sont ou
comprimées ou allongées perpendiculairement à la fente. Lorsqu'on dispose le réseau de façon que l'inclinaison de sa surface
à la lunette par laquelle on regarde soit plus grande qu'au
collimateur (comme dans la figure de la page 55), il y a compression. Dans ce cas, le bord de la fente étant tangent au limbe
du soleil, comme d'ordinaire, les proéminences sur le bord du
soleil paraissent avoir leur hauteur réduite. Bien entendu, le
contraire a lieu quand le réseau est placé en sens contraire.
Cependant cette déformation est de peu d'importance, parce
qu'il est facile d'en constater l'étendue et d'en tenir compte
s'il le faut[1]. Une déformation semblable est produite par les
spectroscopes prismatiques lorsque les prismes ne sont pas
ajustés exactement dans leur position de déviation minimum.

L'instrument de diffraction que nous avons l'habitude d'employer pour nos observations solaires à Princeton a déjà été
représenté page 56.

---

1. La formule du calcul est simplement $H = h\dfrac{\sin. t}{\sin. k}$, dans laquelle H est
la vraie hauteur de l'objet vu par la fente ; *h* sa hauteur apparente, et *k* et *t*
sont les inclinations de la surface du réseau par rapport au collimateur et à
la lunette de vue respectivement.

Avec une lunette qui n'a pas moins de 100 millimètres d'ouverture montée en équatorial, et un spectroscope dont le pouvoir dispersif n'est pas inférieur à celui de cinq ou six prismes ordinaires, l'observateur a ce qu'il faut pour l'étude de la chromosphère et des proéminences. Il peut ou étudier le spectre en lui-même, et se servir de l'instrument avec une fente étroite, ou bien avec une fente élargie, simplement comme moyen de voir les proéminences et d'en étudier les formes et les changements.

Les spectres de la chromosphère et des proéminences sont très intéressants par leurs rapports avec celui de la photosphère, et présentent bien des particularités qui ne sont pas encore bien expliquées. Dans les temps et les lieux où se produit quelque perturbation spéciale, souvent dans le voisinage de taches au moment où elles passent autour du limbe du disque. le spectre, à la base de la chromosphère, est fort compliqué et se compose de centaines de raies brillantes. Dans le cours de quelques semaines d'observation à Sherman en 1872, l'auteur en a dressé une liste de deux cent soixante-treize, et de plus récentes observations faites avec le spectroscope de Princeton montrent que le nombre réel en doit être énormément plus grand ; peut-être même en regardant avec un peu de soin en trouverait-on au moins le double. Cependant la plus grande partie des raies sont vues seulement de temps en temps, pendant quelques minutes chaque fois, quand les gaz et les vapeurs qui sont généralement bas, surtout dans les interstices des nuages qui constituent la photosphère et au-dessous de sa surface supérieure, sont élevés un moment par quelque action éruptive. Les raies qui apparaissent seulement à ces moments-là sont simplement pour la plupart l'opposé des raies sombres les plus remarquables du spectre solaire ordinaire. Mais le choix des raies paraît des plus capricieux; l'une est prise et l'autre laissée, quoique la seconde appartienne au même élément, qu'elle soit d'égale intensité et qu'elle soit tout à côté de la première. Il est évident que ce sujet demande une étude détaillée et très soigneuse, qui réunisse les observations solaires au travail du laboratoire sur les spectres des éléments en question, avant qu'on puisse donner une explication satisfaisante de tous les cas particuliers qu'on a remarqués.

Les raies qui composent le vrai spectre de la chromosphère.

si nous pouvons l'appeler ainsi (c'est-à-dire celles qu'on y voit toujours avec des instruments convenables), ne sont pas très nombreuses, et nous donnons la liste suivante, en les désignant par leur longueur d'ondes, telle que la donne Angstrom :

1. 7055 $\pm$ Élément inconnu.
2. 6561·8, C.   Hydrogène (H a).
3. 5874·9, D₃.   Élément inconnu : — « helium » de Frankland.
4. 5315.9.   Raie en forme de couronne, élément inconnu.
5. 4860·6, F.   Hydrogène (H β).
6. 4471·2, f.   Cerium ?
7. 4340·1, près de G.   Hydrogène (H γ).
8. 4101·2, h.   Hydrogène (H δ).
9. 3969 ?   Élément inconnu.
10. 3967·9, H.   Hydrogène probablement.
11. 3932·8, K ou H₂.   Hydrogène probablement.

La première raie est généralement très difficile à voir, bien qu'elle soit quelquefois assez en vue. Elle est dans le rouge entre B et a, et sa raie sombre correspondante est très faible. Le n° 3 n'a pas d'ordinaire de raie sombre correspondante, quoiqu'il en apparaisse quelquefois une principalement dans le voisinage des taches du soleil. Le n° 9 est entièrement en dedans de l'ombre large de la raie H qui ainsi paraît double dans le spectre de la chromosphère. La raie cependant n'appartient probablement pas au même élément que H parce que dans le spectre de la tache solaire H paraît brillante mais *simple*, comme nous l'avons déjà dit autre part.

Les onze raies dont nous avons parlé plus haut existent invariablement dans le spectre de la chromosphère ; une très légère provocation suffit pour en faire paraître un bien plus grand nombre. Ce sont :

1′. 6676·9.	Fer.		17′. 4933·4.	Barium.
2′. 6429·9.	?		18′. 4923·1.	Fer.
3′. 6140·6.	Barium.		19′. 4921·3.	?
4′. 5895.0, D₁.	Sodium.		20′. 4918·2.	Fer.
5′. 5889·0 D₂.	»		21′. 4899·3.	Barium.
6′. 5361·9.	Fer.		22′. 4500·3.	Titanium.
7′. 5283·4.	?		23′. 4490·9.	Manganèse.
8′. 5275·0.	?		24′. 4489·4.	Manganèse et fer.
9′. 5233·6.	Manganèse.		25′. 4468·5.	Titanium.
10′. 5197·0.	?		26′. 4394·6.	?
11′. 5183·0, b_1.	Magnésium.		27′. 4245·2.	Fer.
12′. 5172·0, b_2.	»		28′. 4235·5.	»
13′. 5168·3, b_3.	Fer et nickel.		29′. 4233·0.	Fer et calcium.
14′. 5166·7, b_4.	Magnésium.		30′. 4215·0.	Calcium et strontium.
15′. 5017·6.	Fer et nickel.		31′. 4077·0.	Calcium.
16′. 5015·0.	?			

Nous ne voulons pas cependant donner à entendre que si un
de ces corps se montre, tous le feront, ni qu'ils soient également frappants ou également communs. Jusqu'à un certain
point aussi leur choix par l'auteur est arbitraire, car il y en a
presque autant de plus que l'on voit assez souvent, et quelques-
uns d'entre eux seront peut-être trouvés dignes dans la suite
d'être plutôt mis sur la liste que d'autres qui y ont été compris.

Il faut une manipulation soigneuse pour bien faire ressortir
les raies plus faibles et plus fines. Il faut que la fente soit
ajustée avec grand soin au plan focal des rayons que l'on
examine, placés tangentiellement à l'image solaire et amenés

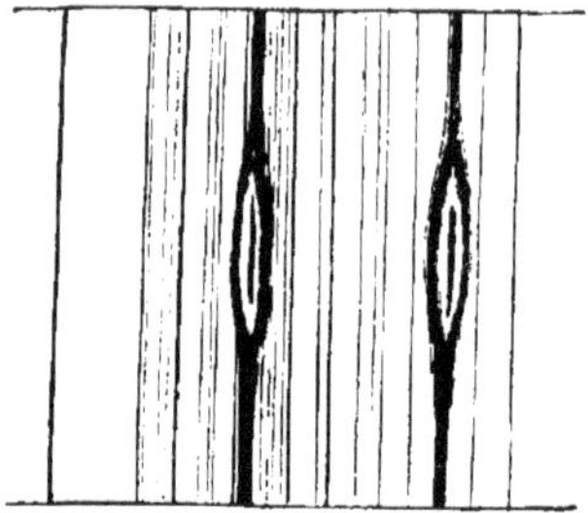

Fig. 42. — Double renversement des raies D (octobre 1880).

exactement au bord du disque. Un millième de pouce dans la
position fait souvent toute la différence entre une observation
réussie et une observation manquée, et même un léger mouvement de l'air diminuera au moins de moitié le nombre des
raies brillantes visibles.

Comme la majorité des raies ne sont développées que par
des perturbations plus ou moins extraordinaires de la surface
solaire, il arrive naturellement qu'on les trouve fort souvent
déformées ou déplacées par les mouvements des gaz, le long
du rayon visuel qui va vers l'observateur ou qui s'éloigne de
lui, comme nous l'avons expliqué dans un chapitre précédent,
produisant ce que M. Lockyer appelle « formes de mouvements ». De temps en temps aussi, nous rencontrons ce qu'on
appelle de « doubles renversements », surtout dans les raies
du magnésium et du sodium. Les raies sombres de ces substances sont un peu larges dans le spectre solaire. Lorsqu'elles
sont renversées dans le spectre de la chromosphère, le phéno-

mène se compose ordinairement d'une raie brillante, mince,
au centre de la bande obscure plus large : dans un double
renversement la raie brillante devient plus large, et une raie
obscure fine se montre en son centre, de sorte que nous avons
une raie sombre centrale, une raie brillante de chaque côté,
et en dehors des raies brillantes une ombre noire des deux
côtés. La figure 42 représente ce double renversement des
raies D que nous avons observé plusieurs fois en 1880. Ce
phénomène semble être dû à la présence d'une quantité peu
ordinaire de vapeurs d'une densité considérable, et c'est exactement le corrélatif de ce que l'on voit quelquefois dans le
spectre d'une flamme de sodium. Les deux raies D du sodium

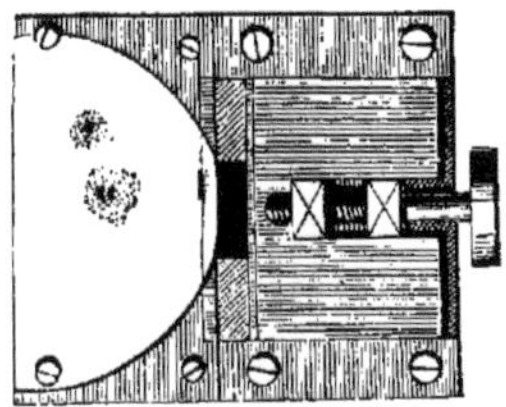

FIG. 43. — Fente ouverte du spectroscope.

deviennent chacune doubles, de sorte que nous obtenons des
couples de raies brillantes au lieu de raies simples. L'arc électrique montre encore ce phénomène d'une manière plus remarquable.

Généralement parlant, le spectre d'une proéminence est plus
simple que celui de la chromosphère à sa base. Nous trouvons
rarement d'autres raies que C, D_3, F, Hγ, et h, à une grande
hauteur au-dessus de la photosphère, quoique H, K et f se rencontrent quelquefois. Dans de rares occasions aussi, les vapeurs
du sodium et du magnésium sont portées dans les régions supérieures, et une fois ou deux l'auteur de ce livre a vu la raie
n° 1 de la seconde liste 6676,9 dans les parties supérieures d'une
proéminence.

Lorsqu'on se sert du spectroscope pour rendre visibles les
formes et les traits des proéminences, la seule différence est
que l'on élargit plus ou moins la fente.

On dirige la lunette de manière à faire tomber l'image du
soleil avec la partie de son limbe qu'on veut examiner juste

tangente à la fente ouverte, comme dans la figure 43 qui représente la fente du spectroscope de grandeur naturelle et l'image du soleil en position pour une observation.

Si maintenant il existe une proéminence sur cette partie du limbe du soleil (comme cela serait probablement d'après la proximité de la tache vue sur la figure), et si le spectroscope lui-même est ajusté de manière que la raie C tombe au centre du champ visuel, alors en regardant dans l'oculaire, on verra quelque chose d'assez semblable à la figure 44. La partie rouge du spectre s'étendra en travers du champ visuel comme un ruban écarlate traversé par une bande plus sombre, et sur cette bande apparaîtront les proéminences, comme des nuages écarlates si analogues à nos propres nuages terrestres, par leur forme et leur texture que la ressemblance est tout à fait frappante : on croirait presque qu'on regarde par une porte entr'ouverte un ciel de coucher de soleil, sauf l'absence de variété ou de contraste de couleurs; tous les petits nuages ont la même teinte écarlate pur. Le long du bord de l'ouverture on voit la chromosphère plus brillante que les nuages qui s'en élèvent ou qui flottent au-dessus, et presque partout composée de languettes et de filaments. Ordinairement cependant la chromosphère est moins bien définie que les nuages supérieurs. La raison en est que, près du limbe du soleil, où la température et la pression sont le plus élevés, l'hydrogène est dans un tel état que les raies de son spectre sont élargies et « ailées », un peu comme celles du magnésium, bien qu'à un moindre degré. Chaque point de la chromosphère, par conséquent, lorsqu'on le regarde à travers la fente ouverte, ne paraît pas être un *point*, mais une petite ligne suivant une direction longitudinale dans le spectre. Comme la longueur de cette ligne dépend du pouvoir dispersif du spectroscope, on voit facilement qu'on peut aller trop loin sous ce rapport. Plus la dispersion est faible, plus l'image obtenue est distincte, mais plus elle est faible aussi quand on la compare au fond sur lequel on la voit.

Si le spectroscope est ajusté sur la raie F au lieu de C, alors on voit une image semblable des proéminences et de la chromosphère, seulement elle est bleue au lieu d'être écarlate; mais ordinairement puisque la raie F est plus nuageuse et moins ailée que C, cette image bleue est un peu moins parfaite dans ses détails et moins bien définie, et pour cela on l'emploie moins pour les observations. On obtient des effets semblables avec la raie jaune près de D et la raie violette près de G. En dirigeant le spectroscope sur cette dernière raie, et en attachant une petite chambre noire à l'oculaire, on peut même photographier une protubérance brillante ; mais la lumière est si faible, l'image si petite, il faut une action si longue de la lumière, et il est si difficile d'obtenir l'exactitude nécessaire avec le mouvement d'horlogerie qui fait avancer la lunette, que jus-

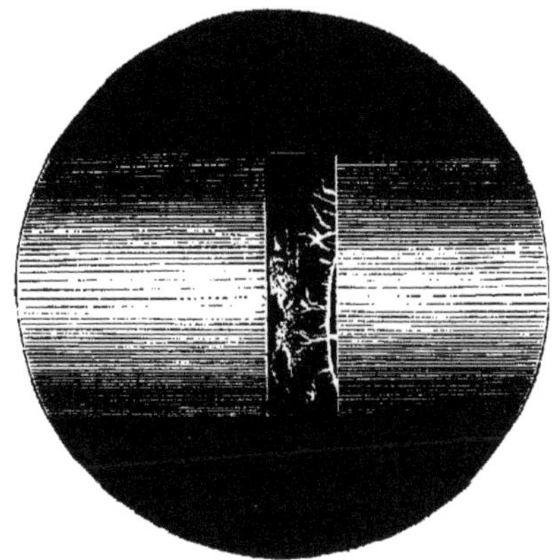

Fig. 44. — Chromosphère et proéminences vues
dans le spectre.

qu'à présent on n'a pas obtenu par ce procédé d'images qui aient une valeur réelle.

MM. Wynlock et Lockyer ont essayé d'obtenir une vue de la circonférence entière du soleil à la fois, en employant une ouverture annulaire au lieu de la fente habituelle, et ils ont réussi. Avec un spectroscope d'une puissance suffisante et d'engrenage assez délicats, on peut y arriver ; mais jusqu'à présent on ne paraît pas avoir atteint de résultats satisfaisants. Il faut encore examiner la circonférence du soleil par morceaux, pour ainsi dire, en rajustant l'instrument à chaque point pour rendre la fente tangente au limbe.

Le nombre des protubérances de grandeur considérable (dépassant 10.000 milles de hauteur) qui sont visibles à un moment donné sur la surface du soleil, n'est jamais très grand ;

il s'élève rarement à 25 ou 30. Mais leur nombre varie extrêmement avec celui des taches solaires : pendant le dernier minimum de taches solaires, en 1878-79, il y a eu assez souvent des occasions où l'on ne pouvait en trouver une seule, quoique, même pendant ces années, le nombre le plus usuel fût de cinq ou six. — quelques-unes d'entre elles de grosseur considérable. Les observations de Tacchini et de Secchi ont montré que leurs nombres suivaient de près la marche des taches solaires, quoiqu'ils ne tombassent jamais tout à fait aussi bas.

Leur distribution sur la surface solaire ressemble sous quelques rapports à celle des taches, mais avec des différences importantes. Les taches sont maintenues à une distance de 40° de l'équateur solaire, et sont le plus nombreuses à une latitude solaire d'environ 20° sur chaque hémisphère. Or les protubérances sont le plus nombreuses précisément où les taches sont le plus abondantes, mais elles ne disparaissent pas à une latitude de 40° ; on les rencontre même aux pôles, et à partir de la latitude 60° leur nombre s'accroît même jusque vers la latitude 75°.

La figure 45 représente la fréquence relative des protubérances et des taches sur les différentes parties de la surface solaire. A gauche nous donnons le résultat de l'observation de 1.386 taches faite entre 1853 et 1861, et à droite le résultat des observations de Secchi de 2.767 [1] protubérances en 1871. La longueur de chaque ligne radiale représente le nombre de taches ou de protubérances observées à chaque latitude particulière sur une échelle d'un quart de pouce par centaine ; par exemple, Secchi donne 228 protubérances pour le nombre observé pendant la partie de son travail entre 10° et 20° de latitude sud, et l'on a donné une longueur de $\frac{228}{100}$ ou 0,57 de pouce à la ligne correspondante tracée à 15° de latitude sud, sur le côté gauche de la figure. Les autres lignes sont tracées de la même façon, et ainsi la courbe irrégulière menée par leurs extrémités représente à l'œil la fréquence relative de ces phénomènes aux différentes latitudes solaires. La ligne pointillée à droite représente

---

1. Les 2.767 proéminences ne sont pas toutes différentes. Si quelques-unes des proéminences observées un jour étaient encore visibles le lendemain, on les notait de nouveau ; et, comme une proéminence voisine du pôle ne disparaissait que lentement par l'effet de la rotation du soleil, il est ainsi facile de voir comment le nombre des proéminences notées pour les régions polaires est si grand, quoique chaque zone de 5° de largeur soit beaucoup plus petite comparée à une zone semblable près de l'équateur.

de la même façon et à la même échelle la distribution des protubérances plus grandes, qui ont une hauteur de plus de 1', ou de 27.000 milles.

La simple inspection de la figure montre immédiatement que, tandis que les proéminences peuvent avoir et ont souvent un rapport intime avec les taches, elles sont cependant jusqu'à un certain point des phénomènes indépendants.

Si on étudie attentivement la question, on reconnaîtra

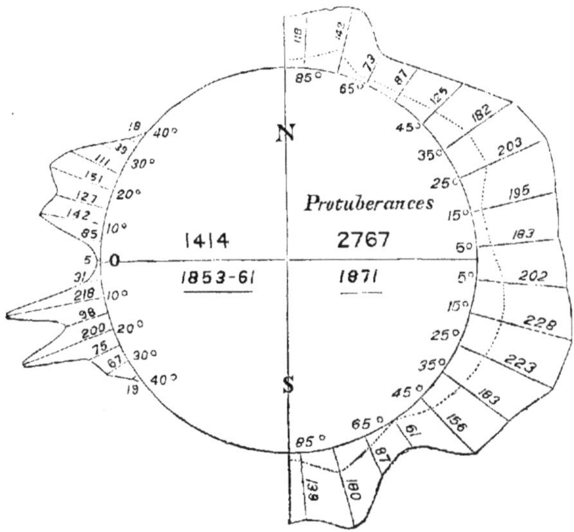

Fig. 45. — Fréquence relative des protubérances et des taches du soleil.

qu'elles ont des rapports bien plus intimes avec les facules. Dans bien des cas du moins, lorsqu'on suit les facules jusqu'au limbe du soleil, on reconnaît qu'elles sont entourées de proéminences, et il y a lieu de croire que ce fait est général. D'un autre côté, les taches, lorsqu'elles arrivent jusqu'au bord de l'image du soleil, sont ordinairement entourées de proéminences plus ou moins complètement, mais en sont rarement couvertes. M. Respighi affirme même (et les observations les plus attentives que nous avons pu faire confirment son dire) qu'en règle générale la chromosphère subit une dépression considérable juste au-dessus d'une tache. Cependant Secchi le nie.

Les protubérances diffèrent beaucoup de grandeur. La profondeur moyenne de la chromosphère n'est pas loin de 10″ ou 12″, ou d'environ 5.000 ou 6.000 milles, de sorte qu'il n'est pas habituel de noter comme proéminence un nuage dont l'élévation est inférieure à 15″ ou 20″ — 7.000 à 9.000 milles. Des 2.767 proéminences déjà citées, 1.964 avaient une hauteur de 40″, c'est-à-dire de 18.000 milles, et il faut remarquer le petit nombre des plus petites qui ne forment guère que le tiers du nombre total : 751, ou presque le quart du total, atteignaient une hauteur supérieure à 1′ ou 28.000 milles ; le nombre exact de celles ayant des hauteurs plus grandes n'est pas indiqué, mais il y en avait plusieurs dépassant 3′ ou 84.000 milles. Il est assez rare qu'elles arrivent à des hauteurs de 100.000 milles. J'en ai peut-être vu en tout trois ou quatre dépassant 150.000 milles, et Secchi parle d'une proéminence de 300.000 milles. Le 7 octobre 1880 j'en ai observé une qui atteignait la hauteur jusqu'alors sans exemple de plus de 13′ d'arc ou 350.000 milles. Lors de son apparition sur le limbe sud-est du soleil, vers 10ʰ30 du matin, c'était une « corne » d'apparence assez ordinaire d'environ 40.000 milles de haut, qui n'attirait pas spécialement l'attention. Une demi-heure plus tard, elle était devenue très brillante et avait doublé de hauteur : pendant la demi-heure suivante, elle s'était allongée jusqu'à atteindre l'énorme hauteur que nous avons indiquée, se divisant en filaments qui s'évanouirent peu à peu, jusqu'à ce que vers midi 30′ il n'en restât plus rien. L'examen du disque du soleil avec une lunette ne révéla rien qui pût expliquer une apparition si extraordinaire, sauf quelques petites facules qui n'étaient pas très brillantes. Pendant que cette proéminence montait avec le plus de rapidité, un mouvement cyclonique violent se manifestait dans la partie inférieure par le déplacement des raies du spectre.

Les protubérances diffèrent entre elles autant par la forme et la structure que par la grandeur. Tous les observateurs en reconnaissent deux classes principales — les protubérances *quiescentes, nuageuses* ou hydrogénées, et les *éruptives* ou métalliques. Secchi subdivise encore celles-ci en plusieurs sousclasses ou variétés, sans qu'il soit toujours facile de maintenir les distinctions entre elles.

Les proéminences quiescentes ressemblent par leur forme et

leur texture, d'une manière presque parfaite, à nos nuages
terrestres, et diffèrent entre elles autant et de la même façon.
Les types bien connus des cirrus et des stratus sont fort communs, les premiers surtout, tandis que les cumulus et les cumulo-
stratus sont moins fréquents. Les protubérances de cette classe
sont souvent d'une grandeur énorme, spécialement dans le sens
horizontal (mais les plus grandes hauteurs sont celles de l'ordre
éruptif) et sont relativement permanentes, restant souvent des
heures et des jours sans changement sérieux; près des pôles
elles persistent quelquefois pendant toute une révolution solaire
ou vingt-sept jours. Quelquefois elles paraissent posées sur le
limbe du soleil comme un banc de nuages à l'horizon; probablement parce qu'elles sont si loin du bord du disque que seulement leurs parties supérieures sont en vue. Lorsqu'on les voit
entièrement, elles sont ordinairement unies à la chromosphère
située au-dessous par de minces colonnes qui sont d'ordinaire
très petites à la base et paraissent souvent composées de filaments séparés très serrés divergeant vers le haut. Quelquefois
toute la surface inférieure est bordée de filaments dirigés vers
le bas rappelant une pluie d'orage qui tombe d'un gros nuage.
Quelquefois ces filaments sont tout à fait dégagés de la chromosphère; et même, règle générale, les couches de nuages sont
accompagnées de nuages plus petits et indépendants qui sont
presque toujours horizontaux.

Les figures de la page 165 donnent l'idée de quelques-unes
des apparences générales de cette classe de proéminences, mais
leur beauté délicate et vaporeuse ne peut être bien rendue que
par une gravure bien plus travaillée.

Leur spectre est ordinairement très simple, et se compose
de quatre raies de l'hydrogène et de la raie orangée D′ : d'où
vient le nom d'hydrogéné. Quelquefois les raies du sodium et
du magnésium se montrent aussi, et cela même près du sommet
des nuages; et ce phénomène a été tellement plus souvent
observé dans l'atmosphère transparente et limpide de Sherman, qu'il a fait penser que si l'on augmentait suffisamment le
pouvoir de nos spectroscopes, il cesserait d'être extraordinaire.

L'origine de cette sorte de proéminences est problématique.
On les a communément considérées comme les débris et les
restes d'éruptions, composés de gaz qui ont été rejetés de dessous la surface solaire, puis abandonnés à l'action des courants

de l'atmosphère supérieure du soleil. Mais près des pôles du soleil des proéminences nettement éruptives ne se montrent

PROÉMINENCES ÉRUPTIVES

Trois figures de la même proéminence, vue le 25 juillet 1872.

Fig. 46. — Telle qu'on l'a vue à 2 h. 15 après midi.

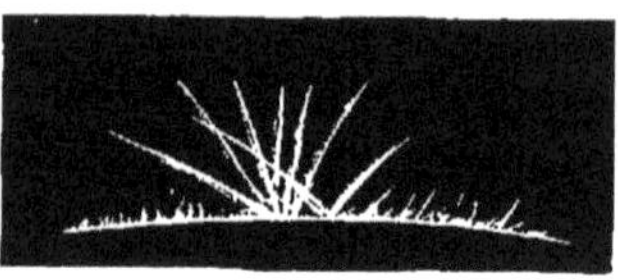

Fig. 49. — Piques.

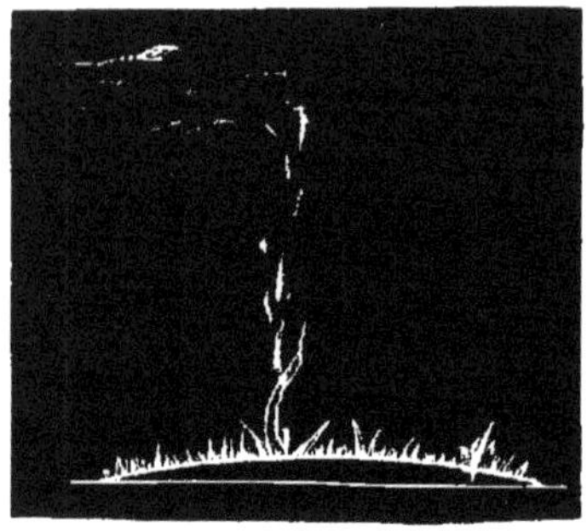

Fig. 47. — Telle qu'on l'a vue à 2 h. 45 après midi.

Fig. 50. — Gerbes et volutes.

Fig. 48. — Telle qu'on l'a vue à 3 h. 30 après midi.

Fig. 51. — Jets.

Échelle : 100.000 milles par pouce.

jamais, et il n'y a aucun indice de courants aériens pouvant transporter dans ces régions des matières rejetées plus près de l'équateur solaire. Même toute l'apparence de ces objets indique

qu'ils prennent naissance où nous les voyons. Bien que dans
les régions polaires il n'y ait pas d'éruptions violentes, il est

PROÉMINENCES QUIESCENTES

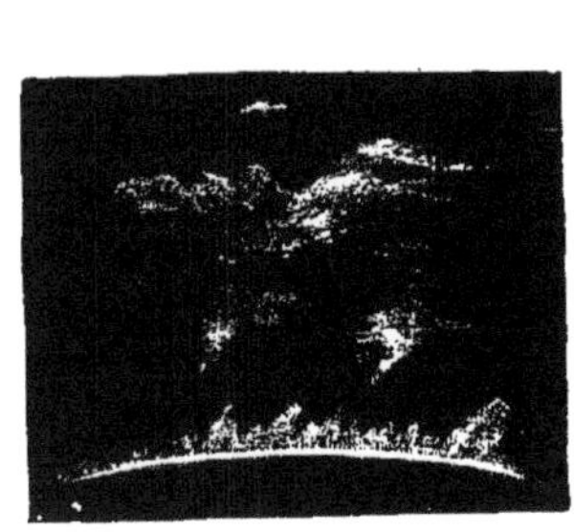

FIG. 52. — Nuages.

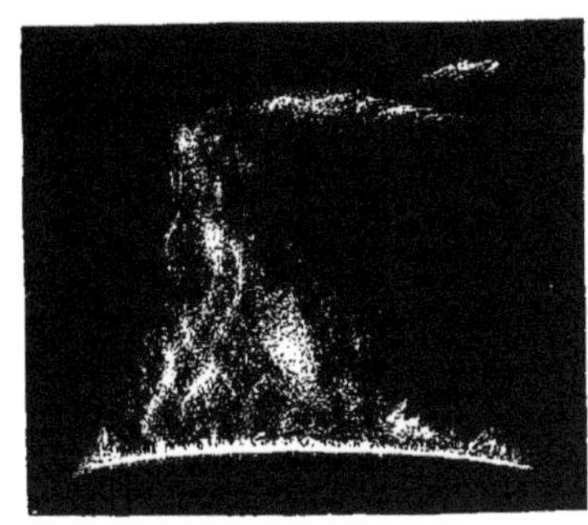

FIG. 55. — Diffuses.

FIG. 53. — Filamentaires.

FIG. 56. — A tiges.

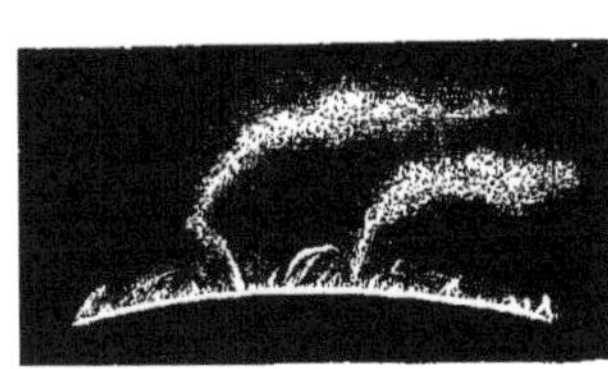

FIG. 54. — Panaches.

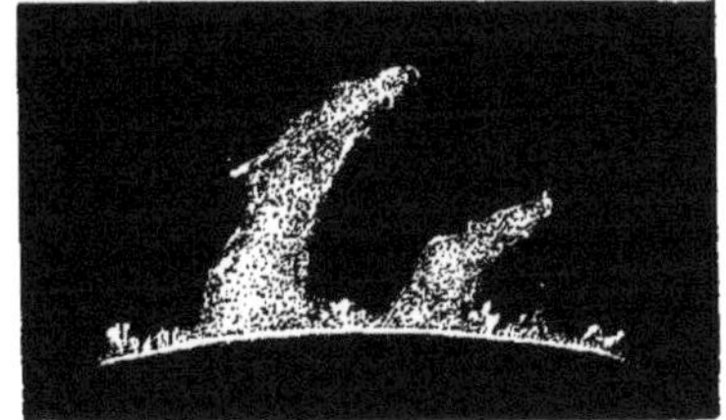

FIG. 57. — Cornes.

Échelle : 75.000 milles par pouce.

possible qu'il puisse encore y avoir un épanchement calme
d'hydrogène échauffé qui suffirait pour expliquer leur produc-

tion, épanchement qui se ferait à travers les plus petits pores de la surface solaire, dont le nombre est très grand près des pôles comme partout ailleurs.

Mais Secchi rapporte une observation qui, si elle est correcte, nous montre la question sous un autre aspect [1].

Il a vu des petits nuages isolés se former et croître spontanément sans rapport visible avec la chromosphère ou d'autres masses d'hydrogène, absolument comme dans notre atmosphère des nuages sont formés par la vapeur d'eau, existant déjà dans l'air, mais à l'état latent, jusqu'à ce qu'un refroidissement local ou un changement de pression détermine sa condensation. Ces proéminences sont donc formées par un échauffement local ou par quelque autre agitation lumineuse de l'hydrogène déjà présent, et non par un transport et une réunion de matières prises au loin. Il serait impossible quant à présent de fixer d'une manière précise la nature de l'action qui détermine cet effet; mais on doit remarquer que les observations de l'éclipse de 1871, faites par Lockyer et d'autres, encouragent plutôt cette manière de voir, en démontrant que l'hydrogène existe tout autour du soleil, dans un état très peu lumineux, et à une grande hauteur, bien au-dessus du cercle ordinaire des proéminences.

Les proéminences éruptives sont très différentes et se composent généralement de pointes et de jets brillants dont la forme et l'éclat varient avec beaucoup de rapidité. La plupart se trouvent à une hauteur de 20 ou 30.000 milles au plus, mais parfois elles s'élèvent bien plus haut que les nuages de la classe précédente, même les plus grands. Leur spectre est très compliqué, surtout près de la base, et il est souvent rempli de raies brillantes, dont les plus apparentes sont celles du sodium, du

---

1. Jusqu'à une époque très rapprochée, aucune autre observation spectroscopique n'a confirmé cette observation. Le 13 octobre 1880, l'auteur a rencontré pour la première fois le même phénomène. Un petit nuage brillant apparut ce jour-là, vers 11 heures du matin, à une hauteur d'environ 2 ½″ (67.500 milles) au-dessous du limbe, sans cause évidente ou sans rapport visible avec la chromosphère placée au-dessous. Il grossit rapidement en restant sensiblement à la même hauteur, et en une heure se développa sous la forme d'un grand nuage de forme plate, irrégulier à la surface extérieure, mais presque plat en dessous. De cette surface inférieure s'étendirent des filaments pendants, et vers le milieu de l'après-midi l'objet en question était devenu une des proéminences ordinaires en forme de tige, très analogue à la fig. 56.

FIG. 58. — Filaments verticaux.

FIG. 61. — Proéminence vue 12 h. 1/2.
le 7 septembre 1871.

FIG. 59. — Cyclone.

FIG. 62. — Même objet vu 1/2 h. plus tard
lorsque l'hydrogène jaillissant atteignait
une hauteur de plus de 200.000 milles.

FIG. 60. — Flammes.

FIG. 63.— Tache près du limbe du soleil, avec
jets d'hydrogène qui l'accompagnaient, le
5 octobre 1871.

Échelle : 75,000 *milles par pouce.*

magnésium, du barium, du fer et du titanium, tandis que celles du calcium, du chrome, de la manganèse et peut-être du soufre ne sont nullement rares, ce qui fait que Secchi les appelle des proéminences *métalliques*.

Elles paraissent ordinairement dans le voisinage immédiat d'une tache, sans jamais se montrer très près des pôles du soleil.

Leur forme et leur aspect varient très rapidement, à ce point que le mouvement est visible à l'œil; un intervalle de 15 à 20 minutes suffit souvent pour transformer de manière à la rendre méconnaissable une masse de ces flammes de 50.000 milles de hauteur, et quelquefois on les voit se développer complètement et disparaître dans ce même laps de temps. Tantôt elles se composent de rayons pointus, qui divergent en tous sens comme les piquants d'un hérisson. Tantôt elles se montrent sous la forme de flammes; tantôt sous la forme de rouets; tantôt sous la forme d'une trombe tourbillonnante surmontée d'un grand nuage; parfois elles présentent plus exactement l'aspect de jets de liquide enflammé, s'élevant et retombant sous forme de gracieuses paraboles: elles portent fréquemment sur leurs bords des spirales analogues aux volutes d'une colonne ionique; il se détache constamment de ces proéminences des filaments qui s'élèvent à une grande hauteur, puis vont en s'écartant graduellement et s'évanouissent petit à petit à mesure qu'ils montent, jusqu'à ce que l'œil les perde de vue. Nos gravures représentent quelques-unes des formes les plus communes et les plus typiques, et montrent la rapidité de leurs variations, mais le nombre des aspects curieux et intéressants qu'elles font voir dans diverses circontances est illimité.

La rapidité de leurs mouvements dépasse souvent 100 milles par seconde, et parfois, bien que très rarement, elle va jusqu'à 200 milles.

Ce qui nous montre d'une manière certaine que nous avons affaire à des mouvements actuels et non à un simple changement de place de la forme lumineuse, c'est que les raies du spectre sont souvent déplacées et tordues d'une manière qui indiquerait qu'une partie des masses nuageuses se meuvent du soleil vers la terre ou inversement (et naturellement, tangentiellement à la surface solaire) avec une vitesse égale.

La figure 64 représente une partie du spectre d'une proéminence observée à Sherman le 3 août 1872, observation que nous avons citée dans le chapitre précédent. La ligne F, au n° 208 de l'échelle, doit être imaginée d'un éclat surprenant, et des raies brillantes plus faibles paraissent en 203,2, 208,8, et 209,4, 212,1 (cette échelle est de Kirchhoff), tandis que deux bandes de spectre continu, produites probablement par la compression du gaz aux points de perturbation maximum, passent dans toute la longueur de la figure. Au point le plus élevé de

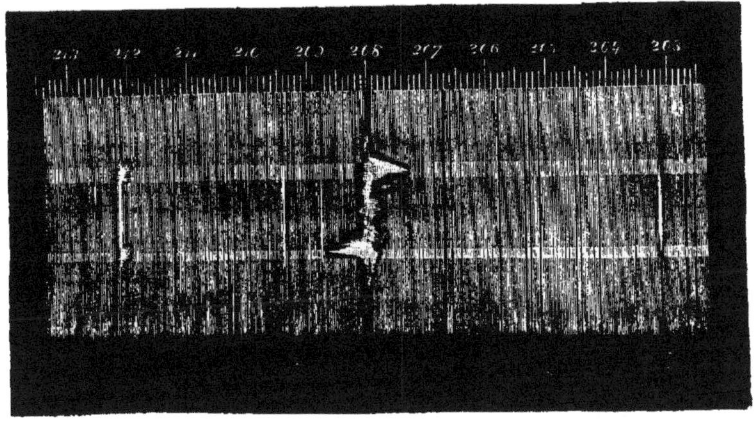

Fig. 64. — Raie F ; spectre de la chromosphère, 3 août 1872.

perturbation, F s'allonge en un point qui atteint 207,4 de l'échelle et qui indique une vitesse de 230 milles par seconde pour s'éloigner de nous ; au point le plus bas, il s'étend à 208,7, et indique une vitesse d'environ 250 milles par seconde vers nous. Il était très remarquable que cette rapidité de l'hydrogène ne semblait pas emporter avec elle beaucoup d'autres substances qui étaient alors représentées dans le spectre par leurs raies brillantes ; le magnésium et le sodium étaient un peu affectés, mais le barium et l'élément inconnu de la couronne ne l'étaient pas.

Lorsque nous examinons quelles forces communiquent une telle vitesse, le sujet devient difficile. Si nous pouvions admettre que la surface du soleil est solide, ou même liquide comme le pense Zöllner, alors il serait facile de comprendre les phénomènes comme des éruptions analogues à celles des volcans sur la terre, quoique sur l'échelle solaire. Mais il est presque certain que le soleil est surtout gazeux et que sa surface lumineuse ou photosphère est une nappe de nuages incandescents semblables à ceux de la terre, si ce n'est que les gouttelettes d'eau sont remplacées par des gouttelettes de métaux ; et il est difficile de voir comment une telle écaille pourrait exercer un pouvoir comprimant suffisant sur les gaz emprisonnés pour expliquer une vitesse suffisante dans la matière lancée au dehors.

Peut-être peut-on répondre à cette difficulté en tenant compte de la condensation énorme qui doit s'opérer dans la photosphère. Pour fournir la chaleur que le soleil lance (assez pour fondre par minute une enveloppe de glace de près de cinquante pieds d'épaisseur sur toute sa surface , il faudrait la condensation d'assez de vapeur pour produire une nappe de liquide de six pieds d'épaisseur dans le même temps, — c'est-à-dire en supposant que la chaleur latente des vapeurs solaires ne soit pas plus grande que celle des vapeurs d'eau. Ceci est nécessairement incertain, mais, autant que nous le savons, il y a peu de vapeurs, s'il y en a aucune, qui contiennent plus de chaleur latente que celle de l'eau, et nous pouvons par conséquent considérer qu'il est à peu près exact de supposer la production continue du liquide comme mesurée par la quantité nommée. Or, à la surface de la terre un orage qui verse deux pouces d'eau par heure est très rare : dans un tel orage l'eau tombe par nappes. Si donc nous admettons qu'une portion considérable de la chaleur solaire est due à une telle condensation des vapeurs solaires, on voit facilement que la quantité de liquide qui tombe des nuages solaires doit être si énorme que les gouttes ne peuvent rester séparées, mais il est presque certain qu'elles se réuniront en masses ou couches plus ou moins continues, entre lesquelles les gaz ascendants doivent passer ou qu'ils doivent traverser. Et puisque le poids des vapeurs qui montent doit toujours égaler celui des produits de la condensation qui descendent, il est d'autant plus évident que les courants ascendants, se précipitant à travers des ouvertures rétrécies, doivent se mouvoir avec une très grande rapidité, et par suite la pression et la température doivent naturellement s'élever de la surface libre du bas. Il semblerait que c'est ainsi que l'on peut expliquer comment la surface extérieure de l'atmosphère d'hydrogène est bouleversée par les éruptions venant de l'intérieur, et comment aussi les masses gazeuses lancées en l'air présentent, dans les proéminences, les aspects que nous avons décrits. Il ne serait pas non plus extraordinaire qu'il se produisît de véritables explosions dans les sortes de tubes ou de canaux à travers lesquels s'élèvent les vapeurs, lorsque, sous l'influence des diverses conditions de température et de pression, les gaz mélangés sont arrivés au point où ils se combinent; ces explosions expliqueraient très bien des phénomènes tels que ceux que représentent les figures 60 et 62, et dans lesquels des nuages d'hydrogène ont été projetés à une hauteur de plus de 200.000 milles avec une rapidité qui doit avoir surpassé d'abord 200 milles par seconde, et qui, très probablement, en tenant compte de la résistance de l'atmosphère solaire, peut, comme l'a démontré M. Proctor, avoir dépassé 500 milles; une telle rapidité suffirait à lancer et à projeter dans l'espace, sans qu'elle revînt jamais, une matière dense et tout à fait indépendante de l'attraction solaire.

CHAPITRE VII

LA COURONNE

Une éclipse totale de soleil est incontestablement un des plus solennels de tous les phénomènes naturels, et la couronne ou auréole de lumière qui entoure alors le soleil en est le caractère le plus frappant. Lorsque le ciel est clair, la lune paraît alors presque noire comme de l'encre, et suffisamment éclairée sur les bords pour faire ressortir d'une manière frappante sa rotondité. Elle n'a pas l'apparence d'un écran plat, mais celle d'une grosse boule noire, ce qu'elle est en réalité. Derrière elle jaillissent de tous côtés des filaments brillants, des rayons et des nappes de lumière perlée, qui atteignent quelquefois une distance de plusieurs degrés de la surface solaire, et qui forment un halo radié et irrégulier, dont le globe noir de la lune paraît occuper le centre. La partie la plus rapprochée du soleil est éblouissante de clarté, quoiqu'elle soit encore moins brillante que les proéminences, qui flamboient au milieu de la couronne comme des escarboucles. Généralement, la hauteur de cette couronne intérieure est assez uniforme ; elle forme un cercle large de trois ou quatre minutes d'arc, séparé par une ligne assez définie de la couronne extérieure qui s'étend à une bien plus grande distance et dont la forme est beaucoup plus irrégulière. Ordinairement on voit plusieurs *fissures*, ainsi qu'on les a appelées, semblables à d'étroits rayons obscurs, qui s'étendent depuis le bord du soleil jusqu'à la nuit extérieure, et qui ressemblent beaucoup aux ombres formées par les nuages et qui partent du soleil avant un orage. Mais souvent les bords de ces fissures sont recourbés, ce qui montre que ce sont autres choses que des ombres réelles. Parfois on voit des jets étroits et brillants, aussi longs que les fissures ou même plus longs.

Ces jets sont souvent inclinés, quelquefois même ils sont presque tangents à la surface du soleil; et souvent ils sont recourbés. En somme, la couronne est généralement moins étendue et moins brillante vers les pôles du soleil, et on distingue facilement une tendance à s'accumuler au-dessus des latitudes moyennes ou des zones de taches; de sorte que, à première vue, la couronne paraît avoir une tendance à prendre la forme d'un quadrilatère ou d'une étoile à quatre rayons; cependant, dans presque tous les cas particuliers, cette forme est beaucoup modifiée par des jets anormaux, qui s'élancent en un point ou en un autre.

A l'encontre de la chromosphère, qui paraît avoir été observée pour la première fois, il n'y a pas beaucoup plus d'un siècle, comme nous l'avons dit dans le chapitre précédent, la couronne a été connue dans l'antiquité, et Philostrate et Plutarque la décrivent à peu près dans les mêmes termes que nous. Et encore nos connaissances sur ce phénomène sont restées très limitées. Le spectroscope nous permet d'atteindre et d'étudier la chromosphère et les proéminences à loisir, comparativement à la couronne qui est encore inaccessible, sauf pendant le temps court et précieux d'une éclipse totale; en tout pa plus de quelques jours par siècle, de sorte que nos connaissances sur sa cause et sa nature ne peuvent croître que lentement en mettant les choses au mieux.

Le caractère même du phénomène rend aussi son étude excessivement difficile; il suffit souvent d'une légère différence dans la transparence de l'atmosphère, dans la sensibilité de l'œil de l'observateur, d'une forme qui s'offre la première à l'attention de l'observateur et qui préoccupe son esprit, ou d'une particularité dans la manière de représenter ce que l'on voit, pour produire, dans les dessins et les descriptions de deux observateurs placés l'un à côté de l'autre, une telle opposition que l'on se figure difficilement que ces descriptions se rapportent au même objet. En 1870, deux officiers de marine, se trouvant à bord du même navire, dessinèrent la couronne, et l'un d'eux la représenta sous la forme d'une étoile à six rayons, tandis que l'autre la montrait comme composée de deux ovales

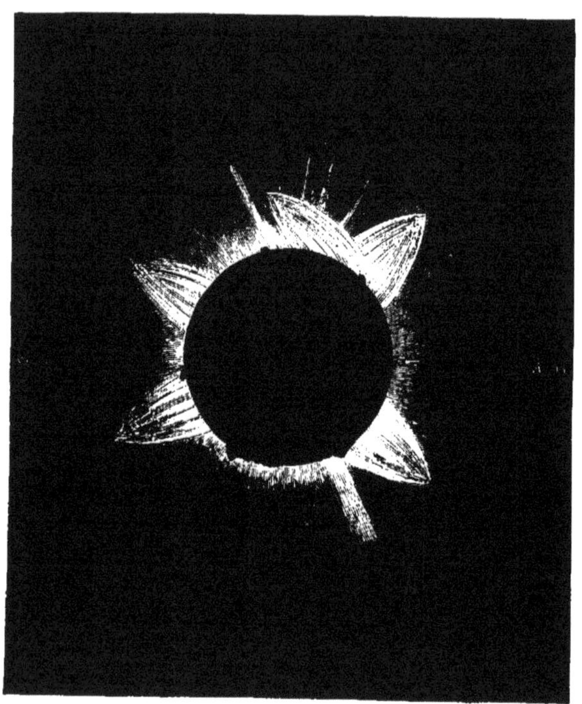

Fig. 65. — Couronne observée par Liais en 1857.

se coupant à angle droit. En 1878, je me suis aperçu, en comparant des notes avec d'autres membres de la mission immédiatement après l'éclipse, que la moitié environ d'entre eux avaient vu que la couronne s'étendait principalement à l'est et à l'ouest, tandis que l'autre moitié, dont je faisais partie, croyait aussi positivement qu'elle s'étendait surtout au nord et au sud. Les photographies et les autres données, réunies depuis, démontrent que son extension principale se trouvait indubitablement le long de la ligne est-ouest, mais qu'il y

avait le long de la ligne des pôles solaires plusieurs jets bien
mieux définis, quoique plus courts et moins brillants. Les uns
ont été frappés par la précision de la forme, les autres par
l'éclat et l'étendue.

Évidemment, on ne doit tirer de conclusions des impressions oculaires qu'avec la plus grande précaution. Aussi loin

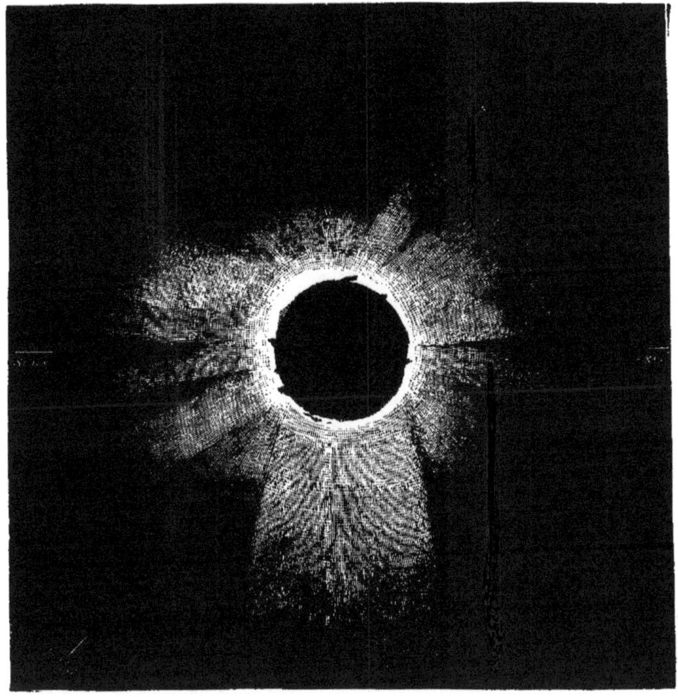

Fig. 66. — Couronne de 1860. (Secchi.)

qu'elles vont, les photographies sont naturellement les témoignages que l'on doit le plus invoquer ; mais même avec elles,
une légère différence dans la sensibilité de la plaque, dans
l'exposition ou le développement produit une grande différence
dans l'épreuve finale. De plus, aucune photographie ne peut
toujours reproduire tout ce qui est visible pour l'œil. Une exposition qui pourra bien faire voir les plus faibles détails, abî-
mera les lignes les plus éclatantes et *vice versa*.

Nous ne pouvons faire mieux que de renvoyer le lecteur,

curieux de voir la diversité des formes de cet objet merveilleux,
au magnifique travail de M. Ranyard sur les observations faites
pendant les éclipses solaires totales, qui a été publié dans le
volume XLI des *Mémoires de la Société royale Astronomique de
la Grande-Bretagne*. M. Ranyard a reproduit là environ une
centaine de dessins et de photographies de la couronne, prises

FIG. 67. — Couronne de 1860. (TEMPEL.)

pendant des éclipses depuis 1850. Les gravures sur acier des
éclipses de 1870 et 1871, reproduites d'après des photographies
déjà faites, sont de beaucoup ce que l'on peut trouver de plus
exact et de plus beau comme représentations de la couronne.
Nous avons copié quelques-unes de ses planches, qui donnent
une idée des traits les plus remarquables du phénomène et
montrent les différences entre son caractère et son apparence
en diverses occasions: nous avons ajouté aussi une image de la
couronne telle qu'on l'a vue en 1878, dans laquelle nous avons

combiné les esquisses de plusieurs observateurs avec nos propres impressions. Des vignettes, cependant, ne peuvent faire ressortir le caractère particulièrement voilé et nuageux de beaucoup de détails qui ne peuvent être bien représentés que par des gravures sur acier.

Le dessin de Liais, figure 65, montre les formes de pétales

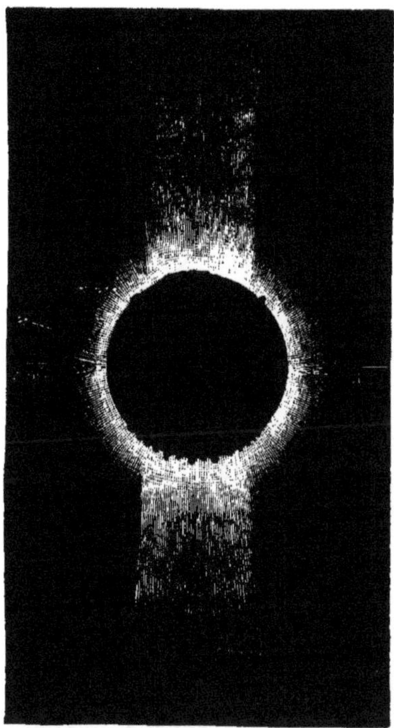

Fig. 68. — Couronne de 1867. (GROSCH.)

qui ont été remarquées autrefois dans la couronne, mais qui semblent avoir été surtout signalées dans l'éclipse de 1857. Les figures de la couronne de 1860 par Secchi et Tempel (*fig.* 66, 67) montrent à quel point les observateurs qui ne sont qu'à quelques lieues de distance, ont des impressions différentes.

Le dessin de Grosch en 1867 (*fig.* 68) est intéressant comparé à celui de 1878, parce qu'il montre l'état de la couronne à deux époques semblables de minimum de taches solaires. Les longues extensions de faible éclairage [dans la direction de l'équateur solaire et les pinceaux courts mais vifs des régions polaires sont remarquables dans les deux.

L'image de l'éclipse de 1868 par Bullock (*fig.* 69) montre une couronne plus grande et plus irrégulière que d'ordinaire. Le dessin de Schott (*fig.* 70), d'un autre côté, montre la couronne de 1869 beaucoup plus petite et plus brillante que d'or-

Fig. 69. — Couronne de 1868. (Bullock.)

dinaire, et nous pouvons garantir qu'il donne exactement l'impression que nous en avons reçue nous-même autrefois.

Plusieurs de nos lecteurs ont sans doute vu une image bien plus frappante de la même couronne, faite par M. Gilman à Sioux City, et publiée dans le rapport des éclipses de l'observatoire naval des États-Unis (reproduit dans la deuxième édition du livre de M. Proctor). Elle montre un système étendu de fentes et de rayons, qui ont échappé à l'attention de la plupart des observateurs, — leur visibilité dépendant peut-être de

l'état de l'atmosphère, qui est décrite comme légèrement bru-
meuse, mais très ferme au poste de M. Gilman.

Les dessins de **M.** le capitaine Tupman et de **M.** Foenander
(*fig.* 71 et 72) sont intéressants à comparer entre eux ainsi
qu'aux photographies de la même éclipse (*fig.* 73), et celle de
l'éclipse de 1878 (*fig.* 74) est remarquable à cause de l'énorme

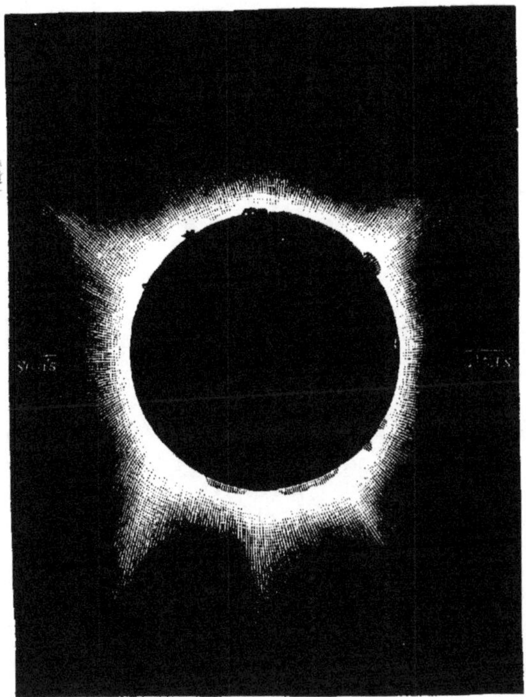

Fig. 70. — Couronne de 1869. (Schott.)

étendue des feuilles-pinceaux de nébulosité qui ont été suivies
jusqu'à 6° ou 7° du soleil par MM. les professeurs Langley,
Abbe et Newcomb.

Une des premières questions qui se présente par rapport à
la couronne se rapporte à sa place : est-ce un phénomène du
soleil, de la lune ou de notre propre atmosphère, ou est-ce peut-
être un simple effet optique, comme un arc-en-ciel ou un halo?
Si son siège est dans l'atmosphère terrestre, c'est nécessaire-

ment une affaire de peu de grandeur ou d'importance ; si, d'un autre côté, il est réellement au soleil, ce doit être un objet d'énorme dimension et d'une importance cosmique.

Kepler, et bien des astronomes après lui, l'ont attribué à l'atmosphère de la lune, et ceci a continué sans doute à être

Fig. 71. — Couronne de 1871. (Capitaine Tupman.)

l'explication la plus généralement acceptée jusqu'au commencement de ce siècle, où il fut montré par bien des considérations incontestables que la lune n'a pas d'atmosphère qui mérite d'être citée ; rien certainement qui puisse expliquer les faits observés. A partir de ce moment jusqu'en 1869, le poids de l'opinion semble s'être porté en faveur d'une origine terrestre ou purement optique de la couronne, quoiqu'il ait paru plus probable à plusieurs (M. le professeur Grant entre autres, en

1852, dans son *History of physical astronomy*) d'attribuer à l'atmosphère solaire la cause réelle de ce phénomène.

La question fut résolue en 1869 par les observations du professeur Harkness et les miennes ; nous découvrîmes, indépendamment l'un de l'autre, que le spectre de la couronne est

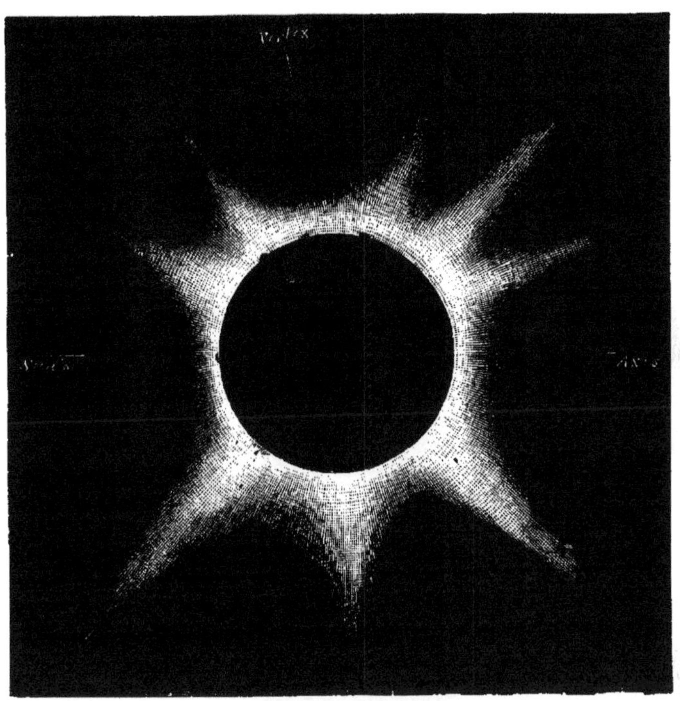

Fig. 72. — Couronne de 1871. (FOENANDER.)

caractérisé par une raie brillante dans le vert, « la raie 1474 », ainsi appelée parce que dans la carte du spectre solaire de Kirchhoff, à laquelle on se rapporte généralement, la raie en question se trouve juste à cette division de l'échelle. L'existence de cette raie brillante démontre la présence, dans la couronne, d'un gaz incandescent, et ce gaz naturellement ne peut se trouver que dans les environs du soleil. Il y avait au début quelques doutes au sujet de ces observations, mais leur résultat fut pleinement confirmé en 1870 ; et en 1871 une preuve diffé-

rente et plus simple vint s'ajouter aux autres. Des photographies prises à des stations éloignées de plusieurs centaines de
milles, dans l'Inde et à Ceylan, montrèrent exactement les
mêmes détails dans la forme et la structure de la couronne;
ces photographies, considérées en elles-mêmes suffisent pour
démontrer que les principaux caractères du phénomène sont

Fig. 73. — Couronne de 1871. (D'après les photographies de M. Davis.)

indépendants de notre atmosphère terrestre et des accidents
de la surface de la lune. Nous n'avons naturellement pas l'intention d'affirmer que notre atmosphère n'est pour rien dans
le phénomène, mais son rôle n'est que secondaire. Comme l'a
fait remarquer M. Proctor, l'observateur au milieu d'une éclipse
se trouve au centre d'une ombre énorme, dont le diamètre a
généralement de cinquante à cent milles. Si nous admettons
que l'air conserve quelque densité sensible et quelque faculté
de réfléchir la lumière, même à une hauteur de 100 milles, et

que nous accordions à l'ombre un rayon de 20 milles seulement, aucune parcelle d'air éclairée par le soleil ne pourrait dans ces circonstances se trouver à 11° du lieu apparent du soleil dans le ciel. S'il n'y avait pas de couronne véritablement solaire dans son origine, il y aurait donc autour de la lune un cercle d'obscurité intense d'au moins 23° de diamètre : au bord

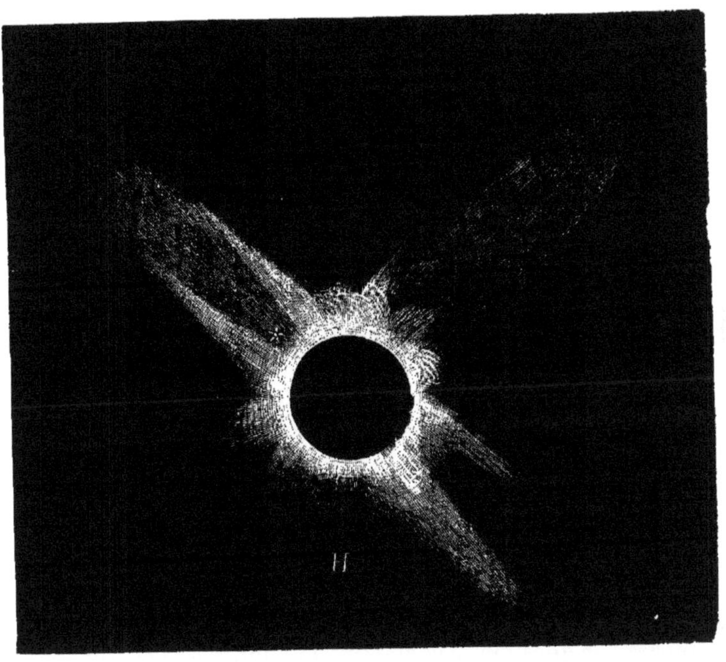

Fig. 74. — Couronne de 1878, d'après la réunion de plusieurs dessins.

de ce cercle commencerait un faible éclairage formant un anneau lumineux un peu comme un halo, en dehors duquel le ciel serait éclairé par des rayons venant d'un soleil caché seulement en partie. Sans doute, ce trou noir dans le ciel ne serait concentrique au soleil et à la lune qu'au moment où l'éclipse serait centrale. Dans l'état actuel des choses, la partie du ciel dans le voisinage du soleil est nécessairement éclairée par les appendices du soleil qui ne sont pas cachés par la lune, et c'est ce faible éclairage, qui vient de la couronne et des proéminences, qui donne au disque lunaire son apparence de rotondité massive.

Nous avons dit que cet éclairage est faible, mais en général on le considère comme beaucoup plus fort que celui de la pleine lune, bien qu'il y ait quelque différence d'opinions sur ce point. Sans doute, dans beaucoup de cas, il y a bien assez de lumière pour lire l'heure sur une montre, même au milieu de la totalité; nous-mêmes, en 1869, nous nous sommes parfaitement passés de lanterne pour prendre des notes ou lire les chiffres d'un micromètre. Mais bien des gens soutiennent que la plus grande partie de cette lumière nous vient non de la couronne, mais de l'air éclairé; car, quoique l'observateur lui-même soit dans l'obscurité, il a en vue tout autour de l'horizon une atmosphère éclairée par le soleil.

Sans aucun doute, il y a une grande différence entre différentes éclipses sous le rapport de l'obscurité. L'éclat de la partie inférieure de la couronne, anneau étroit tout près du limbe du soleil, est éblouissant; mais la lumière diminue très rapidement. Dans une éclipse de longue durée, où par conséquent, le diamètre apparent de la lune surpasse de beaucoup celui du soleil, la partie la plus brillante de la couronne sera couverte, et la lumière sera bien moindre que dans une éclipse qui a lieu lorsque la différence entre le diamètre du soleil et de la lune n'est que petite.

Lors de l'éclipse de 1869, on fit une tentative pour mesurer l'obscurité de l'éclipse totale comparée à celle de la nuit. Cette obscurité fut tellement plus profonde qu'on ne l'avait prévu, que l'instrument ingénieux que M. le professeur Eastman avait inventé tout exprès ne put l'indiquer d'une manière exacte. L'appareil en question se composait d'un tube de 25 centimètres de long et de 62 millimètres de diamètre; au fond de ce tube était peinte une petite étoile blanche à cinq pointes avec un point noir au centre et un anneau noir autour. L'autre extrémité du tube était fermée par une ouverture carrée, dont on pouvait varier la dimension à volonté, en faisant mouvoir deux coulants avec une vis micrométrique.

Un petit tube, attaché obliquement au grand, comme un bec de théière, permettait à l'observateur de regarder l'étoile, et la quantité de lumière que l'on recevait du ciel, se mesurait alors en ouvrant et refermant les coulants, jusqu'à ce qu'on eût fait disparaître le point et l'anneau du centre de l'étoile. Non seulement l'anneau et le point devenaient invisibles avec toute l'ouverture, mais l'étoile elle-même était invisible pendant la totalité. M. Eastman, à tout prendre, concluait que l'obscurité générale était en cette occasion à peu près la même qu'une heure environ après le coucher du soleil, moment où les étoiles de troisième grandeur commencent à devenir visibles. Cependant l'instrument était pointé sur le zénith et non sur la couronne, de sorte qu'il ne donnait pas de détermination directe de la lumière coronale. Aucune des observations faites par M. Ross en 1870 (dans lesquelles il comparait l'éclat général avec la lumière d'une bougie) ne répondit d'une façon plus satisfaisante au but cherché.

On a essayé une ou deux fois de comparer l'ombre projetée par la couronne avec celle que donne une bougie ; mais l'ombre produite par la couronne a toujours été cachée par l'éclat général de l'espace, de manière à déjouer l'observation. Un seul astronome, à ma connaissance, a évalué la lumière émise par la couronne en s'appuyant sur une base à peu près scientifique. Belli, en 1842, trouva que la couronne lui paraissait donner autant de lumière qu'une bougie située à une distance de $1^m,8$. Il était myope, de sorte qu'un objet comme une bougie lui apparaissait comme une masse confuse de lumière, et c'est en utilisant ce défaut de sa vue qu'il parvint à établir la comparaison, qu'il lui aurait été très difficile de faire sans cela. Deux semaines plus tard, il compara de la même manière la pleine lune, à la même hauteur, avec une bougie semblable, et trouva ainsi que la lumière de la couronne équivaut à moins de $\frac{1}{5}$ de celle de la lune. Néanmoins les détails de cette comparaison sont si insuffisants qu'on ne peut lui donner une grande valeur, et qu'on doit peut-être considérer comme non résolue la question de savoir si la lumière de la couronne est plus brillante ou non que celle de la lune.

Les parties inférieures du cercle de la couronne, qui sont en contact avec le soleil, sont indubitablement d'un éclat trop éblouissant pour qu'on puisse les examiner commodément avec une lunette qui ne serait pas munie d'un verre obscurci ; nous possédons sur ce point les témoignages de Biela, Struve, Ranyard et d'autres. Ce fait est mis en évidence par cet autre fait que lors d'un passage de Vénus ou de Mercure dans certaines circonstances favorables, le disque sombre de la planète est visible bien avant qu'elle n'atteigne elle-même le soleil. Janssen vit ainsi Vénus en 1874, et Langley vit Mercure en 1878. Il faut naturellement qu'il y ait derrière la planète un fond assez éclatant comparativement à l'illumination de notre atmosphère. On considère généralement qu'une différence de $\frac{1}{64}$ dans l'éclat de deux parties contiguës d'une même surface est la plus petite que l'œil puisse saisir, et s'il en est ainsi, la couronne doit être plus d'$\frac{1}{64}$ aussi brillante que l'illumination de l'espace au bord du disque solaire. Lors d'une éclipse aussi, on voit quelquefois la couronne plusieurs secondes et même plusieurs minutes avant le commencement et après la fin de l'éclipse totale. Petit rapporte qu'en 1860 il l'a vue 12 minutes avant la disparition du soleil, et Lockyer, en 1871, continua à la voir pendant 3 minutes après la réapparition du soleil. Mais, comme nous l'avons dit plus haut, sa lumière s'affaiblit très rapidement, et les parties extérieures de la couronne sont pareilles à une nébuleuse très faible. Il est très désirable qu'à la prochaine éclipse on fasse des mesures photométriques très soignées.

A part la différence dans la quantité de lumière à chaque éclipse, différence qui est due à la variation du diamètre de la lune, il est très probable que la couronne elle-même change considérablement d'éclat et d'étendue chaque année. En 1878 les nombreux observateurs qui avaient aussi vu l'éclipse de 1869, furent unanimes à déclarer que la couronne était beaucoup moins brillante que dans la précédente éclipse. Cependant plusieurs observateurs de très haute réputation ont soutenu une opinion tout à fait contraire. La couronne de 1878 était indubitablement la plus étendue.

Naturellement, les faits connus relatifs à la périodicité des taches solaires, et la sympathie qui existe entre elles et les proéminences, rendent probable *à priori* la découverte d'une variation correspondante dans la couronne; il est tout à fait certain que dans l'éclipse de 1878, qui eut lieu lors d'un minimum de taches solaires, il y avait de grandes modifications dans les particularités spectroscopiques de la couronne. La raie brillante, qui la caractérise principalement, était devenue si faible que beaucoup d'observateurs ne la virent pas du tout.

Nous avons déjà dit qu'il avait été reconnu, lors de l'éclipse de 1869, que cette raie brillante provenait de la couronne. M. Lockyer et moi, chacun de notre côté, nous l'avions vue renversée dans le spectre de la chromosphère, quelques semai-

nes auparavant; cependant je n'eus connaissance de la première
observation que quelque temps après l'éclipse. Dans le spectre
solaire ordinaire, elle apparaît comme une légère raie sombre
à la division 1474 de l'échelle de Kirchhoff, ou 5315,9 d'Angstrom ; cette raie ne ressort pas à côté des centaines d'autres,
et on la voit à peine avec un spectroscope à un seul prisme.
En 1876, on a trouvé au moyen d'un spectroscope d'un grand
pouvoir dispersif, qu'elle se compose de deux raies très
rapprochées, dont la plus élevée ou la plus réfrangible n'est pas
très nette, tandis que l'autre est effilée et bien définie. La raie

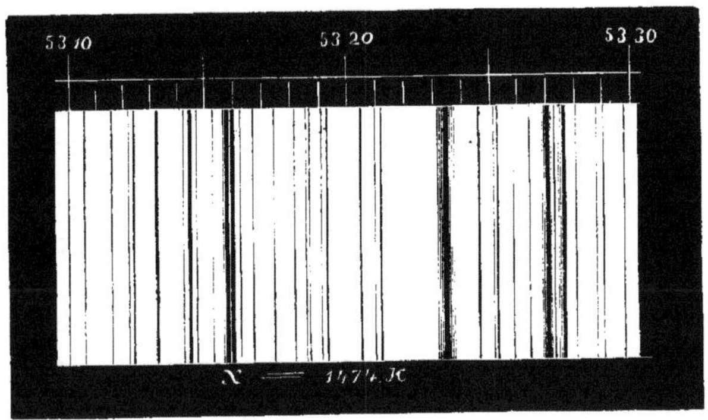

Fig. 75. — Partie du spectre près de la raie de la couronne (x),
vue avec un instrument d'un grand pouvoir dispersif.

supérieure est la véritable raie de la couronne, et on la voit
toujours assez facilement dans le spectre de la chromosphère,
mais renversée. Kirchhoff et Angstrom ont tous les deux donné
cette raie comme faisant partie du spectre du fer; ce fait a
été longtemps mis en doute, car il est assez difficile que la
vapeur de ce métal puisse être réellement un des principaux
éléments de la chromosphère, et qu'elle puisse l'emporter sur
l'hydrogène lui-même. Cependant cette difficulté ne subsiste
plus; en effet, il est évident maintenant que la raie du fer est
la raie inférieure de la raie double, et que sa grande proximité
de l'autre n'est qu'accidentelle. La figure représente cette raie
et celles qui se trouvent à côté, vues dans un spectroscope
d'un grand pouvoir dispersif. L'échelle qui est au-dessus du
spectre est celle d'Angstrom.

Les raies d'hydrogène ont aussi très peu d'éclat dans le

spectre de la couronne. Il n'est peut-être pas tout à fait certain
que ce fait ne soit pas dû à la réflexion de la lumière de la
chromosphère dans notre propre atmosphère, mais en somme
il n'est pas probable qu'il le soit. La réflexion atmosphérique
s'étend intérieurement aussi bien qu'extérieurement, sur le
disque obscur de la lune, lors d'une éclipse, et si l'apparition
des raies d'hydrogène était due simplement à cette réflexion,
elles seraient juste aussi fortes sur le disque lunaire que dans
la couronne. Il ne semble pas en être ainsi, et cependant en
1870 je les ai vues exactement au centre du disque lunaire :
mais Janssen et Lockyer sont d'accord pour déclarer qu'elles
sont bien plus brillantes de l'autre côté. Au moyen d'un spectroscope analyseur, on a quelquefois trouvé « la raie 1474 » à
une hauteur de près de 20′ au-dessus du limbe de la lune, et les
raies d'hydrogène presque aussi loin. Et, chose importante, les
raies étaient juste aussi fortes au milieu d'une fissure sombre que
partout ailleurs. Nous aurons occasion de revenir là-dessus.

Le spectroscope analyseur nous montre la raie 1474 bien
plus faible près du limbe solaire que les raies d'hydrogène,
c'est-à-dire qu'en prenant une petite partie de la couronne près
du limbe, l'hydrogène y brille plus que cette vapeur inconnue
qui produit l'autre raie. Cependant, si l'on observe l'éclipse
avec un spectroscope intégrant [1], le rapport de l'éclat est ren-
versé, et montre que la quantité totale de « la lumière 1474 » est
la plus grande ; cela indique aussi que cette lumière provient
d'un espace beaucoup plus étendu, ou plutôt que dans les
régions supérieures l'hydrogène perd son éclat bien plus vite
que les autres matières.

Nous ne savons encore rien sur la substance qui produit la
raie 1474. Il semble que ce doive être une matière vaporeuse
dont la densité est bien inférieure à celle de l'hydrogène, qui
est le plus léger de tous les corps connus de notre chimie
terrestre. Il est difficile que ce soit un de nos éléments familiers, même sous une modification allotropique, comme l'ont
dit quelques personnes ; en effet, au milieu des plus violentes
perturbations que l'on observe quelquefois dans les proéminences et près des taches solaires, lorsque les raies de l'hydrogène, du magnésium et des autres métaux sont tordues et

1. Voir pages 57, pour l'explication de ce mot.

brisées par la vitesse du choc des éléments qui se combattent, cette raie seule reste immobile, nette, fine et droite ; elle devient un peu plus brillante, mais elle n'est affectée d'aucune autre manière. Pour le moment, elle reste avec celle située dans l'extrême rouge, qu'on appelle la raie de l'hélium, près de la raie D, et quelques autres, comme un mystère inexpliqué [1].

Outre cette raie et celle de l'hydrogène, deux autres ont été signalées d'une manière douteuse dans la partie jaune verdâtre du spectre. L'une d'elles semble avoir été vue deux fois : en 1869 par l'auteur de ce livre, et en 1870 par Denza en Italie. Sa place est vers 5,570 de l'échelle d'Angstrom. Cependant, comme une des raies du barium, qui est souvent renversée avec éclat dans le spectre de la chromosphère, n'est pas très loin de cet endroit (à 5,534), il est bien possible que ce soit là la raie qu'on a vue. L'autre raie douteuse (citée par l'auteur en 1869) était à 5,450 (Angstrom), aussi très voisine, en réalité entre les places de deux raies qui sont remarquables dans la chromosphère. On fera bien d'examiner la question à fond à la première occasion.

Outre ses raies brillantes, la couronne a aussi un faible spectre continu et dans ce spectre MM. Janssen et Barker ont observé quelques-unes des principales raies *sombres* du spectre solaire, spécialement D, *b* et G.

Ce fait prouve nécessairement que, tandis que la couronne peut se composer en grande partie de gaz brillant, comme l'indiquent les raies brillantes de son spectre, elle contient aussi

---

1. On la confond souvent avec une raie du spectre de l'aurore boréale et la responsabilité de cette idée remonte malheureusement surtout à l'auteur de ce livre ; c'est là un exemple frappant de la difficulté de corriger une erreur une fois admise. Quelques semaines avant la première découverte de cette raie dans le spectre de la couronne, M. le professeur Winlock avait observé le spectre d'une brillante aurore, et avait publié la position de cinq raies : une des cinq positions coïncide avec celle de la 1474e raie bien en deçà des limites d'erreur probables dans une telle observation, et je me hâtai d'en conclure que cette coïncidence était exacte et significative. Des observations subséquentes firent bientôt voir que cette raie du spectre de l'aurore n'est pas une *raie* du tout rigoureusement parlant, mais une bande faible et vaporeuse, qu'on ne voit jamais que dans des aurores d'un éclat extraordinaire, et qui n'est pas du tout la même que dans la raie 1474 de la couronne. Pour le spectroscope, il n'y a point d'indication d'un lieu entre la couronne et l'œuvre de l'atmosphère terrestre, quoiqu'il y ait d'autres faits qui indiquent que les phénomènes peuvent être jusqu'à un certain point de nature semblable.

une grande quantité de matière en état de réfléchir la lumière du soleil, — matière qui est probablement sous la forme de poussière et de brouillard.

Cette conclusion est également soutenue par le résultat d'observations faites avec différents genres de polariscopes. qui indiquent en général que la lumière de la couronne est en partie polarisée dans des plans radiaux, tout comme elle devrait l'être si elle se composait en partie de lumière réfléchie.

Nous avons dit « pour la plus grande partie », parce qu'il y a eu entre différents instruments et différents observateurs certaines différences très embarrassantes que nous n'avons pas la place de discuter ici.

Puis donc que la couronne contient et du gaz incandescent et aussi de la matière à l'état de brouillard ou de fumée capable de réfléchir la lumière, c'est une question intéressante de se demander si différentes parties de la structure coronale se composent également des deux ou s'il y a séparation.

On a cherché à résoudre la question en examinant l'éclipse avec un spectroscope qu'on appelle « sans fente », — c'est-à-dire simplement un prisme mis devant l'objectif d'une petite lunette. Si, avec un tel instrument, on regardait un objet éloigné donnant de la lumière homogène (une flamme d'alcool colorée avec du sel, par exemple), on la verrait précisément comme s'il n'y avait pas de prisme, si ce n'est que la réfraction changerait la direction apparente de l'objet. Si la lumière était composée de trois ou quatre raies brillantes, comme celle qui vient d'un tube de Geissler plein d'hydrogène, on verrait alors le même nombre d'images colorées. Si la lumière était comme celle d'une bougie ordinaire, qui donne un spectre continu, on obtiendrait simplement une raie colorée. Enfin, si nous avions une source lumineuse réunissant ces différentes conditions, la flamme d'une lampe, par exemple, teinte dans certaines parties de sodium et dans d'autres de lithium, nous aurions alors la raie de couleur marquée dans le jaune d'une image claire du sodium de la flamme, et dans le rouge et le violet d'images de la partie de la flamme qui a été colorée de lithium.

Si donc les longues raies et les banderoles de la couronne étaient surtout composées du gaz qui donne la raie 1474, nous devrions les voir distinctement à travers le prisme sur un fond produit par la lumière du brouillard réfléchissant. Cependant il n'arrive rien de la sorte. Le spectroscope sans fente, entre les mains de Respighi et de Lockyer en 1871, a présenté une bande continue de lumière portant plusieurs anneaux brillants et unis : l'anneau le plus brillant et le plus grand était vert (correspondant à la raie 1474), et il y en avait trois autres plus faibles, dans le rouge, le bleu et le violet, correspondant aux trois raies les plus brillantes de l'hydrogène. Il faut donc en conclure que la matière gazeuse de la couronne forme une atmosphère assez régulière autour du soleil, et que les éléments de structure, rayons, fragments et banderoles sont principalement dus à un brouillard ou à une poussière, — du moins ils semblent donner un spectre continu. Avec ceci s'accorde le fait déjà mentionné, que la raie 1474 est juste aussi brillante au milieu d'une des crevasses obscures que dans une banderole brillante. En 1878 le spectroscope sans fente n'a jamais manqué, entre les mains de tous les observateurs, de présenter des anneaux. Ce fait, joint à l'éclat diminué de la couronne en cette occasion, semble indiquer que les gaz de l'atmosphère coronale, lors d'un minimum de taches solaires, sont bien diminués en étendue et en éclat, tandis que les banderoles ne subissent en comparaison aucun effet. Il serait facile de spéculer sur la signification de ce fait, mais un cas observé fournit à peine une base suffisante pour une induction légitime.

On a souvent posé la question de savoir si l'apparence de la couronne change pendant une éclipse. Un grand nombre de dessins semblent indiquer qu'il en est ainsi ; ils représentent la couronne au commencement et à la fin de l'éclipse comme beaucoup plus large du côté du soleil que la lune recouvre le moins — sur le bord occidental, près du commencement de l'éclipse, et sur le bord oriental, près de sa fin — tandis qu'elle est à peu près symétrique au milieu de la totalité ; et pendant un temps cette circonstance était fort invoquée par ceux qui soutenaient que la couronne est surtout un phénomène de l'atmosphère terrestre. Cependant d'autres dessins des mêmes éclipses ne présentent rien de pareil, non plus que les photographies, sauf un ou deux cas dont des nuages mobiles nous donnent une explication suffisante. D'un autre côté, des photographies prises à des moments différents d'une éclipse, et à des stations séparées par des centaines de milles, sont tellement d'accord qu'elles démontrent que les principaux traits de la couronne ne changent que peu à peu, et qu'ils persistent, en règle générale, pendant des heures au moins, et pendant des jours et des semaines pour ce que nous en savons. En même temps, ils changent quelquefois *d'une manière perceptible*, même dans l'espace de vingt minutes, tandis que l'ombre marche entre des stations qui ne sont séparées que par quelques centaines de milles. Quelques-uns ont cru voir des mouvements rapides dans les banderoles, et les ont décrites comme ondoyant et vacillant ; un ou deux se sont même imaginé que la couronne tremblotait comme un soleil de feu d'artifice. Peut-être n'y a-t-il là que des jeux d'imagination, quoique les mouvements de l'air puissent donner à une personne peu habituée aux observations astronomiques l'idée d'un mouvement de scintillation. L'impression ordinaire produite sur l'esprit est bien différente : c'est celle d'une stabilité calme et sereine.

Si nous combinons les faits qui ont été constatés, et que nous parlions de la manière la plus générale, il semblerait que la couronne est surtout composée de filaments qui émanent du soleil ou se développent dans son atmosphère avec le plus d'abondance dans les parties de sa surface situées à peu près à moitié chemin entre l'équateur et les pôles, les filaments qui sont lancés de chaque côté de la zone ayant une tendance à s'incliner vers les parties centrales. Comme conséquence, la couronne tend à prendre la forme d'une étoile à quatre rayons, dont les pointes sont inclinées à 45° vers l'axe du soleil, et se composent de filaments convergents, qui constituent la structure syncline que M. Ranyard a été le premier à montrer clairement.

Évidemment, il ne faut cependant pas prendre à la lettre cette affirmation. Chaque éclipse présente des exceptions frappantes. Il y a toujours des banderoles tangentes, courbées ou inclinées, que l'on ne peut soumettre à de telles règles ; de faibles cônes lumineux, comme ceux qu'on a vus en 1878 ; de sombres crevasses, des masses nébuleuses arrondies, des tourbillons, et une multitude d'autres particularités de structure, que l'on ne peut pas plus ramener à une formule que les formes de la flamme ou du nuage.

L'opinion est très partagée sur la nature et l'origine des substances dont se composent les structures coronales. Tout le monde admet maintenant, nous le croyons, la présence d'une atmosphère de gaz incandescents qui s'élèvent jusqu'à une hauteur d'au moins 300.000 milles, et cela quoiqu'il y ait d'énormes difficultés à mettre d'accord une atmosphère aussi étendue avec la basse pression à la surface de la photosphère indiquée par la finesse des raies de Fraunhofer dans le spectre. Mais quant à la substance dont sont composées les banderoles, et à la nature des forces qui en déterminent la forme et la position, il n'y a pas d'accord. Quelques-uns ne voient dans la couronne que des troupes de météores, et il est certain que la substance météorique doit abonder dans le voisinage immédiat du soleil. Mais si nous regardons, par exemple, l'image de l'éclipse de 1871, il paraît évident que les détails de cette couronne ne pourraient s'expliquer de cette façon. Il semble bien plus probable que les phénomènes des queues de comètes et des banderoles de l'aurore sont des phénomènes du même ordre, et quoique jusqu'à présent l'établissement de ce rapport n'équivaudrait pas à l'explication de la couronne, ce serait un pas en avant, — pas qui n'a point du tout été fait, cependant, il faut l'admettre ; et il n'est pas facile de voir à présent comment il faut attaquer ce problème. Que les forces dont il s'agit résident dans le soleil même est un fait rendu probable par la symétrie ordinaire approximative de la couronne par rapport à son axe, et par le fait que les banderoles coronales semblent surtout prendre naissance presque dans les zones de taches solaires.

Mais il faut évidemment attendre un peu la solution des problèmes que nous présente ce magnifique phénomène. Le temps viendra sans doute où quelque nouvelle invention nous permettra de voir et d'étudier la couronne avec le jour ordinaire, de même que nous le faisons pour les proéminences. Sans doute le spectroscope n'y arrivera pas, puisque les rayons et les banderoles de la couronne donnent un spectre continu ; mais il serait téméraire de dire qu'aucun moyen ne sera jamais trouvé de faire ressortir les structures entourant le soleil qui sont cachées par le reflet de notre atmosphère. Si l'on n'arrive à quelque chose de ce genre, la marche de nos connaissances sera probablement très lente, car la couronne n'est visible qu'à peu près huit jours par siècle en moyenne, et alors seulement sur des bandes étroites de la surface terrestre et seulement pendant d'une à cinq minutes par observateur[1]. Avec un temps d'observation si limité, il n'est guère possible de pénétrer ce mystère d'une manière très rapide.

---

[1]. Cette estimation est fondée sur le fait que les éclipses totales ont lieu en moyenne environ tous les deux ans, que l'ombre met en moyenne à peu près trois heures à parcourir le globe, et que la durée moyenne de la totalité est entre deux et trois minutes, ne peut jamais atteindre 8 minutes et n'en égale que très rarement 6.

CHAPITRE VIII

LUMIÈRE ET CHALEUR DU SOLEIL

Unité de la lumière solaire. — Méthode de mesure. — Éclat de la surface solaire. — Expériences de Langley. — Diminution de l'éclat sur le bord du disque solaire. — Idée de Hastings sur la nature de l'enveloppe absorbante. — Quantité totale de l'absorption par l'atmosphère solaire. — Rayons thermaux, rayons lumineux et rayons actiniques : leur identité fondamentale et leurs différences. — Mesure du rayonnement du soleil. — Méthode d'Herschel. — Expressions de la quantité de la chaleur solaire. — Pyrhéliomètre de Pouillet, — de Crova. — Actinomètre de Violle. — Absorption de la chaleur par l'atmosphère terrestre, par celle du soleil. — Question sur les différences de température de différentes parties du disque solaire. — Question sur la variation du rayonnement du soleil selon la période des taches solaires. — Température du soleil, — actuelle, — effective — Idées de Secchi, d'Éricsson, de Pouillet, de Vicaire et de Rosetti. — Preuve par le miroir ardent. — Expérience de Langley à l'aide du « Convertisseur » de Bessemer. — Permanence de la chaleur du soleil pendant les deux derniers mille ans. — Théorie météorique de la chaleur du soleil. — Théorie de contraction de M. Helmholtz. — Durée possible pour le passé et l'avenir de la chaleur solaire.

La lumière solaire est le rayonnement le plus intense que l'on connaisse jusqu'à présent ; elle dépasse de beaucoup l'éclat de la lumière du calcium, et même l'arc électrique le plus puissant ne peut lutter avec elle. L'une ou l'autre de ces lumières interposée entre l'œil et la surface du soleil fait l'effet d'un point noir sur le disque.

Nous pouvons mesurer avec une certaine exactitude la quantité totale de lumière solaire, et en énoncer la somme en puissance de bougies ; le chiffre qui exprime le résultat est cependant si énorme qu'il n'apporte guère d'idées à l'esprit ; il s'agit de 1.575.000.000.000.000.000.000.000.000, mille cinq cent soixante-quinze billions de billions, écrits à la manière anglaise, qui exige un million de millions pour faire un billion, ou un

octillion cinq cent soixante-quinze septillions, si nous préférons
la numération française.

La bougie, qui est l'unité de lumière généralement employée
en photométrie [1], est la quantité de lumière donnée par une
bougie de blanc de baleine pesant $\frac{1}{6}$ de livre et brûlant 120 grains
par heure. Un bec de gaz ordinaire, qui consume cinq pieds
cubes de gaz par heure, donne, si le gaz est de bonne qualité,
de douze à seize fois autant de lumière. La lumière totale du
soleil équivaut donc environ à 400 billions de billions de jets
de gaz de cette sorte.

Cette évaluation repose principalement sur les mesures faites
par Bouguer en 1725, et par Wollaston en 1799 ; depuis elles
ont cependant été confirmées par d'autres. Ils ont trouvé que
le soleil au zénith éclairerait une surface blanche environ
60.000 fois autant qu'une bougie type placée à une distance de
un mètre. En tenant compte de l'absorption de la lumière dans
notre atmosphère, ce nombre s'élèverait à environ 70.000. La
distance du soleil étant environ de 93 millions de milles, ou à
très peu près 150 millions de kilomètres, il s'ensuit que si l'on
multiplie 70.000 par le carré de 150.000.000.000 (en réduisant
les kilomètres en mètres), le produit exprimera le nombre de
bougies qui donneraient une lumière égale à celle du soleil [2].
Le nombre résultant est le même que plus haut, mais est évidemment un grand nombre de fois trop incertain. Il dépend
d'observations anciennes, qui doivent être répétées ; d'observations aussi qui sont difficiles et jamais satisfaisantes, à cause
du vague de l'unité, de l'extrême différence entre l'intensité
des lumières comparées, et, ce qui est encore plus gênant, de
la différence entre la couleur de la lumière solaire, et celle de
la lumière d'une bougie. La figure 76 fait comprendre la manière
de faire cette comparaison. Un miroir M envoie les rayons du

---

1. Les Français se servent d'une unité qui est juste dix fois aussi grande,
la lampe Carcel.

2. Dans la première édition, le pouvoir du soleil évalué en bougies avait
été donné juste quatre fois trop grand. Au lieu de donner le rapport entre
la quantité totale de lumière émise par le soleil et celle de bougies, j'ai
donné par inadvertance le nombre de bougies qui, distribuées côte à côte
sur toute la surface du soleil, donneraient autant de lumière qu'en donne le
luminaire. Ceci est bien différent, puisque dans ce cas le rayonnement de
chaque flamme de bougie serait limité dans la plupart des directions par
celui de ses voisins, et par le corps du soleil lui-même. Je suis redevable de
cette correction à M. Macfarland, de l'Université de l'État de l'Ohio.

soleil dans une chambre obscure sur une petite lentille dont
le diamètre est exactement connu. Cette lentille concentre les
rayons en F, et après avoir franchi ce point ils divergent et
tombent sur un écran blanc S à une distance considérable.
Négligeant un moment la perte de lumière par réflexion à la
surface du miroir et par transmission à travers la lentille, nous
pouvons dire que l'éclairage de l'écran est autant de fois plus
petit que celui de la pleine lumière solaire que la surface de la

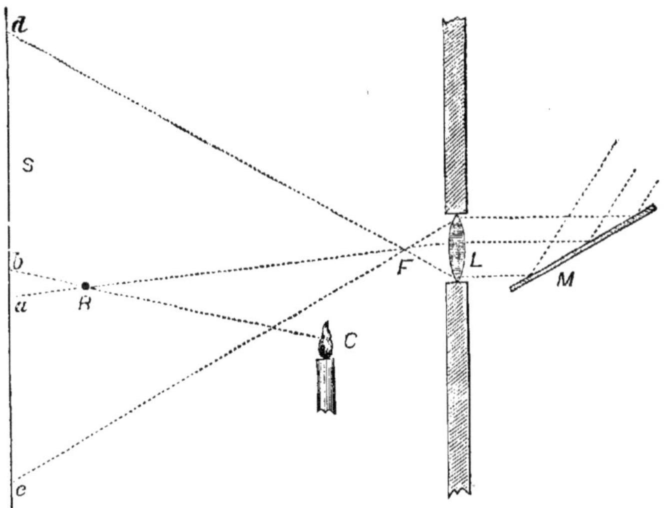

Fig. 76. — Méthode pour mesurer l'intensité de la lumière du soleil.

lentille L est inférieure à celle du disque entier de lumière sur
l'écran. Si, par exemple, la lentille a 6 centimètres de diamètre,
et que le cercle lumineux sur l'écran en ait 10 pieds, alors la
lumière de l'écran serait 23.040 fois plus faible que celle du
soleil. Si nous admettons qu'il y ait perte par réflexion et par
la lentille, le rapport ne serait probablement pas bien loin
de celui de 30.000 à 1. Il va sans dire que ces deux corrections doivent et peuvent être déterminées d'une manière
exacte d'après des observations spéciales. Une fois que nous
en serons là, il y a diverses manières de procéder. La plus
simple, qui est bien loin d'être la moins exacte, consiste à
placer près de l'écran une petite baguette, comme un crayon,

de manière que son ombre soit projetée par la lumière du soleil en a : la bougie de comparaison C est alors avancée et reculée jusqu'à ce que l'on trouve une position dans laquelle l'ombre donnée en B par sa flamme est aussi forte que l'autre ombre. Alors les quantités relatives d'éclairage sur l'écran produites par le soleil et par les bougies seront entre elles comme le carré des lignes a F et b C. Il existe d'autres méthodes qui admettent plus de précision encore, mais toutes embarrassées, comme l'est celle-ci, par la différence de couleur entre la lumière du soleil et celle d'une bougie. La partie la plus incertaine de l'opération consiste cependant dans les corrections pour perte de lumière dans l'atmosphère, au miroir et dans la lentille.

Jusqu'ici nous n'avons considéré que la lumière totale émise par le soleil. La question de l'éclat intrinsèque de la surface de cet astre est une question différente, mais qui s'y rattache, dépendant pour sa solution des mêmes observations, combinées avec une détermination des surfaces rayonnantes dans les différents cas. Puisqu'une flamme de bougie à la distance d'un mètre semble beaucoup plus grande que le disque du soleil, il est évident qu'elle doit être beaucoup plus de 70.000 fois moins brillante. En réalité, il faudrait qu'elle fût à une distance d'environ $1^m,65$ pour couvrir la même surface du ciel que le soleil, et par conséquent la surface solaire doit dépasser de 190.000 fois l'éclat moyen de la flamme de la bougie.

Dans la lumière du calcium, le point lumineux est à la fois beaucoup plus brillant et beaucoup plus petit qu'une flamme de bougie, de sorte que la différence est bien moindre. D'après certaines expériences faites par Foucault et Fizeau, en 1844, la surface solaire a été reconnue 146 fois plus brillante que la chaux incandescente. En même temps MM. Foucault et Fizeau soumettaient à l'expérience l'arc électrique, et reconnaissaient que la partie la plus brillante de cet arc n'était qu'environ quatre fois plus faible que le soleil. Mais leurs expériences avaient été faites en exposant une plaque de daguerréotype aux rayons qu'il s'agissait de comparer, et l'exactitude de ces expériences a donné lieu à des doutes considérables. Des expériences postérieures ont donné dans certains cas une intensité un peu plus grande pour l'éclat du carbone positif de l'arc électrique (qui est toujours beaucoup plus brillant que le négatif). On affirme que dans quelques cas il a atteint un éclat qui est bien la moitié de celui de la surface solaire, mais cela n'est pas tout à fait prouvé, les comparaisons n'étant qu'indirectes. Les lumières magnifiques produites par les machines dynamo-électriques de nos jours diffèrent moins en *intensité* qu'en *quantité*, de celles qu'employaient Foucault et Fizeau. Les surfaces éclairantes sont plus étendues et la grandeur de l'arc est beaucoup plus considérable, mais l'éclat des points lumineux dont il s'agit semble rester à peu près le même, et dépend probablement surtout des caractères physiques du carbone, qui sont essentiellement les mêmes dans tous les cas.

Une des observations les plus intéressantes sur l'éclat du soleil est celle de M. le professeur Langley, qui, il y a quelques années (en 1878) fit une comparaison soigneuse entre le rayonnement solaire et celui de la surface aveuglante du métal fondu dans un convertisseur de Bessemer. L'éclat de ce métal est si grand que le courant de fer fondu qui, à une époque de sa transformation, est versé dedans pour le mêler avec le métal déjà dans le creuset, semble brun foncé par comparaison, et présente un contraste comparable à celui du café noir versé dans une tasse blanche. La comparaison fut conduite de telle sorte que, avec intention, tout avantage fût accordé au métal par rapport à la lumière solaire, sans tenir compte des pertes subies par celle-ci pendant son passage par l'air enfumé de Pittsburg pour arriver au réflecteur qui jetait ses rayons dans l'appareil photométrique. Et cependant, en dépit de tous ces désavantages, la lumière solaire parut 5.300 fois plus brillante que l'éclat éblouissant du métal incandescent.

Jusqu'ici nous n'avons parlé du soleil que comme d'un tout, mais, comme nous l'avons dit auparavant, il y a une diminution marquée de la lumière aux bords du disque, si marquée, en vérité, qu'il est excessivement surprenant qu'une personne ait jamais douté de ce fait, comme quelques-uns, — Lambert, par exemple, — l'ont fait. Arago en a été très près, car il a estimé la différence à seulement $\frac{1}{47}$ — si peu que c'est à peine perceptible. Une image du soleil d'un pied de diamètre, formée par une petite lunette de 5 centimètres d'ouverture, sur un écran de papier blanc, montre cependant ce fait d'une manière tout à fait incontestable. Bien des mesures ont été faites pour mesurer l'éclat de différentes parties du disque. MM. les pro-

fesseurs Pickering et Langley, en Angleterre, et Vogel en
Allemagne, sont au nombre des auteurs qui ont fait les recherches les plus récentes et les plus dignes de foi sur ce sujet. M. Pickering a exécuté ses mesures en formant avec une petite lunette
une image du soleil d'environ 40 centimètres de large, sur un
écran blanc percé d'un orifice de 18 millimètres de diamètre.

La lunette était placée horizontalement, et la lumière y était
dirigée par un miroir, à peu près comme dans la figure précédente, si ce n'est que le miroir était mû par un mouvement
d'horlogerie, qui maintenait l'image constamment à la même
place. Lorsque les rayons avaient dépassé l'orifice de l'écran,
ils étaient reçus sur le disque d'un photomètre de Bunsen, et
l'on comparait la lumière à celle d'une bougie réglementaire,
de la manière ordinaire; c'est ainsi que l'on trouvait le rapport entre l'éclat du centre du disque et celui des autres parties.
D'après Pickering, le rapport entre l'intensité de la lumière
venue du bord et celle du centre est de 37 pour 100.

Vogel, en 1877, s'y prit encore avec plus de soin. Son instrument, qu'il appelait photomètre spectral, lui permit de comparer avec une grande exactitude et directement l'éclat des rayons
de diverses couleurs partis de différents points du soleil, — les
rayons rouges seuls, et ces mêmes rayons avec les jaunes,
les verts, les bleus et les violets. Le tableau suivant contient
un résumé des résultats obtenus par lui. La première colonne, intitulée D, donne la distance du point au centre du
soleil estimée d'après le rayon du soleil. Les autres colonnes
donnent le rapport entre la lumière de la couleur donnée au
centre du disque et au point en question, exprimée aussi en
fraction. Ainsi, au bord même du disque, à une distance de
100 pour 100 du rayon du soleil de son centre, la lumière violette n'a qu'une intensité de 13 pour 100 de son intensité au
centre, et la lumière rouge 30 pour 100 de son intensité au
centre.

Nous avons ajouté dans une dernière colonne quelques-uns
des résultats de M. le professeur Pickering, lesquels, on le
verra, sont pour la plupart tout à fait d'accord avec ceux de
Vogel. Une chose ressort du tableau de Vogel, et c'est que la
couleur de la lumière doit être au bord du disque différente de
ce qu'elle est au centre, puisqu'une plus grande partie de la
lumière violette que de la rouge se perd vers le limbe.

D.	VIOLETTE. λ 408.	BLEUE. λ 470.	VERTE. λ 512.	JAUNE. λ 589.	ROUGE. 662	PICKERING. Lumière générale.
0	100	100	100	100	100	100
10	99.6	99.7	99.7	99.8	99.9	98.8
20	98.5	98.8	98.7	99.2	99.5	....
30	96.3	97.2	96.9	98.2	98.9	....
40	93.4	94.1	94.3	96.7	98.0	94.0
50	88.7	91.3	90.7	94.5	96.7	91.3
60	82.4	87.0	86.2	90.9	94.8	87.0
70	74.4	80.8	80.0	84.5	91.0	....
75	69.4	76.7	75.9	80.4	88.1	78.8
80	63.7	71.7	70.9	74.6	84.3	....
85	56.7	65.5	64.7	67.7	79.0	69.2
90	47.7	57.6	56.6	59.0	71.0	....
95	34.7	45.6	44.0	46.0	58.0	55.4
100	13.0	16.0	18.0	25.0	30.0	37.4

M. le professeur Langley, voulant, en 1875, mesurer directement l'éclat relatif de points situés près du centre et du limbe en amenant, d'une manière fort ingénieuse, la lumière des deux points en face l'un de l'autre sur un disque photométrique de Bunsen, a trouvé qu'il y avait là un fait très remarquable : le bord est à peu près brun chocolat, et le centre tout à fait bleuâtre, si nous prenons la lumière ordinaire du soleil comme type de blancheur. La différence de teinte était assez décidée pour rendre les mesures très difficiles. Nous n'avons jamais vu imprimés les résultats de ce travail, et nous ne savons même pas s'ils ont été encore publiés. Cependant le travail de Vogel, représentant une analyse plus complète par rapport aux différentes couleurs, doit l'emporter tout ce qui a été fait jusqu'ici en ce genre.

La cause de cet affaiblissement de la lumière près du limbe du soleil est, naturellement, l'absorption d'une partie des rayons par l'atmosphère solaire [1]. Ce devient donc un sujet de

1. On a généralement considéré jusqu'ici que cette enveloppe absorbante doit être gazeuse, et on l'a ordinairement identifiée avec la couche renversante qui, lors d'une éclipse, donne le spectre à raie brillante aperçu au commencement et à la fin de la totalité. M. le professeur Hastings, de Baltimore, a cependant proposé dernièrement une théorie un peu différente ; d'après lui, l'absorption est produite par quelque chose comme de la fumée, c'est-à-dire par une matière dans un état pulvérulent, à une température inférieure à celle des nuages photosphériques et disséminée dans les parties les plus basses de la véritable atmosphère solaire. Il soutient avec force que l'absorption des gaz eux-mêmes, à une telle température, doit être

recherche intéressante de savoir quelle partie de la lumière solaire est ainsi absorbée, et jusqu'à quel point le soleil serait plus brillant, s'il était brusquement dépouillé de ses enveloppes gazeuses.

Malheureusement, dans l'état actuel de la science, la question ne comporte pas une réponse certaine et définie. En faisant certaines hypothèses sur la constitution de la surface lumineuse et sur le caractère de l'atmosphère, nous pouvons, il est vrai, déduire des formules mathématiques d'un caractère un peu compliqué qui représenteront les faits observés *d'après ces hypothèses*.

Laplace, par exemple, a supposé que chaque point de la surface lumineuse du soleil rayonnait également dans toutes les directions, et que son atmosphère était partout homogène, — sachant, bien entendu, qu'elle ne pouvait pas être homogène, mais ne sachant quelles lois de densité et de température s'appliqueraient au cas en question, et ne pouvant par conséquent fournir d'hypothèses plus correctes. D'après ces conjectures, et prenant pour base de son calcul les observations de Bouguer, qui au fond sont d'accord avec les plus modernes, il a trouvé que l'atmosphère solaire devait absorber environ $\frac{11}{12}$ de la lumière totale ; en d'autres termes, que le soleil, sans son atmosphère, serait environ douze fois aussi brillant que nous le voyons maintenant. Secchi a également adopté sa conclusion.

Cependant sa première hypothèse est probablement bien loin d'être vraie. Autant que nous le savons, aucune surface lumineuse ne se comporte comme il le suppose, mais en général les rayonnements obliques sont énormément moins puissants que ceux qui sont perpendiculaires à la surface. D'après l'hypothèse de Laplace, le soleil, sans son atmosphère, serait beaucoup plus brillant au bord qu'au centre. Or une sphère de

---

sélective, produisant des bandes et des raies dans le spectre, tandis que l'absorption à laquelle nous avons affaire dans ce cas est *générale*, simplement affaiblissant tous les rayons à peu près de même, quoique naturellement affectant ceux à longueur d'onde courte plus que ceux à grande longueur d'onde, comme l'avait d'abord indiqué M. Langley. La substance dont il s'agit, dit-il, doit être une substance qui condense et précipite à une température plus élevée que celle de la photosphère, de sorte que sa vapeur ne se trouverait pas présente jusqu'à un point appréciable dans la photosphère et la couche renversante, et que ses raies ne se trouveraient pas dans le spectre solaire. Il pense que cette substance est très probablement du carbone.

métal incandescent ou un globe éclairé de verre blanc (comme l'abat-jour d'une bonne lampe) paraît sensiblement également brillante partout, le raccourci de chaque pouce carré de surface inclinée par rapport à la ligne de vue, compensant juste sa diminution de rayonnement. Admettant cette loi de rayonnement pour la surface solaire, et conservant encore l'hypothèse d'une atmosphère homogène, M. le professeur Pickering montre que l'obscurcissement observé du centre au bord du disque solaire indiqué par ses mesures s'expliquerait assez exactement en supposant que cette atmosphère ait une hauteur approximativement égale aux rayons du soleil, et un pouvoir absorbant capable de réduire la lumière d'environ 74 pour 100 au centre du disque, en laissant passer 26 pour 100. De là on peut montrer que la lumière totale, s'il n'y avait pas d'atmosphère solaire, serait environ quatre fois $\frac{2}{3}$ aussi grande que maintenant, — toujours, ne l'oublions pas, en acceptant les hypothèses.

Vogel, admettant la même loi fondamentale pour le rayonnement, trouve par ses observations que la suppression de l'atmosphère solaire augmenterait l'éclat de ses rayons rouges d'environ 1,49 fois, et les violets de 3,01 fois. La différence entre ce résultat et celui de Pickering est plus grande qu'on ne s'y attendrait d'après l'accord général des observations, mais probablement qu'il est principalement dû à ce fait que Vogel se sert d'une formule de Laplace qui admet implicitement que l'atmosphère solaire est très mince comparée à la grandeur du soleil lui-même, tandis que la méthode de calcul de Pickering n'accepte point une telle limite. Il y a une différence importante aussi entre les observations des deux savants près du bord du disque ; les observations de Vogel montrent en cet endroit une dégradation bien plus rapide de la lumière, et indiquent ainsi une atmosphère beaucoup plus mince et plus dense que celle de Pickering.

Il est évident cependant que pour le moment il faut nous contenter de la déclaration un peu vague que la suppression de l'atmosphère solaire multiplierait plusieurs fois son éclat. Il est presque certain que la quantité de lumière reçue par la terre serait double, il est à peine probable qu'elle serait quintuplée. En outre, sa couleur serait changée d'une manière importante, et sa teinte, comme l'indique Langley, serait plus bleuâtre que maintenant. L'atmosphère solaire *rougit* la lumière qui se transmet à travers, juste de la même façon que notre atmosphère terrestre le fait au coucher du soleil, mais à un degré moindre.

Jusqu'ici nous nous sommes bornés à ces rayonnements qui affectent le sens de la vision. Mais ces rayons font davantage : si on les reçoit sur une surface sombre, ils sont, comme nous le disons « absorbés », et le corps absorbant devient plus chaud. Rien dans la science n'est maintenant plus certain que le fait que ces rayonnements lumineux se composent de battements d'une rapidité inconcevable (mais appréciable,) qui peuvent non seulement affecter les nerfs visuels des êtres sensibles, mais produire aussi beaucoup d'autres effets physiques, thermaux ou chimiques, selon la surface qui les reçoit. L'œil humain, cependant, est très limité au point de vue de la perception, ne tenant compte que des vibrations qui restent dans de certaines limites de fréquence, — les oscillations les plus lentes qu'il reconnaît étant celles du rouge extrême, qui accomplit environ 390 millions de millions de vibrations par seconde : tandis que les plus rapides, celles du violet extrême, sont presque deux fois aussi fréquentes, faisant 770 millions de millions de vibrations dans le même temps. Les rayons émis par le soleil ne sont pas cependant si limités, mais les vibrations visuelles sont accompagnées d'autres qui sont à la fois bien des fois plus lentes et plus rapides. Il a existé pendant bien des années une idée fondée sur des expériences erronées de Brewster, admettant que les rayons thermaux, lumineux et chimiques sont fondamentalement différents, bien qu'ils coexistent dans les rayons du soleil. C'est une erreur. Il est vrai que des rayons dont les vibrations sont trop lentes pour être vues, produisent des effets calorifiques puissants, et que ceux qui sont invisibles parce que les vibrations sont trop rapides ont une forte influence pour déterminer certaines réactions physiques ou chimiques ; mais il est vrai aussi que les rayons visibles sont capables de produire les mêmes effets à un degré plus ou moins grand, et il y a quelque raison de penser que certains animaux peuvent voir par des rayons auxquels la rétine humaine est insensible. Il n'y a absolument aucune base philosophique pour la distinction entre les rayonnements visibles du soleil et les invisibles, sauf le point unique de la fré-

quence des vibrations, leur *hauteur*, pour employer encore
l'analogie du son. Les expressions de rayons thermaux, lumineux et chimiques peuvent nous tromper ; toutes les ondes de
rayonnement solaire transportent l'énergie, et lorsqu'on les
arrête, elles travaillent et produisent de la chaleur, de la vision
ou de l'action chimique, suivant les circonstances.

Si la quantité de lumière solaire est énorme, comparée aux
unités terrestres, la même chose est encore plus vraie de la
chaleur solaire, qui admet une mesure encore plus exacte,
puisque nous ne dépendons plus d'une unité si peu satisfaisante
qu'une bougie, et pouvons y substituer des thermomètres et
des balances pour l'œil humain.

Il est possible d'intercepter un rayon de soleil de dimensions
connues, et de le forcer à céder son énergie rayonnante à une
masse pesée d'eau ou de toute autre substance, pour mesurer
exactement l'élévation de température produite dans un temps
donné, ou pour calculer d'après ces données la quantité totale
de chaleur que fournit le soleil par minute ou par jour.

Pouillet et Sir John Herschel semblent avoir été les premiers
à bien comprendre la nature du problème et à examiner le sujet
d'une manière rationnelle.

Les expériences d'Herschel furent faites en 1838 au Cap de
Bonne-Espérance, lorsqu'il s'occupait de ses travaux astronomiques. Voici comment il procédait : il mettait un petit vase
de fer-blanc, contenant à peu près une demi-pinte d'eau,
soigneusement pesée, sur un léger appui de bois, qui ne le
touchait qu'en trois points. Ce vase était mis dans un cylindre
beaucoup plus grand, aussi en fer-blanc ; ce cylindre extérieur
ayant un double couvercle percé d'un trou. Le couvercle était
assez grand pour garantir les côtés du vase, et le trou avait un
peu moins de trois pouces de diamètre. Un thermomètre délicat était plongé dans l'eau avec une sorte d'agitateur en mica
pour le remuer et maintenir la température uniforme dans toute
la masse. L'appareil était disposé de façon que toute la lumière
et la chaleur qui passaient par l'ouverture du couvercle tom-
baient sur la surface de l'eau, le soleil à cette époque étant à
12° du zénith à midi (31 décembre).

Cet appareil fut mis au soleil où on le laissa dix minutes,
à l'ombre d'un parasol, et on nota la légère élévation de la
température de l'eau. On ôta alors le parasol et on laissa tom-

ber les rayons solaires sur l'eau pendant le même temps, et on nota l'élévation de température beaucoup plus grande. Enfin on remit l'appareil à l'ombre, et on observa encore les changements pendant dix minutes. La moyenne entre les effets des premiers et des derniers intervalles de dix minutes pourrait être prise comme la mesure d'influence d'autres causes que le soleil, et, en déduisant ceci de l'élévation pendant les dix minutes d'insolation, nous avons l'effet de l'insolation simple. Voici les chiffres qui représentent sa première expérience :

Élévation de température dans les dix premières minutes. . . . . 0°25
   —   —   — le second intervalle de dix minutes. 3°90
   —   —   — le troisième intervalle de dix min. 0°10

La moyenne entre le premier et le troisième intervalle est 0°,17, et celle-ci déduite de la seconde donne 3°,73 comme élévation de température produite par un rayon de soleil de 3 pouces de diamètre absorbé par une masse de matière équivalente à 4.638 grains d'eau (nous n'indiquons pas les minuties du procédé par lequel le poids du vase de fer-blanc, du thermomètre, de l'agitateur, etc., sont représentés). Maintenant il ne nous faut plus rien pour nous permettre de calculer au juste combien de chaleur est reçue par la terre en un jour ou en une année, excepté, vraiment, la détermination de la correction très ennuyeuse et un peu incertaine pour l'absorption de la chaleur par l'atmosphère terrestre, correction déduite d'observations faites à des hauteurs variables du soleil au-dessus de l'horizon.

Herschel a préféré exprimer ses résultats en glace fondante, et a posé la question ainsi qu'il suit : la quantité de chaleur reçue sur la surface de la terre, avec le soleil au zénith, fondrait un pouce de glace en 2 heures 13 minutes environ.

Puisqu'il y a tout lieu de croire que le rayonnement du soleil est égal dans toutes les directions, il s'ensuit que si le soleil était entouré d'une grande bombe de glace, d'un pouce d'épaisseur et de 186 millions de milles de diamètre, ses rayons fondraient juste le tout dans le même temps. Or, si nous supposons que cette bombe diminue de diamètre tout en conservant la même quantité de glace, en augmentant d'épaisseur, cependant elle fondrait encore dans le même temps. Supposons maintenant que la réduction continue jusqu'à ce que la surface intérieure touche la photosphère, et qu'elle constitue une enveloppe de plus de 1 mille d'épaisseur, le feu solaire continuerait à la dégeler dans les mêmes 2 heures 13 minutes avec une vitesse, selon les déterminations d'Herschel, de plus de 40 pieds par minute, Herschel soutient que si cette glace prenait la forme d'une verge de 45 milles de diamètre, et qu'elle fût lancée vers le soleil avec la vitesse de la lumière, sa pointe qui s'avance se fondrait aussi vite qu'elle approcherait, si par quelque moyen la totalité des rayons solaires pouvaient être concentrés sur la tête; ou, pour poser la question différemment, si nous pouvions construire une colonne massive de glace de la terre au soleil, de 2 milles $\frac{1}{4}$ de diamètre, franchissant l'abîme inconcevable de 31.000.000 de lieues, et si alors le soleil y concentrait sa puissance, il la dissoudrait et la fondrait, non dans une heure ni dans une minute, mais en une seule seconde; un seul mouvement du pendule, et ce serait de l'eau; encore sept, et elle se dissiperait en vapeur.

En formulant ce dernier énoncé, mais n'avons cependant pas employé les figures d'Herschel, mais celles résultant d'observations subséquentes qui augmentent le rayonnement solaire d'environ 25 p. 100, rendant bien plus voisine de 50 pieds que de 49 l'épaisseur de la croûte de glace que le soleil fondrait par minute de sa propre surface.

Pour présenter les choses d'une manière un peu plus technique, les exprimant en fonctions des unités scientifiques modernes, le rayonnement du soleil est d'un peu plus d'un million de calories par minute et par mètre carré de sa surface, la calorie ou unité de chaleur étant la quantité de chaleur qui élève d'un degré centigrade la température d'un kilogramme d'eau.

Un calcul facile montre que, pour produire par la combustion cette quantité de chaleur, il faudrait brûler par heure une couche de charbon anthracite de plus de 16 pieds (5 mètres) d'épaisseur sur la surface totale du soleil, — $\frac{9}{10}$ de tonne par heure et par pied carré de surface, — au moins neuf fois autant que la combustion de la fournaise la plus puissante connue dans les arts. Elle équivaut au dégagement continu d'environ 10.000 chevaux vapeur par pied carré de toute la surface du soleil. Comme l'a montré Sir William Thomson, le soleil, s'il était composé de charbon massif, et qu'il produisît sa chaleur par la combustion, se consumerait en moins de 6.000 ans.

De cet énorme dégagement de chaleur, la terre, naturellement, n'intercepte qu'une faible partie, $\frac{1}{2200000000}$. Mais même cette fraction minime suffit pour fondre par année, à l'équateur terrestre, une couche de glace d'un peu plus de 110 pieds d'épaisseur. Si nous voulons l'exprimer en fonctions de puissances, nous trouvons que ceci équivaut, par pied carré de surface, à plus de 60 tonnes élevées à la hauteur d'un mille ; et, prenant la surface totale de la terre, l'énergie moyenne reçue du soleil est de plus de 50 tonnes-milles par an, ou un cheval vapeur agissant d'une manière continue sur chaque trente pieds carrés de la surface terrestre. La plupart de ceci, naturellement, est dépensé simplement à entretenir la température terrestre ; mais une faible partie, peut-être 1 millième du tout, comme l'estime Helmholtz, est emmagasiné par les animaux et les végétaux, et constitue un revenu abondant de puissance pour toute la race humaine [1].

Si nous demandons ce que devient cette principale portion de la chaleur solaire qui n'arrive pas aux planètes et se perd dans l'espace, nous ne pouvons pas donner de réponse certaine. Nous souvenant cependant que l'espace est plein de parcelles isolées de ma-

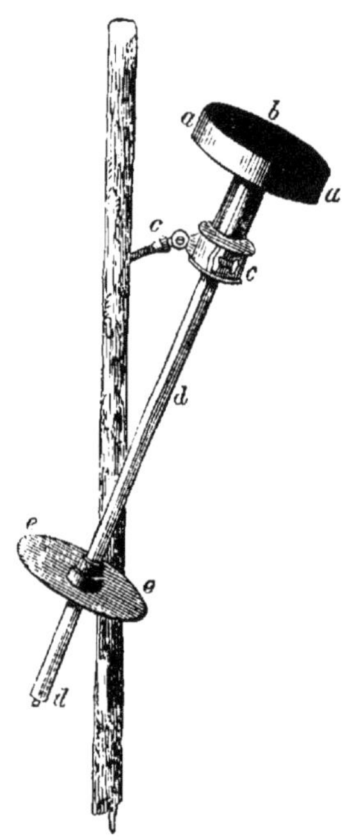

Fig. 77.

---

1. Plusieurs expérimentateurs ont inventé des machines destinées à utiliser la chaleur solaire comme source de force mécanique, et parmi eux Ericsson et Mouchot ont le mieux réussi. M. Pifre décrit, dans un des derniers numéros des Comptes rendus, quelques-uns des résultats donnés par une machine de la construction de Mouchot, dans laquelle il dit avoir utilisé plus de 80 p. 100 de la chaleur qui tombe sur les miroirs de cet instrument — un peu plus de 12 calories par mètre carré. Naturellement nous ne voulons pas dire que cette proportion de l'énergie solaire totale ait paru comme puissance mécanique dans la machine, mais seulement dans sa *chaudière*. La machine avait une surface de miroir de près de 100 pieds carrés, et n'a pas tout à fait donné un cheval-vapeur. Il se peut bien que de telles machines trouvent des applications utiles dans les régions sèches comme l'Égypte et le Pérou.

tières (que nous rencontrons de temps en temps à l'état d'étoiles filantes), nous pouvons voir que près ou loin dans sa course, chaque rayon solaire est sûr d'arriver à un lieu de repos. Quelques-uns ont essayé de soutenir que le soleil envoie de la chaleur seulement vers ses planètes ; que l'action de la chaleur rayonnante, comme celle de la gravitation, ne s'exerce qu'entre des masses. Mais toutes les recherches scientifiques montrent jusqu'ici qu'il n'en est pas ainsi. L'énergie rayonnée d'un globe chauffé est la même dans toutes les directions, et est tout à fait indépendante des corps qui la reçoivent, et il n'y a pas la moindre raison de supposer que le soleil soit en aucune façon différent, à cet égard, de toutes les autres masses incandescentes.

Les expériences de Pouillet ont été faites à peu près en même temps que celles d'Herschel, mais avec un appareil différent, quoique fondées sur les mêmes principes. Il a donné à son instrument le nom de pyrhéliomètre, ou mesureur de feu solaire. La figure 77 le représente. Le petit vase de cuivre argenté semblable à une tabatière *a b*, noirci à la surface supérieure, contient une quantité d'eau pesée, dans laquelle est plongé un thermomètre, le mercure de sa tige étant visible en *d*. Le disque *e e* rend facile de diriger l'instrument perpendiculairement au soleil, en tournant de telle sorte que l'ombre de *a* tombe concentriquement sur ce disque. Le bouton à l'extrémité inférieure sert à agiter l'eau dans le vase *a a* simplement en tournant l'appareil sur son axe dans le col *c c*. Cet instrument est beaucoup plus commode que l'appareil d'Herschel, mais moins exact, excepté lorsqu'on le manie avec beaucoup de soin.

Crova l'a modifié en remplissant le vase supérieur de mercure, qui est un meilleur conducteur de la chaleur que l'eau. Pour les mesures relatives, comme, par exemple, une comparaison des quantités de chaleur reçues du soleil à différentes heures du jour, Crova emploie un instrument un peu différent dont la figure 78, copiée de son mémoire des *Annales de chimie* de février 1880, est une reproduction.

Un thermomètre à alcool excessivement sensible, représenté séparément en T, avec une grande boule soigneusement noircie, est contenu dans une sphère à double paroi B, nickelée en dehors. Une ouverture dans les parois de la sphère, soigneusement alignée avec une ouverture semblable dans un

écran double E, laisse tomber un rayon de lumière sur la boule
du thermomètre, le rayon étant à peu près les deux tiers du diamètre de la boule. Le thermomètre est construit avec un réser-
voir supplémentaire *r* au bas, au moyen duquel l'extrémité de
la colonne indicatrice peut arriver près du milieu de l'échelle à
une température quelconque, afin d'arriver seulement à mesurer des *changements* de température et non des températures
absolues. La boule et le tube sont tellement proportionnés

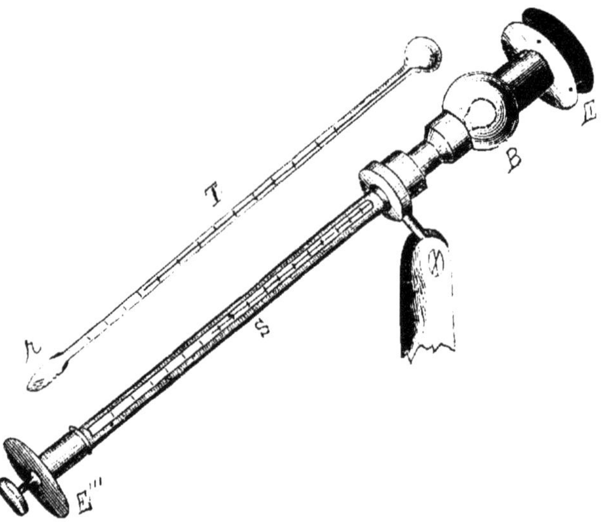

Fig. 78. — Pyrhéliomètre de Crova.

qu'un degré sur l'échelle n'a qu'un demi-pouce de long, ce qui
permet une grande exactitude de lecture. Afin cependant de déterminer au juste combien il faut de chaleur pour faire monter
d'un degré le thermomètre de cet instrument, il faut le comparer avec un des instruments types en l'exposant en même
temps au soleil.

Cette manière de procéder, par laquelle nous déterminons la
vitesse avec laquelle un rayon solaire de dimensions données
communique la chaleur à une masse de matière mesurée, est
nommée méthode *dynamique*. Elle est un peu incommode parce
qu'elle exige beaucoup de temps et plusieurs lectures.

Pour obtenir les mêmes résultats, il y a un procédé différent
qui a été employé par Waterston, Ericsson, Secchi, Violle et

d'autres, et qui peut être appelé la méthode *statique*. Elle consiste essentiellement à observer combien le soleil élèvera la température d'un corps exposé à ses rayons au-dessus de celle de l'enclos dans lequel il est placé, cet enclos étant maintenu à une température fixe et connue par la circulation de l'eau ou quelque moyen de ce genre. Les instruments fondés sur ce principe sont appelés actinomètres. Le plus complet probablement

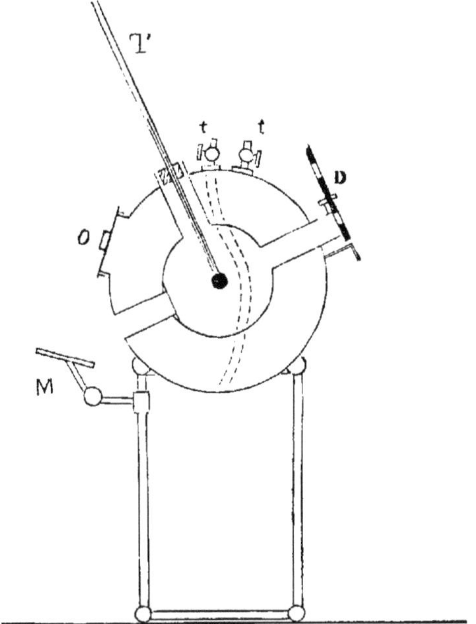

Fig. 79. — Actinomètre de Violle.

dans ses arrangements est celui de Violle, décrit dans son mémoire sur la température moyenne de la surface solaire, qui a paru dans les *Annales de chimie* en 1877. Nous donnons une figure de cet instrument. Il se compose de deux sphères concentriques de métal mince, dont l'extérieure a 23 centimètres de diamètre et l'intérieure 15 centimètres. L'extérieure est polie au dehors, l'intérieure est noircie au dedans. L'espace entre les deux sphères est plein d'eau, laquelle est maintenue à une température uniforme, soit en y mêlant de la neige ou de la glace, ou encore par un courant qu'on y fait passer au moyen des robinets *t t*. Un thermomètre sensible **T** a sa boule noircie placée au centre de la sphère intérieure, la tige arrivant au dehors par une tubulure disposée tout exprès. Deux ouvertures opposées, que l'on voit dans la figure, laissent passer un rayon de lumière solaire à travers les globes. Un écran perforé **D** limite son diamètre, de manière qu'aucune de ses parties ne touchent les parois du vase, quoique la boule du thermomètre en soit entièrement couverte. Un petit écran **M** permet à l'observateur de voir l'ombre de la boule du thermomètre, et d'apercevoir ainsi si le tube dans lequel pénètre la lumière est convenablement dirigé. Si l'appareil est monté sur ce que l'on appelle une tige équatoriale, comme une lunette, et muni d'un mouvement d'horlogerie, tout le travail d'observation consistera simplement à regarder le thermomètre. La différence entre sa température et celle de l'eau dans l'enveloppe dont il est entouré, fournit les données nécessaires pour calculer l'intensité du rayonnement solaire lors de la lecture, puisque la chaleur reçue par le thermomètre du soleil et de l'enveloppe ensemble doit juste égaler celle rayonnée par la boule du thermomètre vers la coquille, après avoir tenu compte des orifices.

Violle trouva qu'à midi, par un beau jour, le thermomètre de cet appareil était généralement, lorsqu'on l'exposait au soleil, de $10°\frac{1}{2}$ à $12°\frac{1}{2}$ centigrade (c'est-à-dire de $18°9$ à $22°\frac{1}{2}$ Fahr.) au-dessus de la température de l'enveloppe, lorsque celle-ci était pleine d'eau à la glace. Si elle était remplie d'eau bouillante, comme dans quelques-unes de ses expériences, la différence diminuait d'environ $1°$ centigrade.

Les résultats obtenus avec des instruments de ce genre sont naturellement d'accord avec ceux que nous fournit la méthode dynamique.

Il est presque inutile de dire que la quantité de chaleur reçue du soleil dans une minute par une surface donnée exposée à son rayonnement varie beaucoup, suivant la hauteur du soleil et la condition de l'air ; en vérité, la partie la plus difficile du problème expérimental consiste dans la détermination des corrections à faire à cause de l'absorption de l'atmosphère terrestre. Cela nous mènerait trop loin de discuter les formules et les méthodes de calcul qui ont été proposées ; elles sont nécessairement très compliquées (en tous cas, celles qui sont assez exactes dans leurs résultats), parce qu'elle ont à tenir compte des conditions météorologiques, surtout de l'état hygrométrique de l'air. Outre ceci, l'absorption varie beaucoup suivant le rayonnement, de sorte que les rayons violets, qui sont photographiquement les plus actifs souffrent plus que les verts et les jaunes qui sont les plus effectifs dans la croissance des plantes; et ceux-ci plus que les rouges; et les rouges à leur tour beaucoup plus que ceux de faible tension, ondes qui, quoique invisibles, sont cependant des transmetteurs puissants d'énergie.

On peut estimer que, au niveau de la mer, par un beau temps, ni excessivement humide ni excessivement sec, environ 30 p. 100 du rayonnement solaire est absorbé lorsque le soleil est au zénith, et au moins 75 p. 100 lorsqu'il est à l'horizon. Des rayons qui frappent la surface supérieure de l'atmosphère, entre 45 et 50 p. 100, par conséquent, sont généralement interceptés dans l'air, même lorsqu'il n'y a pas de nuages.

Bien entendu, il ne s'ensuit pas que la chaleur absorbée par notre atmosphère soit perdue pour la terre. Loin de là : l'air lui-même s'échauffe et communique sa chaleur à la terre, et puisque l'atmosphère intercepte une grande proportion de la chaleur que la terre rayonnerait dans l'espace, si elle n'était pas aussi garantie, la température de la terre est maintenue beaucoup plus élevée que s'il n'y avait pas d'air.

Au lieu d'indiquer combien de glace serait fondue dans une minute par un rayon solaire donné, nous pouvons dire le nombre de calories reçues par minute par mètre carré exposé perpendiculairement aux rayons solaires à la surface supérieure de l'atmosphère. Ce nombre, qui mesure le rayonnement du soleil, est appelé la constante solaire et, d'après différents expérimentateurs, s'écarte de l'estimation de Pouillet, 17,6, vers celle de Forbes, qui a trouvé 28,2. Les déterminations les plus dignes de foi faites récemment par Crova et Violle l'estimèrent à 23,2 et 25,4 respectivement. 25 est probablement très près de la vérité, puisque les résultats obtenus par le même observateur des jours différents, après que toutes les peines possibles ont été prises pour les corrections, sont même encore plus en désaccord que les nombres ci-dessus [1].

Des expériences faites avec la thermopile montrent que la

1. Les récentes recherches de Langley (voyez l'appendice) semblent indiquer que même le résultat de Forbes n'est pas trop élevé.

chaleur rayonnée par les rayons solaires varie très considérablement du centre vers les bords. Les premières observations de ce genre ont été faites par M. le professeur Henry, de Princeton, en 1845, et ont depuis été répétées par beaucoup d'autres, surtout Secchi et Langley. D'après Langley, la chaleur émise d'un point à environ 20″ du limbe n'est que la moitié de celle donnée par la même étendue de surface au centre du disque. Son tableau est comme il suit, la première colonne donnant la distance du centre du disque, et la seconde l'intensité du rayonnement indiqué par la thermopile :

Distance du centre.	Rayonnement de la chaleur.
0.00	100.
0.25	99.
0.50	95.
0.75	86.
0.95	62.
0.98	50.

Si nous comparons ce tableau avec celui qui précède, qui donne la variation de luminosité en allant du centre vers le bord du disque solaire, il est immédiatement évident, comme Langley a été le premier à le montrer en 1875, que l'absorption est, jusqu'à un certain point, sélective, les ondes courtes du rayonnement solaire étant plus affectées que les longues. Outre cette variation régulière du rayonnement allant du centre au bord, Secchi, en 1852, a cru trouver une notable différence entre le rayonnement allant de l'équateur du soleil et celui partant des latitudes plus élevées, la différence étant au moins $\frac{1}{16}$ entre l'équateur et le 30° de latitude. Quant à l'hémisphère nord, il l'a trouvé aussi un peu plus chaud que l'hémisphère sud. Les investigateurs qui l'ont suivi (Langley surtout) n'ont point trouvé une telle différence ; et, à tout prendre, il semble probable que Secchi s'est trompé, quoique ce ne soit pas certain, car on aurait tort d'affirmer que l'état actuel de la surface solaire n'ait pas pu changer entre 1852 et 1876.

Au sujet de l'absorption de l'atmosphère solaire, Langley a hasardé certaines réflexions intéressantes. Après avoir montré que les variations dans le nombre et la grandeur des taches solaires ne peuvent pas *directement* produire un effet sensible sur les températures terrestres, il appelle l'attention sur le fait que même de légers changements dans la profondeur de la densité de la couche absorbante du soleil feraient une grande différence ; et il soulève la question de savoir si nous ne pouvons pas trouver ici l'explication des époques glaciales et carbonifères de l'histoire de la terre. Il est bien certain que si l'on ôtait l'enveloppe, le rayonnement solaire serait au moins doublé et peut-être augmenté dans un rapport bien plus grand, tandis que toute augmentation considérable de son épaisseur diminuerait ainsi notre provision de chaleur de manière à nous donner un hiver perpétuel.

Jusqu'ici nos moyens d'observation n'ont pas suffi pour découvrir avec certitude des variations dans la quantité de chaleur émise par le soleil à différentes époques. Que ces variations existent, c'est ce qui est presque certain, puisque les noyaux des taches du soleil rayonnent beaucoup moins de chaleur et de lumière que les régions voisines de la surface solaire, et les facules davantage : ceci a été déterminé directement par la thermopile. La somme totale des variations dans la quantité totale de chaleur a, cependant, été trop petite pour être mesurée avec nos instruments actuels, et la science attend impatiemment des méthodes et des appareils assez délicats pour traiter ce problème. Comme nous l'avons dit au chapitre des taches solaires, nous sommes encore tout à fait incertains si, au moment d'un maximum de taches solaires le rayonnement solaire est plus ou moins puissant que d'ordinaire.

Il y a eu beaucoup de discussions assez vigoureuses sur la température du soleil, et la difficulté de ce sujet est assez évidente par le grand désaccord entre les évaluations des plus hautes autorités. Par exemple, Secchi a autrefois soutenu qu'il existait une température d'environ 18.000.000° Fahr. (quoique plus tard il ait diminué cette estimation jusqu'à environ 250.000°). Ericsson met le chiffre à 4 ou 5.000.000° ; Zöllner, Spoerer et Lane citent des températures qui vont de 50.000 à 100.000° Fahr., tandis que Pouillet, Vicaire et Deville ont proposé les chiffres de 3.000 et 10.000° Fahr. La chaleur artificielle la plus intense peut peut-être arriver à 4.000° Fahr.

La difficulté est double : en premier lieu, on ne peut pas dire convenablement que le soleil ait une température plus qu'on ne peut le dire de l'atmosphère de la terre. La température de différentes portions de l'enveloppe solaire doit varier énormément, augmentant rapidement à mesure que nous descendons sous la surface, de sorte que, selon toutes probabilités, il peut y avoir une différence de plusieurs milliers de degrés entre la température à la surface supérieure de la photosphère et celle du centre du soleil, ou même à la profondeur de quelques milliers de milles.

Nous pouvons cependant éluder en partie cette difficulté en prenant pour l'objet de nos recherches la température *effective* du soleil, — c'est-à-dire, au lieu de chercher à savoir la température absolue de différentes parties de la surface solaire, nous pouvons chercher quelle température il faudrait donner à une surface uniforme de puissance rayonnante type (une surface couverte de noir de fumée est généralement considérée comme ce type), et de la même grandeur que le soleil, afin qu'elle pût émettre autant de chaleur que le soleil en donne maintenant. De cette façon nous obtenons un objet de recherches parfaitement défini, mais le problème reste encore très difficile, et l'on n'a encore obtenu aucune solution très satisfaisante. La difficulté consiste dans notre ignorance des lois qui unissent la température d'une surface avec la quantité de chaleur rayonnée par seconde. Tant que la température du corps rayonnant ne dépasse pas grandement celle de l'espace environnant, la chaleur émise est presque proportionnelle à l'excès de température. Les valeurs extrêmement élevées de la température solaire données par Secchi et Ericsson dépendent de l'admission de cette loi (connue sous le nom de loi de Newton), de la proportionalité entre la chaleur rayonnée et la température de la masse rayonnante, — loi que l'expérience directe prouve être fausse dès que la température s'élève un peu. En réalité, la quantité de chaleur rayonnée augmente bien plus vite que la température.

Il y a plus de quarante ans, les physiciens français Dulong et Petit, par une série d'expériences soigneuses, sont arrivés à une formule empirique qui convenait assez bien pour les températures jusqu'à la chaleur rouge sombre. En appliquant cette formule, Pouillet, Vicaire et d'autres sont arrivés aux températures solaires peu élevées qu'ils ont indiquées. Mais il est évidemment peu sûr d'appliquer une formule purement empirique à des circonstances qui dépassent tellement la portée des observations sur lesquelles elle était fondée; et en effet,

au bout de quelques années, plusieurs expérimentateurs,
Ozetti surtout, ont fait voir qu'elle a besoin d'être modifiée,
même dans l'étude des températures artificielles, comme celle
de l'arc électrique. De ses observations, Rosetti a déduit une
loi différente de rayonnement, et par son application il
trouve 10.000° cent. ou 18,000° Fahr. pour la température
effective du soleil, — résultat qui, toutes choses considérées,
nous semble plus raisonnable et mieux fondé qu'aucune des
appréciations précédentes. Rosetti considère que ceci est aussi
à peu près la véritable température des couches supérieures de
la photosphère.

La puissance rayonnante des nuages photosphériques, assurément, peut à peine être égale à celle du noir de fumée ; mais,
d'un autre côté, leur rayonnement a pour supplément celui
des autres couches, au-dessus et au-dessous.

Outre les données sur l'intensité de la température solaire,
obtenues par le calcul, d'après l'émission mesurée de la chaleur,
nous avons aussi des preuves directes d'une espèce très pro-
bante. Lorsque l'on concentre la chaleur par un verre grossissant, la température au foyer ne peut pas dépasser celle de la
source de la chaleur, l'effet de la lentille étant simplement de
diriger l'objet au foyer virtuellement vers le soleil ; de sorte que
si nous négligeons la perte de chaleur par transmission à travers le verre, la température au foyer devrait être la même que
celle d'un point placé à une telle distance du soleil que le disque solaire semble juste aussi grand que la lentille elle-même
vue de son propre foyer.

La lentille la plus puissante qu'on ait encore construite
transporte ainsi virtuellement un objet qui est à son foyer
jusqu'à 250.000 milles de la surface solaire, et dans ce foyer
les substances les plus réfractaires, — le platine, l'argile, le
diamant lui-même, — sont ou instantanément fondues ou
converties en vapeur. Il ne peut y avoir de doute que, si le
soleil se rapprochait de nous autant que la lune, la terre solide
fondrait comme de la cire.

Nous avons parlé, il y a quelques pages, de la comparaison
faite par expérience par M. le professeur Langley, entre l'éclat
de la surface solaire et celui du métal dans un convertisseur
de Bessemer. En même temps il a mesuré la chaleur au moyen
d'une thermopile, et il a trouvé le rayonnement calorifique de

la surface solaire égal à plus de 87 fois l'intensité de celui de
la surface du métal fondu. On se rappelle que l'expérience ne
fait que poser une limite inférieure au rayonnement solaire,
de sorte qu'il est tout à fait probable que, si toutes les corrections nécessaires étaient déterminées et appliquées, le rapport
serait porté de 87 à au moins une centaine, et peut-être à 150.
Ericsson, en 1872, fit une comparaison un peu semblable d'une
manière différente et excessivement ingénieuse. Il fit flotter un
calorimètre contenant environ 10 livres d'eau à la surface d'une
grande masse de fer fondu, au moyen d'un radeau de briques
à feu. Le calorimètre était un peu élevé au-dessus de la surface,
et l'eau qu'il contenait y était maintenue en circulation par
un mécanisme convenable. Il trouva que le rayonnement du
métal dépassait un peu 250 calories par minute et par pied
carré de la surface. Ceci est équivalent à 2.790 calories par
mètre carré, et n'est que $\frac{1}{400}$ de l'émission du soleil. Il estima
la température du métal à 3.000° Fahr. ou à 1.538° cent. M. le
professeur Langley, dans son expérience, évalua la température du métal Bessemer bien plus haut : elle était supérieure
en réalité à la température du platine fondu que l'on considère
ordinairement comme égal à 2.000° cent. Il fonde cette conclusion sur le fait que le fil de platine étendu au-dessus de la
bouche du convertisseur, ou plongé dans le courant qui en
sort, est immédiatement fondu. Cependant, puisque le fer et sa
vapeur attaquent le platine à peu près de la même manière
que le mercure et sa vapeur attaquent l'or, il peut y avoir
quelques doutes sur l'exactitude de son évaluation. Les mêmes
conclusions sur l'intensité de la température solaire résul-
tent des recherches faites par Soret et d'autres sur la puissance pénétrante des rayons du soleil, et d'une comparaison
avec les sources artificielles de chaleur par égard à la proportion relative des rayons de différentes longueurs d'ondes
dans le rayonnement total. Un corps de basse température
émet une énorme proportion de vibrations invisibles et à
battements lents, tandis que, à mesure que la température
s'élève, les ondes plus courtes deviennent proportionnel-
lement de plus en plus abondantes. Ainsi, dans la composition du rayonnement d'un corps, nous obtenons quelques
connaissances de sa température. Jusqu'ici toutes ces preuves concourent à mettre la température du soleil bien au-

dessus de celle de n'importe quelle flamme terrestre connue.

Et maintenant nous arrivons à des questions comme celles-ci : comment une telle chaleur se maintient-elle? combien de temps a-t-elle duré déjà? combien de temps doit-elle encore continuer? y a-t-il quelque signe soit d'augmentation, soit de diminution? — Questions auxquelles, dans l'état actuel de la science, nous ne pouvons faire que des réponses vagues et peu satisfaisantes.

Quant à des changements progressifs dans la quantité de la chaleur solaire, on peut dire cependant qu'il n'y a point de preuves de quelque chose de la sorte depuis le commencement de l'histoire authentique. Il n'y a pas eu de tels changements dans la distribution des plantes et des animaux depuis les deux derniers mille ans qui ont dû s'écouler, comme cela serait arrivé s'il y avait eu dans cet espace aucun changement appréciable de la chaleur reçue du soleil. En tant qu'on peut le prouver, à peu et à de légères exceptions près, la vigne et l'olivier poussent justement où ils le faisaient à l'époque classique, et la même chose est vraie des céréales et des arbres de nos forêts. Dans le passé le plus reculé, il y a eu sans doute de grands changements dans la température de la terre, changements prouvés par les registres géologiques, — époques carbonifères, où la température était tropicale dans des régions presque arctiques, et périodes glaciales où nos propres zones tempérées étaient enveloppées d'une couche de glace, comme le nord du Groënland l'est à présent. Même pour ces changements, cependant, il n'est pas encore certain qu'ils doivent être attribués à des changements dans la quantité de chaleur émise par le soleil, ou à des changements dans la terre elle-même ou dans son orbite. Autant que s'étend l'observation, nous pouvons seulement dire que la masse versée par la chaleur solaire, tout étonnante qu'elle est, semble avoir continué sans changement pendant tous les siècles de l'histoire humaine.

Qu'est-ce donc qui entretient le feu? Il est bien certain, d'abord, que ce n'est pas un cas de simple combustion, comme on l'a dit il n'y a que quelques pages ; il a été montré que, même si le soleil était fait de charbon massif brûlant dans l'oxygène pur, il ne pourrait durer qu'environ 6.000 ans : il aurait été consumé presque au tiers depuis le commencement de l'ère chrétienne. Et la source de sa chaleur ne peut consister simplement dans le refroidissement de sa masse incandescente. Toute énorme qu'elle est, sa température aurait dû baisser d'une manière plus que perceptible dans les derniers mille ans, si c'était le cas.

Deux théories différentes ont été proposées, qui sont probablement vraies toutes les deux jusqu'à un certain point. L'une d'elles trouve la principale source de la chaleur solaire dans le choc de la matière météorique, l'autre dans la lente contraction du soleil. Quant à la première, il est bien certain qu'une partie de la chaleur solaire se produit de cette façon, mais la question est de savoir si la quantité de matière météorique fournie est assez grande pour expliquer une grande proportion du tout. Quant à la seconde, d'un autre côté, il n'y a point de doute sur la possibilité de l'hypothèse pour expliquer la quantité de chaleur solaire fournie; mais il n'y a point encore de témoignage évident que le soleil soit réellement en train de se contracter.

La base de la théorie météorique est simplement ceci : si un corps en mouvement est arrêté soit soudainement, soit graduellement, une quantité de chaleur est engendrée qui peut s'exprimer en calories par la formule $\frac{m\,v^2}{8338}$ dans laquelle m est la masse du corps en kilogrammes, et v sa vitesse en mètres par seconde. Un corps pesant 8.338 kilogrammes et avançant d'un mètre par seconde développerait, si on l'arrêtait, juste une calorie de chaleur, — c'est-à-dire assez pour porter un kilogramme d'eau de 0 à 1° cent. S'il avançait de 500 mètres par seconde (à peu près de la vitesse d'un boulet de canon), il produirait 250.000 fois autant de chaleur, ou assez pour élever la température d'une masse d'eau égale à lui-même à près de 30° cent. S'il avançait, non de 500 mètres par seconde, mais d'environ 700.000 (approximativement de la vitesse avec laquelle un corps tomberait dans le soleil de n'importe quelle distance planétaire), la chaleur produite serait 1.400 × 1.400 ou près de 2.000.000 de fois aussi grande, — suffisante pour ramener une masse de matière plusieurs milliers de fois plus grande que lui-même à une incandescence très vive, et immensément plus qu'on ne pourrait le produire par sa complète combustion dans toutes les circonstances concevables. Selon cette théorie, Sir William Thomson a calculé la quantité de chaleur qui serait produite par chacune des planètes en tombant dans le soleil de son orbite actuelle. Les résultats sont les suivants, la chaleur produite étant exprimée par le nombre d'années et de jours pendant lesquels elles entretiendraient la dépense actuelle d'énergie du soleil :

	Années.	Jours.
Mercure	6	219
Vénus	83	326
La Terre	95	19
Mars	12	259
Jupiter	32,254	
Saturne	9,652	
Uranus	1,610	
Neptune	1,890	
TOTAL	45,604	

C'est-à-dire que la chute de toutes les planètes sur le soleil produirait assez de chaleur pour entretenir sa production pendant près de 46.000 ans. Une quantité de matière égale à seulement la 100e partie de la masse de la terre tombant annuellement sur la surface solaire maintiendrait donc indéfiniment son rayonnement. Naturellement, cette augmentation du soleil causerait une accélération du mouvement de toutes les planètes, — un raccourcissement de leurs périodes. Mais puisque la masse du soleil est 330.000 fois celle de la terre, l'addition annuelle ne serait que d'un trente-trois millionième du tout, et il faudrait des siècles pour rendre l'effet sensible. La seule question, donc, est de savoir si une telle quantité de matière peut être supposée arriver au soleil. Tandis qu'il est impossible de le nier dogmatiquement, cela semble improbable, à tout prendre, pour des raisons astronomiques. En premier lieu, si la matière météorique est si abondante, la terre devrait en rencontrer beaucoup plus qu'elle ne le fait, assez, en réalité, pour élever sa température au-dessus de celle de l'eau bouillante. Puis, d'un autre côté, si une si grande quantité de matière tombe annuellement sur la surface solaire, il faut supposer qu'une quantité bien plus grande en circule autour du soleil, entre lui et la planète Mercure. L'action par laquelle l'orbite d'un corps météorique est assez changée pour qu'il puisse entrer dans l'atmosphère solaire est très lente, de sorte que seulement une proportion très faible du tout pourrait être reçue dans une année donnée. Or, s'il y avait près du soleil une quantité considérable de matière météorique, — quelque chose comme la masse de la terre, par exemple, — elle devrait produire un effet très observable sur les mouvements de la planète Mercure, effet qui n'a pas encore été découvert [1]. Pour cette raison les astronomes en général, tout en concédant qu'une portion et peut-être une fraction considérable de la chaleur solaire peut s'expliquer par cette hypothèse, sont disposés à chercher plus loin leur explication du principal revenu de l'énergie solaire. Ils la trouvent dans la contraction probablement lente du diamètre du soleil, et dans la liquéfaction et la solidification graduelle de la masse gazeuse. La même quantité totale de chaleur est produite quand un corps avance malgré une résistance qui le met en repos graduellement, comme s'il était tombé de la même distance librement, et qu'il eût été soudain arrêté. Si donc le soleil se contracte, de la chaleur est nécessairement produite par cette action, et cela en quantité énorme, puisque la force attractive à la surface solaire est plus de vingt-sept fois aussi grande que la pesanteur à la surface de la terre, et que la masse contractée est si immense.

Dans cette action de contraction, chaque particule à la surface rentre d'une quantité égale à la diminution tout entière du rayon solaire, tandis qu'une particule sous la surface se meut moins et sous une force de gravitation diminuée ; mais chaque particule dans la masse entière du soleil, excepté seulement celle située au centre exact du globe, contribue pour quelque chose au dégagement de la chaleur. Pour calculer la quantité exacte de chaleur développée, il serait nécessaire de connaître la loi d'augmentation de la densité du soleil de la surface vers le centre ; mais M. Helmholtz, qui a le premier proposé l'hypothèse en 1853, a montré que, dans les suppositions les plus défavorables, une contraction dans le diamètre solaire d'environ 250 pieds par an, — un mille dans une bagatelle de plus de 21 ans, — expliquerait son émission totale de chaleur annuelle. Cette contraction est si lente qu'elle serait tout à fait imperceptible à l'observation. Il faudrait 9.500 ans pour réduire le diamètre d'une seule seconde d'arc (puisqu'une

1. Leverrier a considéré qu'il avait découvert dans les mouvements de Mercure une irrégularité de l'espèce indiquée, mais beaucoup plus petite. Elle était de nature, d'après ses calculs, à s'expliquer par l'action d'une ou plusieurs planètes dont la masse réunie serait bien moindre que celle de la terre. Telle fut la base sur laquelle il fonda sa forte croyance à l'existence de la planète intra-mercurielle Vulcain.

seconde égale 450 milles à la distance du soleil) et rien de moins ne serait certainement appréciable.

Sans doute, si la contraction est plus rapide que ceci, la température moyenne du soleil doit réellement s'élever, malgré la quantité de chaleur qu'il perd. L'observation seule peut déterminer s'il en est ainsi ou non.

Si le soleil était entièrement gazeux, nous pourrions affirmer positivement qu'il doit s'échauffer; car c'est un fait très curieux (et à première vue paradoxal), qui a d'abord été signalé par Lane en 1870, que la température d'un corps gazeux s'élève continuellement tandis qu'il se contracte par suite d'une perte de chaleur. En perdant de la chaleur il se contracte, mais la chaleur engendrée par la contraction est plus que suffisante pour empêcher la température de s'abaisser. Une masse gazeuse perdant de la chaleur par le rayonnement doit donc devenir à la fois plus petite et plus chaude, jusqu'à ce que sa densité devienne si grande que les lois ordinaires de la dilatation gazeuse atteignent leurs limites, et que la condensation sous forme liquide commence. Le soleil semble en être arrivé à ce point, si même il a jamais été entièrement gazeux, ce qui est douteux. En tous cas, autant que nous pouvons maintenant le reconnaître, la partie extérieure, c'est-à-dire la photosphère, semble être une enveloppe de matière nuageuse, précipitée des vapeurs qui composent la masse principale; et la contraction progressive, si elle a réellement lieu, doit avoir pour résultat l'épaississement continuel de cette enveloppe et l'augmentation de la portion nuageuse de la masse solaire.

Ce passage de l'état gazeux à la forme liquide doit aussi être accompagné du dégagement d'une énorme quantité de chaleur suffisante pour diminuer matériellement la quantité de contraction nécessaire pour maintenir le rayonnement solaire.

Sans doute, si cette théorie de la source de la chaleur solaire est correcte, il s'ensuit qu'avec le temps elle doit arriver à sa fin; et en regardant en arrière, nous voyons qu'il doit aussi y avoir eu un commencement. Il y eut un temps où il n'y avait pas comme maintenant de chaleur solaire, et le temps viendra où elle cessera.

Nous n'en savons pas assez sur la quantité de matière solide et liquide qui est à présent dans le soleil, ou sur la nature de cette matière, pour calculer avec grande exactitude la durée future du soleil, quoiqu'il soit possible d'en faire l'estimation approchée. Le problème est un peu compliqué, même sur l'hypothèse la plus simple d'une contraction purement gazeuse, parce que, comme le soleil se contracte, la force de gravitation augmente, et le degré de contraction nécessaire pour engendrer une quantité donnée de chaleur devient de plus en plus faible ; mais un habile mathématicien répond facilement à cette difficulté. D'après Newcomb, si le soleil continue son rayonnement actuel, il sera réduit à la moitié de son diamètre actuel dans environ 5.000.000 d'années au plus tard. Comme il devra, une fois réduit à cette dimension, avoir huit fois sa densité actuelle, il pourra à peine alors continuer d'être surtout gazeux et sa température devra avoir commencé à décroître. La conclusion de Newcomb est donc qu'il n'est guère probable que le soleil puisse continuer à donner assez de chaleur pour maintenir la vie sur la terre (une vie telle que nous la connaissons, au moins), pendant 10.000.000 d'années à partir du moment actuel.

Il est possible de calculer le passé de l'histoire solaire d'après cette hypothèse, d'une manière un peu plus définie que l'avenir. La vitesse de contraction actuelle étant connue, ainsi que la loi de variation, ce devient un problème purement mathématique de calculer les dimensions du soleil à une époque passée quelconque, supposant que son rayonnement calorifique soit resté immuable. En vérité, il n'est pas même nécessaire de savoir quelque chose de plus que la quantité de rayonnement actuel et la masse du soleil, pour calculer combien de temps le feu solaire a pu être entretenu avec son intensité actuelle par le procédé de condensation. Aucune conclusion de la géométrie n'est plus certaine qu'il ne l'est que la contraction du soleil d'un diamètre même bien des fois plus grand que celui de l'orbite de Neptune à ses dimensions actuelles, si une telle contraction a réellement eu lieu, a fourni environ 18.000.000 de fois autant de chaleur que le soleil en donne maintenant par an ; et aussi que le soleil n'a pas pu émettre de la chaleur avec la vitesse actuelle pendant plus que cet espace de temps, si sa chaleur a réellement été produite de cette façon. Si l'on pouvait montrer que le soleil a brillé comme maintenant pendant un temps plus long que celui-là, la théorie serait réfutée ; mais si l'hypothèse est vraie, comme elle l'est probablement en somme, nous sommes inexorablement enfermés dans la conclusion que la vie totale du système solaire, depuis sa naissance jusqu'à sa mort, est comprise dans une trentaine de millions d'années. Aucune hypothèse raisonnable de chute de matière météorique basée sur ce que nous pouvons maintenant observer, ou sur le développement de la chaleur par liquéfaction, solidification et combinaison chimique de vapeurs dissociées, ne pourrait l'élever à 60 millions.

En même temps il est bien impossible d'affirmer qu'il n'y ait pas eu de catastrophe dans le passé, — pas de collision avec quelque astre errant, doué, comme Croll l'a supposé, comme quelqu'un de ceux que nous connaissons maintenant dans le ciel, d'une vitesse bien supérieure à celle qu'on peut acquérir par une chute même de l'infini, produisant un choc qui pourrait en quelques heures, ou même en quelques moments, rendre l'énergie épuisée des siècles. Il n'est pas non plus tout à fait sûr de supposer qu'il ne puisse pas y avoir de moyens dont nous n'avons encore aucune conception, par lesquels l'énergie apparemment perdue dans l'espace puisse être rendue et les soleils brûlés et les systèmes épuisés rétablis; ou, s'ils ne sont pas rétablis eux-mêmes, devenir les germes et la matière de nouveaux soleils pour remplacer l'ancien.

Mais tout le cours et toute la tendance de la nature, ainsi que l'indique maintenant la science, se dirige en arrière vers un commencement et en avant vers une fin. L'ordre de choses actuel semble être borné, et dans le passé et dans l'avenir, par des catastrophes terminales, qui sont voilées dans des nuages jusqu'à présent impénétrables.

CHAPITRE IX

Table des données numériques. — Constitution du noyau du soleil. — Propriétés particulières des gaz à des températures et à des pressions élevées. — Différences caractéristiques entre un liquide et un gaz. — Constitution de la photosphère et des régions supérieures de l'atmosphère solaire. — Théorie de M. le professeur Hastings. — Problèmes pendants de la physique solaire.

Il sera peut-être bien de réunir en un bref sommaire les principales conclusions des pages précédentes, en en faisant un résumé général. Nous donnons donc d'abord un tableau de la statistique du soleil — les faits qui peuvent être exprimés en nombres :

Parallaxe solaire (équatoriale horizontale) 8″,80 $\pm$ 0″.02.

Distance moyenne du soleil à la terre 92.885.000 milles, 149.480.000 kilomètres.

Variation de la distance du soleil à la terre entre janvier et juin, 3.100.000 milles : 4.950.000 kilomètres.

Valeur linéaire d'une seconde à la surface du soleil 450.3 de mille : 724,7 de kilomètre.

Demi-diamètre angulaire moyen du soleil. 16′ 02″.0 $\pm$ 1″,0. Diamètre linéaire du soleil, 866.400 milles : 1.394.300 kilomètres. (Ceci peut être variable jusqu'à plusieurs centaines de milles.)

Rapport du diamètre du soleil à celui de la terre, 109.3.

Surface du soleil comparée avec la terre, 11.940.

Volume, ou contenu cubique du soleil comparé à la terre, 1.305.000.

Masse ou quantité de matière du soleil comparée à la terre, 330.000 $\pm$ 3.000.

Densité moyenne du soleil comparée à la terre, 0,253.

Densité moyenne du soleil comparée à l'eau, 1,406.

Force de gravité à la surface du soleil comparée à celle de la terre, 27,6.

Distance dont un corps tomberait en une seconde, 444,4 pieds; 135,5 mètres.

Inclinaison de l'axe du soleil vers l'écliptique, 7° 15'.

Longitude de son nœud ascendant, 74°.

Date où le soleil est à son nœud, 4 et 5 juin,.

Durée moyenne de la rotation du soleil (Carrington), 25,38 jours.

Durée de rotation de l'équateur solaire, 25 jours.

Durée de rotation à la latitude de 20°, 25,75 jours.

Durée de rotation à la latitude de 30°, 26,5 jours.

Durée de rotation à la latitude de 45°, 27,5 jours.

(Ces quatre derniers nombres sont un peu douteux, les formules de plusieurs autorités donnant des résultats qui diffèrent de quelques heures dans certains cas.)

Vitesse linéaire de la rotation du soleil à son équateur, 1.261 milles par seconde; 2.028 kilomètres par seconde.

Quantité totale de la lumière solaire

$$1.575.000.000.000.000.000.000.000.000 \text{ bougies.}$$

Intensité de la lumière solaire à la surface du soleil, 190.000 fois celle d'une flamme de bougie; 5.300 fois celle du métal dans un convertisseur de Bessemer; 146 fois celle d'une lumière de calcium; 3,4 fois celle de l'arc électrique.

Éclat d'un point du limbe du soleil comparé à celui d'un point près du centre du disque, 25 pour 100.

Chaleur reçue par minute du soleil sur un espace d'un mètre carré, exposé perpendiculairement à la radiation solaire, à la surface la plus haute de l'atmosphère terrestre (la constante solaire), 25 calories.

Rayonnement de chaleur à la surface du soleil, par mètre carré et par minute, 1.117.000 calories.

Épaisseur d'une enveloppe de glace qui serait fondue par minute à la surface du soleil, 48 pieds $\frac{1}{2}$; ou 14 mètres $\frac{3}{4}$.

Équivalent mécanique de la radiation solaire à la surface du soleil, agissant continuellement (109.000 chevaux-vapeur par mètre carré, ou 10.000 (presque) par pied carré.

Température effective de la surface solaire (selon Rosetti) environ 10.000° cent., ou 18.000° Fahr.

Sans doute il est à peine nécessaire de répéter ici que les chiffres relatifs à la lumière et à la chaleur du soleil sont rendus beaucoup moins certains que ceux qui se rapportent à sa distance, à ses dimensions, à sa masse et à son pouvoir d'attraction.

La coupure de la page 229 est destinée à présenter à l'œil plus clairement que ne pourrait le faire une simple description, la constitution du soleil et le rapport des différentes enveloppes concentriques dont il est formé.

L'image est une section idéale par le centre. Le disque noir représente le noyau intérieur, qui n'est pas accessible à l'observation, sa nature et sa constitution étant un simple fait de déduction. L'anneau blanc qui l'entoure est la photosphère, ou l'enveloppe de nuages incandescents qui forment la surface visible. La profondeur ou l'épaisseur de cette enveloppe est tout à fait inconnue ; elle peut être plusieurs fois plus épaisse qu'elle n'est représentée ou peut-être un peu plus mince. Il n'est pas certain non plus qu'elle soit séparée de l'enveloppe intérieure par une surface définie, ni que d'un autre côté il n'y ait point de limites distinctes entre elles.

La surface extérieure de la photosphère, cependant, est certainement assez nettement définie, quoique très irrégulière, s'élevant en certains points en facules et s'abaissant en d'autres points comme on le voit sur la figure.

Immédiatement au-dessus de celle-ci se trouve la soi-disant couche renversante, dans laquelle commencent les raies de Fraunhofer. Il faut noter cependant que les gaz qui composent cette couche ne sont pas simplement superposés sur la photosphère, mais qu'ils remplissent aussi les interspaces entre les nuages photosphériques, formant l'atmosphère dans laquelle ils flottent, et qu'une tentative a été faite pour indiquer cette particularité dans la figure.

Au-dessus de la couche renversante se trouve la chromosphère écarlate, avec des proéminences de diverses formes et de diverses dimensions, s'élevant très haut au-dessus de la surface solaire ; et au-dessus et embrassant le tout, se trouve l'atmosphère coronale et l'éclat mystérieux des nuages, des fissures, se fondant graduellement dans l'obscurité extérieure.

Au centre du soleil la terre est représentée dans ses vraies dimensions relatives — $\frac{1}{100}$ des trois pouces qui est pris comme l'échelle du diamètre du soleil. Cette échelle réduit notre globe à un petit point de $\frac{1}{30}$ de pouce de large. Autour, à la distance convenable, est tracée l'orbite de la lune encore bien en dedans

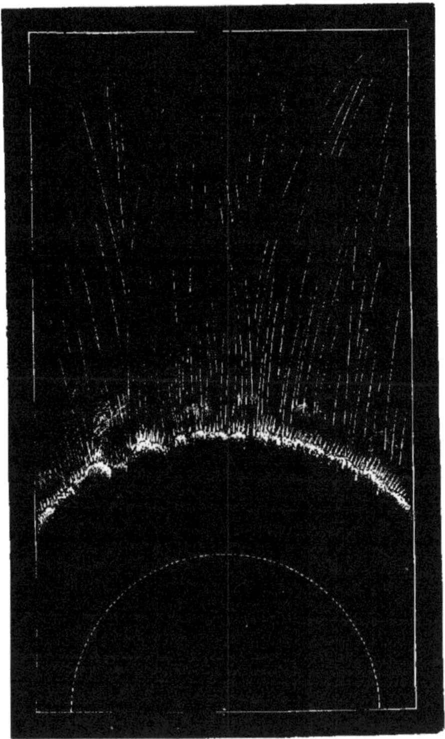

Fig. 80.

de la photosphère, la lune elle-même étant bien représentée par n'importe quel des petits points qui composent la ligne pointillée qui indique son orbite.

Le noyau central est noirci dans l'image, simplement pour que ce soit plus commode, et non pas afin d'indiquer que la matière qui le compose est moins chaude ou même moins brillamment lumineuse que la photosphère. Il est tout à fait probable, en vérité, que ce noyau central (qui contient certainement plus des $\frac{9}{10}$ de la masse totale du soleil) est purement gazeux, et il est naturellement sûr qu'à une température et à une pression données, une masse gazeuse a une puissance rayonnante moindre, et est moins lumineuse qu'une masse de nuages tels que ceux qui constituent la photosphère. Mais, d'un autre côté, à la fois la compression et l'augmentation de température élèvent rapidement la puissance rayonnante d'un gaz, et il est très probable qu'à une profondeur peu considérable, la pression croissante et la chaleur peuvent plus qu'égaliser les choses et rendre le noyau central aussi intensement brillant que l'est la surface du soleil lui-même.

Cependant, à la surface supérieure de la photosphère, et même dans toute son épaisseur, les gaz raréfiés sont foncés en comparaison des gouttelettes et des cristaux qui composent les nuages photosphériques. Ici la pression et la température sont abaissées, de sorte que les vapeurs ne donnent plus un spectre continu, mais un spectre à raies brillantes, toutes les fois que nous réussissons à les voir, sur un fond non lumineux; et quand la lumière plus intense, qui vient des particules liquides et solides de la photosphère, brille à travers ces vapeurs, elles lui dérobent les rayons correspondants, et nous donnent le spectre à raies sombres familier à la lumière solaire ordinaire.

Il est peut-être presque inutile de répéter les motifs qui nous font penser que la grande masse du soleil est gazeuse; la raison de cette croyance dépend de l'énorme chaleur à la surface, qui maintient l'atmosphère solaire chargée des vapeurs de nos métaux familiers, et du fait que la densité moyenne du soleil est si peu élevée (seulement 1 fois $\frac{1}{4}$ celle de l'eau) qu'il est tout à fait impossible qu'aucune des substances que nous avons raison de supposer dans le soleil puisse avoir la forme solide ou même la forme liquide dans une portion considérable de sa masse. C'est-à-dire si une grande proportion du tout était composée de fer solide ou liquide, de titanium, de magnésium, la densité en serait beaucoup plus grande qu'elle ne l'est réellement; et, puisque la température, même à la surface, où il y a un libre rayonnement et une exposition libre au froid de l'espace, est assez haute pour maintenir ces corps à l'état de vapeur, il n'est pas probable que, à de plus grandes profondeurs, elle soit assez basse pour permettre leur solidification ou leur liquéfaction.

Et cependant la théorie que ces corps sont à l'état gazeux n'est pas sans difficultés. Il y a quelques années, on aurait soutenu avec grande plausibilité que, sous la pression énorme due au poids de la masse sur laquelle agit la pesanteur solaire, — près de 28 fois celle de la terre, il ne faut pas l'oublier, — un gaz quelconque doit se liquéfier à une petite distance au-dessous de la surface.

Même sur la terre, par exemple, la densité de l'air diminue de moitié par chaque élévation de 3 milles et demi, et elle doit augmenter dans une proportion semblable pour chaque hauteur de 3 milles et demi au-dessous du niveau de la mer, si nous laissons de côté pour un instant les considérations relatives à la température. Puisque l'eau est à peu près 770 fois aussi lourde que l'air à la surface de la terre, il s'ensuit donc qu'au fond d'une cavité de 35 milles de profondeur, l'air serait plus dense que l'eau, à la même température qu'à la surface ; et avant d'avoir atteint une profondeur de 50 milles, il deviendrait plus dense que l'or, à moins qu'il ne se fût d'abord liquéfié, et qu'ainsi il ne fût devenu moins compressible. Si nous tenons compte du léger accroissement de la force de pesanteur, à mesure que nous descendons au-dessous de la surface de la terre, et que nous supposions que la température augmente, même avec la vitesse de 100° Fahr. par chaque mille que l'on descend, les résultats seront modifiés, mais le caractère n'en sera pas changé d'une manière importante. Il faudrait simplement descendre d'une dizaine de milles pour arriver au même résultat.

Or, dans le soleil, où l'action de la pesanteur est tellement plus intense, il est évident que, à moins que la température ne s'élève très rapidement au-dessous de la surface, ou à moins que la liquéfaction ne survienne, la densité des gaz doit augmenter tellement que la densité moyenne de la masse, si le soleil est réellement gazeux, doit être énormément plus grande que celle de tout métal connu.

Mais la liquéfaction, comme nous le savons maintenant, ne peut pas avoir lieu dans ces circonstances. Les recherches de M. Andrews et d'autres ont démontré que, pour obtenir la liquéfaction d'un gaz, deux choses doivent se réunir : augmentation de pression et diminution de température. Pour chaque gaz, il y a ce qu'on appelle une « température critique », et tant que la température ne s'abaisse pas au-dessous de ce point, aucune pression ne peut réduire le gaz à la forme liquide. Lorsque la température s'est abaissée au-dessous, alors la pression seule produira l'effet désiré, et si la température est très basse, seulement un léger degré de pression sera nécessaire. Or, dans le soleil, la température ne peut être supposée inférieure aux points critiques de plusieurs des gaz qu'on y trouve, et, par conséquent, comme nous l'avons dit, leur liquéfaction est hors de la question. Ceux donc qui ne veulent pas admettre une augmentation suffisante de température avec profondeur croissante au-dessous de la surface solaire, ont été disposés à soutenir que les portions centrales du soleil ne sont pas composées, en grande mesure, des mêmes éléments que le spectroscope nous révèle dans l'atmosphère solaire, mais de quelque substance solide ou liquide différente et inconnue, d'une grande rigidité et d'une faible densité. Avec cette vue, en général, on croit aussi que le dégagement de chaleur solaire est essentiellement une action de surface, produite par quelque procédé inexpliqué, seulement où l'extérieur de l'orbe solaire rencontre l'espace ouvert, et n'entraînant pas nécessairement une grande chaleur dans les profondeurs intérieures. Les anciens observateurs, surtout les Herschel, soutenaient pour la plupart des théories essentiellement semblables à celles que nous venons d'indiquer. L'ancien Herschel, on s'en souvient, soutenait même avec assez de chaleur que le globe central du soleil est un monde habitable garanti de la photosphère flamboyante par une couche de nuages frais et non lumineux. Et, dans des temps plus rapprochés, Kirchhoff, et Zöllner ont soutenu que la surface lumineuse est ou liquide ou solide.

Tandis qu'il n'est peut-être pas possible de démontrer à présent la fausseté de cette théorie, en prouvant que le noyau solaire n'est ni solide ni liquide, et en montrant que la chaleur solaire n'est pas limitée à la surface, mais pénètre la masse entière avec une intensité toujours croissante près du centre du globe ; il est cependant assez évident qu'on ne répond à la question qu'en faisant intervenir des substances et des opérations inconnues et imaginaires. D'un autre côté la théorie gazeuse, qui est maintenant généralement adoptée, ne suppose aucune nouvelle espèce de matière, aucune force inconnue, mais conçoit les phénomènes solaires comme entièrement de la même espèce que ceux avec lesquels nous sommes familiers dans nos laboratoires, quoique immensément différents en degré et en intensité.

Si nous accordons seulement que la température monte assez rapidement à travers le globe solaire, toute la difficulté sur la densité d'une telle sphère gazeuse s'évanouit. Il est vrai que, à ce point de vue, la température centrale doit être effrayante, même par comparaison avec celle de la photosphère. Mais pourquoi pas? Peut-on indiquer une raison contraire? Si nous pouvions supposer que le soleil fût entièrement fait d'hydrogène et que les rapports ordinaires tirés de nos expériences de laboratoire existassent entre la pression et la température à tous les degrés, ce serait alors une affaire relativement simple de calculer la moindre température centrale donnant au globe solaire sa densité actuelle. Mais si nous nous rappelons que d'autres matériaux, et cela en proportions inconnues, entrent dans le problème, et que selon toute probabilité nos travaux de laboratoire ne donnent que des formules approchées, il est clair qu'un tel calcul serait inutile; il faut nous contenter pour le moment d'expressions vagues et dire en gros que l'intensité de la chaleur interne du soleil doit autant surpasser celle de la photosphère, que celle-ci surpasse la simple chaleur animale d'un corps vivant.

Mais tandis qu'à tout prendre il semble donc probable que le cœur du soleil est gazeux, rien ne serait plus loin de la vérité que de s'imaginer qu'une masse de gaz, dans de telles conditions de température et de pression, ressemblerait à notre air dans ses caractères évidents. Elle serait plus dense que de l'eau, et puisque, comme Maxwell et d'autres l'ont fait voir, la viscosité d'un gaz augmente rapidement avec son élévation de température, il est probable qu'elle résisterait au mouvement comme une masse de poix ou de mastic. On pourrait donc assez naturellement demander pourquoi une substance tellement différente des gaz tels que nous les connaissons par l'expérience, et si semblable à ce que nous sommes habitués à appeler les demi-fluides, ne serait pas classée avec eux plutôt qu'avec les gaz. Naturellement on répond que quoique cette substance ait ainsi une ressemblance superficielle avec les demi-fluides, ses caractères essentiels sont cependant ceux d'un gaz, savoir une dilatation continue sous une pression diminuante, sans formation d'une libre surface d'équilibre, une expansion continue sous température croissante, sans atteindre un point d'ébullition; et, dans le cas d'un mélange de différents gaz, une diffusion uniforme de chacun, d'après la loi de Dalton, sans égard pour la gravité spécifique.

Il serait peut-être bon d'insister un peu sur ce point qui est souvent mal compris. Supposons une masse de liquide contenue dans un vase clos qu'elle remplit juste et comprimée par une force énorme; supposons maintenant que le vase s'agrandisse peu à peu, diminuant ainsi la pression. Le liquide augmentera, tenant d'abord le vase plein; mais à la fin, même si on lui fournit de la chaleur, pour empêcher la température de s'abaisser, un temps viendra où le liquide ne remplira plus le vase, mais un espace vide restera au-dessus d'une « surface libre d'équilibre » bien définie, — un espace vide, c'est-à-dire de liquide, mais naturellement occupé par sa vapeur. Or, si nous prenions un vase semblable, plein de gaz comprimé, dont la densité peut d'abord, à cause de la pression, excéder même celle du liquide dans le cas que nous venons de citer, et permettre au vase de se dilater de la manière décrite, fournissant en même temps assez de chaleur pour empêcher la température de baisser, le gaz ne cessera jamais de remplir le vase entier, et il ne formera jamais une surface libre, comme le liquide, quelque loin que soit poussée l'augmentation du vase.

D'un autre côté, si nous prenons un cylindre avec un piston chargé qui s'y adapte et s'y meuve librement, et, qu'après avoir rempli l'espace sous le piston d'un liquide, nous le chauffions, nous verrons que d'abord la température s'élèvera régulièrement, et le liquide, se dilatant légèrement à mesure qu'il s'échauffe, poussera le piston devant lui. Mais, quand une certaine température, dépendant de la nature du liquide et de la pression exercée par le piston, aura été atteinte, le liquide cessera de recevoir de la chaleur et commencera à bouillir, et la vapeur mise en liberté soulèvera le piston et occupera l'espace laissé vacant au-dessus de la surface du liquide. Mais si l'espace primitivement sous le piston était occupé par un gaz, quelque dense qu'il fût, rien de tel ne se pourrait. Le gaz, en recevant la chaleur, s'échaufferait et se dilaterait régulièrement sans discontinuité ni limite.

Enfin, voyons le troisième signe qui marque la différence entre les liquides et les gaz. Dans un mélange de liquides de différentes gravités spécifiques, les différents matériaux se séparent et s'arrangent par couches. selon leurs poids. à moins qu'ils n'exercent quelque action chimique l'un sur l'autre, — par exemple du mercure, de l'eau et de l'huile. Mais un mélange de plusieurs gaz, quelque différents qu'ils soient par leur gravité spécifique, — par exemple de l'hydrogène, de l'oxygène et du bioxyde de carbone, —ne se comporte pas ainsi : dans toutes les conditions de température et de pression, chaque gaz se distribue dans tout l'espace, précisément comme si les autres n'étaient pas là, seulement plus lentement que s'il était seul.

Bien qu'il ne soit pas possible, dans l'état actuel de la science, de démontrer que la principale portion de la masse solaire est gazeuse, voici tout au moins ce que l'on peut dire : un globe de gaz incandescent dans les conditions que nous avons indiquées, présenterait nécessairement des phénomènes tels que le soleil en montre.

A la surface extérieure, exposée au froid de l'espace, le rayonnement rapide produirait certainement la condensation et la précipitation en nuages lumineux de vapeurs dont le point d'ébullition est plus élevé que celui de la surface qui se refroidit. Ces nuages flotteraient dans une atmosphère saturée des vapeurs dont ils se sont formés, et contenant aussi d'autres vapeurs qui ne se sont point condensées et qui présenteraient les caractères du spectre solaire. D'un autre côté, les gaz permanents, comme l'hydrogène — ceux qui ne sont pas sujets à condensation sous forme liquide dans les conditions solaires, — s'élèveraient à de plus grandes hauteurs que les autres et formeraient au-dessus de la photosphère une chromosphère comme celle que nous observons. De la simple hypothèse d'une telle constitution pour le soleil peut-on établir *à priori* les phénomènes des taches et des proéminences solaires, c'est ce qui est douteux; mais jusqu'ici rien dans aucune d'elles n'a été observé qui semble en désaccord avec cette manière de considérer le sujet, —rien, disons-nous, à moins qu'il n'arrive, comme le soupçonnait quelques observateurs, que la surface solaire possède, pour ainsi dire, des caractères géographiques montrés par la disposition à se séparer en taches solaires à

certains points fixes, — comme si en ces points il y avait des
volcans ou quelque chose de la sorte. Sans doute le fait que
les taches sont réparties principalement en deux zones parallèles à l'équateur solaire n'est pas une difficulté, car il est
facile de concevoir comment, en plus d'une façon, la rotation
du soleil pourrait amener à un tel résultat : mais des particularités attachées d'une manière permanente à des points indi-
viduels de la surface solaire impliquent nécessairement une
union rigide qui n'est pas d'accord avec la théorie d'un noyau
gazeux ou même liquide. A présent les astronomes en général
ne sont pas disposés à admettre qu'il existe de tels centres de
taches ; et cependant on doit certainement beaucoup de res-
pect à l'opinion d'un observateur aussi expérimenté que Spoerer, qui semble favorable à cette idée. A première vue, il
semblerait que la question pût être facilement résolue à l'aide
de plusieurs séries étendues d'observations comme celles de
Schwabe ou de Carrington. Mais s'il existe réellement un tel
noyau solide, son temps de rotation est inconnu, et ceci rend
la discussion difficile et peu satisfaisante. A tout prendre, les
preuves sont grandement en faveur de la théorie reçue.

Au sujet de la constitution de la photosphère l'accord est
général parmi les astronomes. Un petit nombre, il est vrai,
tiennent encore, comme nous l'avons dit, à l'idée que la surface visible est une nappe liquide : mais toutes les apparences,
les détails de la granulation, les phénomènes des taches et
des facules, la mobilité et la variabilité des floccules, tout est
mieux d'accord avec la théorie adoptée dans ces pages, laquelle
est une conséquence nécessaire de l'hypothèse que le soleil
est principalement gazeux. Il semble presque impossible de
douter que la photosphère soit une enveloppe de nuages.
Cependant, quant à la constitution exacte de cette enveloppe, à
la forme et à la grandeur des petits nuages dont elle se compose, quant aux éléments chimiques qu'elle contient, quant à la
température et à la pression, il y a lieu à beaucoup d'incertitude et à de grandes différences d'opinion. L'idée la plus commune, en apparence, — celle certainement que l'auteur de ces
pages a soutenue jusqu'ici, — c'est que les nuages sont formés
surtout par la condensation des substances qui sont les plus
remarquables dans le spectre solaire, telles que le fer et les
autres métaux. Quant à la forme des nuages, aussi, on a géné-

ralement admis que, comme conséquence de leur formation
par des courants ascendants, ils sont colonnaires, leur hauteur étant beaucoup plus grande que leurs autres dimensions.

M. le professeur Hastings, de Baltimore, a récemment publié
une théorie un peu différente (dont nous avons déjà parlé dans
un chapitre précédent), qui est fort recommandable et qui évite
quelques-unes des difficultés de la doctrine reçue, quoiqu'elle
en rencontre d'autres qui semblent, à première vue, moins
formidables. Nous ne pouvons faire mieux que de citer la dernière page de son mémoire, qui a paru dans les *Proceedings
of the American Academy of arts and sciences* (Boston, novembre 1880) et dans le *American Science*, journal de janvier 1881 :

« La théorie de la constitution du soleil proposée ci-dessus
peut être récapitulée comme il suit : des courants de trans-
ports, dirigés en général en partant du centre du soleil, sur-
gissent d'un niveau inférieur où la température est probablement au-dessus de la température d'évaporation de toutes les
substances. Comme ces courants montent, ils sont refroidis
surtout par expansion jusqu'à ce qu'un certain élément (probablement de la famille du carbone) se précipite. Cette précipitation, limitée à cause de la nature de l'élément en question,
forme les granules bien connues. Il n'y a rien que j'aie pu
observer qui indique la forme colonnaire dans ces granules
dans les circonstances ordinaires. »

La principale particularité de l'hypothèse, jusque-là, consiste dans l'idée, énoncée dans la première partie de ce mémoire, que les nuages photosphériques sont formés par la
précipitation soit de carbone, de silice ou de bore (les trois
membres de la famille du carbone), à l'exclusion d'autres
substances qui sont moins réfractaires (ont des points d'ébullition plus élevés) et par conséquent échappent à la précipitation. Ces corps, dont les points d'ébullition sont plus
élevés que celui de cet élément de photosphère, comme on
peut l'appeler, n'existeront donc pas à n'importe quel degré
dans l'atmosphère vaporeuse, ayant subi la précipitation
avant d'arriver à la surface visible. Ceux-là seulement lais-
seront voir leurs raies dans le spectre, qui ont des points
d'ébullition moins élevés, et ainsi ne subissent pas la précipitation à la température de la photosphère. Telle est la raison

pour laquelle les raies de la silice, etc., ne se montrent pas dans le spectre solaire, tandis que celles du fer, etc., le font. Sans doute, on verra sur-le-champ que si cette idée est vraie, la température de la photosphère est celle du point d'ébullition (dans les conditions locales de pression) de la silice ou du carbone, ou de quoi que ce soit qui forme les nuages. Comme objection à cette idée, on remarque immédiatement que, si le carbone, par exemple, *est* précipité à quelque hauteur spéciale ou au-dessous, cependant la vapeur de fer s'élèvera au-dessus, et, à son tour, trouvera un niveau et une température de précipitation, de sorte que les nuages photosphériques, au lieu d'être composés d'une seule substance, contiendraient toutes celles qui peuvent trouver un niveau et une température de précipitation quelque part dans l'atmosphère solaire. Quant à la forme des floccules, il semblerait que la précipitation successive à différents niveaux et à différentes températures de différents éléments dans un courant ascendant doive produire des nuages d'une grande étendue verticale.

Mais reprenons notre citation :

« La substance précipitée se refroidit rapidement à cause de son grand pouvoir rayonnant et forme un brouillard ou une fumée qui se dépose lentement à travers les espaces entre les granules, jusqu'à ce qu'il se revolatilise au-dessous. C'est cette fumée qui produit l'absorption générale ou limbe et la structure en grains de riz de la photosphère. »

Où quelque trouble tend à augmenter un courant d'apport vers le bas, il y a une précipitation de vapeur à la surface extérieure de la photosphère vers ce point. Ces courants ou ces vents horizontaux entraînent avec eux les produits refroidis de la précipitation qui, s'accumulant au-dessus, se dissolvent lentement vers le bas. Cette masse de fumée forme la tache solaire.

Les courants de convexion vers le haut dans la région des taches sont courbés horizontalement par les vents centripètes. Perdant leur chaleur maintenant, par le procédé relativement lent du rayonnement, les lieux de précipitation sont fort allongés, donnant ainsi à la région qui entoure immédiatement une tache, la structure radiale caractéristique de la pénombre.

Cette conception de la nature de la pénombre entraîne une

interprétation prompte d'un phénomène remarquable, amplement attesté par les plus habiles observateurs, et aussi loin que va ma science, entièrement inexpliqué, à savoir : l'éclat du bord intérieur de la pénombre dans toute tache bien développée.

La manière la plus facile de faire comprendre cette interprétation est de comparer les courants de transport chauds dans les deux cas. Lorsque le courant de transport monte verticalement, le milieu est refroidi par dilatation jusqu'à ce que la température de précipitation soit atteinte, et alors toute la substance condensable reparaît *soudain*, sauf en ce qu'elle est un peu retardée par la chaleur mise alors en liberté. Immédiatement après, les particules deviennent relativement sombres par rayonnement. Dans les courants horizontaux, un état de choses très différent a lieu. Ici le milieu ne se refroidit pas dynamiquement, par expansion, mais seulement par rayonnement; et pratiquement, par celui des particules elles-mêmes, puisque le rayonnement des particules solides est énormément plus grand que celui du gaz qui les soutient. Ainsi, après que la première particule paraît, elle doit rester dans sa plus grande incandescence, jusqu'à ce que toute la substance dont elle est composée soit précipitée. De là nous voyons qu'un pareil courant horizontal doit gagner peu à peu de l'éclat jusqu'à son maximum, puis soudain diminuer, — ce qui est exactement d'accord avec les faits observés. »

L'idée que la couche qui produit l'absorption générale au limbe du soleil est un voile de « fumée », — c'est-à-dire des mêmes particules très petites qui constituent la photosphère, mais refroidies jusqu'à une obscurité relative, — a déjà été indiquée dans un chapitre précédent. Autant que nous pouvons le savoir, elle est nouvelle et précieuse, éclaircissant un grand nombre de difficultés embarrassantes. Il est si évident, après réflexion, que quelque chose de la sorte doit accompagner la photosphère, que nous sommes surpris que cette idée n'ait pas encore frappé l'esprit. Sans doute, les parcelles formées par la condensation doivent, en grand nombre au moins, être entraînées par les courants ascendants bien au-dessus du point de leur formation, et refroidies de manière à devenir relativement sombres par comparaison avec l'incandescence plus vive des régions inférieures, juste comme les parcelles ascendantes de carbone, non encore consumées et refroidies, constituent la fumée d'un feu. Pour ce qui regarde l'explication des phénomènes des taches, nous ne voyons pas d'avantage spécial ou même de nouveauté dans l'idée proposée. La théorie admise regarde le brillant général du bord intérieur de la pénombre comme produit par la convergence des filaments lumineux rendus horizontaux par le tirant intérieur. La terminaison presque bulbeuse des filaments ne se présente que par hasard, et peut peut-être s'expliquer de la manière que propose M. Hastings plus facilement que d'une autre; cependant bien des circonstances semblent indiquer que le brillant final est dû, comme celui des facules, à une simple protrusion à travers le voile de fumée.

Pour ce qui regarde la chromosphère et la couche renversante, il y a très peu à ajouter. Peut-être doit-on avertir que ces vapeurs et celles de la photosphère ne doivent pas être considérées comme entièrement séparées et distinctes. *Tous les gaz se trouvent ensemble* dans les interstices entre les granules nuageux de la photosphère, — la substance inconnue qui produit la raie verte de la couronne, l'hydrogène et l'hélium hypothétique qui caractérisent la chromosphère, et les vapeurs métalliques qui donnent à la couche renversante ses propriétés particulières, — toutes ces choses existent ensemble dans les profondeurs inférieures, à moins qu'il n'arrive peut-être qu'aux plus grandes élévations il ne se forme des corps composés qui ne peuvent exister dans les feux plus vifs de dessous. Autant que nous pouvons distinguer entre ces différentes portions, nous pouvons définir la photosphère comme l'enveloppe dans laquelle la précipitation se fait; la couche renversante, comme cette région la plus basse de l'atmosphère solaire qui contient sensiblement tous les gaz que le spectroscope nous indique; la chromosphère, comme la région de l'hydrogène et de l'hélium, et la couronne, comme le domaine supérieur de l'atmosphère solaire qui ne peut s'observer que pendant les éclipses solaires. Mais le gaz coronal lui-même est le plus visible et le plus abondant juste dans la photosphère et la couche renversante, et la même chose est vraie de l'hydrogène des proéminences.

Il est bon aussi de se rappeler que, si quelque substance décomposable par la chaleur existe sur le soleil, nous devons nous attendre à la trouver dans les régions supérieures et plus fraîches de l'atmosphère solaire. Dans la photosphère ou au-dessous, la matière doit être dans son état le plus élémentaire.

Quant au mécanisme de la chromosphère et des proéminences, si nous pouvons employer cette expression, il reste certainement beaucoup à apprendre. Dans bien des cas, vraiment, peut-être dans la plupart, les formes et la manière d'être des protubérances s'expliquent assez bien, en supposant que l'hydrogène échauffé et les vapeurs qui s'y joignent sont simplement chassées dans des régions plus fraîches par la pression du dessous, — pression qui doit résulter du mouvement vers le bas de la grande masse de matières précipitées qui forment la photosphère. Mais évidemment ce n'est pas là tout ce qui a lieu. Nous sommes forcés d'avoir recours à des idées d'un ordre différent pour nous expliquer les cas assez rares, mais néanmoins très nombreux et bien prouvés où on a vu les sommets de proéminences monter en quelques minutes jusqu'à des élévations de 2 ou 300.000 milles, le mouvement ascensionnel étant presque visible aux yeux avec la vitesse de 100 milles ou davantage par seconde. Ce qui est aussi très embarrassant, c'est le fait indubitable que des nuages de cette substance des proéminences s'assemblent quelquefois et se forment sans aucune liaison apparente avec la chromosphère située au-dessous; apparemment, juste comme des nuages se forment dans notre propre atmosphère par la condensation de vapeurs auparavant invisibles. A tout prendre, on dirait que nous devons regarder les proéminences comme différant du milieu qui les entoure, principalement, sinon entièrement, par leur luminosité — comme simplement des portions surchauffées d'une immense atmosphère.

Mais, alors, nous rencontrons immédiatement les difficultés si habilement posées par Lane, Lockyer et d'autres, qui disent que l'existence d'hydrogène d'une densité appréciable à l'élévation même de 100.000 milles suppose à la surface de la photosphère une densité et une pression si hautes qu'elles ne se concilient pas du tout avec les phénomènes spectroscopiques qui s'y manifestent; à moins qu'il n'y ait là des conditions solaires où l'action de la gravité sur les gaz de l'atmosphère solaire est modifiée par quelque force répulsive. Qu'une telle force soit au moins concevable, c'est évident, d'après la manière dont se

comportent les queues des comètes — et bien des caractères
de la couronne l'indiquent. Quant à sa couleur et à son origine,
nous ne pouvons néanmoins en affirmer quoi que ce soit.

Un problème encore plus difficile que celui de la chromosphère est celui de la couronne. Sans doute, c'est quelque
chose de savoir que le phénomène est principalement solaire,
et que, par conséquent, pour sa grandeur et son importance,
il doit compter parmi les plus magnifiques des objets naturels :
mais il nous faut encore trouver une explication satisfaisante
d'un grand nombre de ses traits les plus frappants. Il est certainement très complexe : matière météorique et matière vraiment solaire : mouvement orbital, attraction solaire, résistance atmosphérique, et actions thermales, électriques et magnétiques, sont probablement toutes combinées.

A présent il semblerait que voici les problèmes les plus importants et les plus fondamentaux de la physique solaire qui
se pressent pour être résolus : d'abord, une explication satisfaisante de la loi particulière de rotation de la surface du
soleil ; secondement une explication de la périodicité des taches
et de leur distribution ; troisièmement, une détermination des
variations de la quantité du rayonnement solaire en différents
temps et en différents points de sa surface ; et quatrièmement,
une explication satisfaisante des rapports des gaz et des autres
substances au-dessus de la photosphère avec le soleil lui-même,
— le problème de la couronne et des proéminences.

On pourrait nommer bien d'autres points à peine moins
intéressants ; tels que celui qui regarde le rapport intime entre
le magnétisme terrestre et la condition de la surface solaire :
mais, de tous, les quatre nommés semblent être ceux dont la
solution ferait le plus avancer notre science. Ce n'est pas, sans
doute, que nous devions supposer que même leur solution dût
nous amener en vue de la fin ou des limites de la connaissance,
chaque pas en avant ne fait qu'ouvrir devant nous un horizon
nouveau, plus large et plus magnifique, toujours avec l'infini
devant nous.

APPENDICE

OBSERVATIONS BOLOMÉTRIQUES
DE M. LE PROFESSEUR LANGLEY ET CERTAINES
CONCLUSIONS QUI EN DÉRIVENT

L'auteur de ce livre m'a fait l'honneur de me demander
d'écrire le récit d'une recherche dont je m'occupe en ce moment, et qui est en partie le supplément de ce texte. Je le fais
avec grand plaisir, mais ce qu'il lit maintenant n'est pas encore
devenu une partie du corps des faits scientifiques acceptés, et
n'est que l'expression de mon opinion. Même ainsi, ce n'est
point une vérité exacte, mais seulement une vérité approximative.

Quoiqu'il soit bien compris que les expressions de rayons
thermaux, lumineux et chimiques nous égarent, et que dans
le spectre solaire nous n'avons affaire qu'à une seule et même
énergie qui nous est traduite par les mots chaleur, lumière et
action chimique, selon le milieu par lequel il est perçu, la
preuve expérimentale de ce fait ne peut guère être dépourvue
d'intérêt.

D'un autre côté, même si nous adoptons sans réserve la doctrine que nous venons de répéter, nous courons encore le
danger de nous servir des figures des livres où trois courbes
sont données pour la chaleur, la lumière et l'actinisme, avec
l'erreur extrêmement générale que ces courbes montrent au
moins la distribution de l'énergie dans le spectre, avec une
vérité approximative. Il n'y a pas une seule preuve expérimentale complète qui puisse peut-être être jamais donnée, jusqu'à
ce que nous produisions notre spectre par un moyen qui n'a
pas d'absorption sélective quelconque et par un moyen

qui puisse aussi être employé de manière à donner une distribution normale de l'énergie. Nous pouvons cependant, au
moyen des lignes de diffraction former un spectre presque
normal dans lequel l'énergie est approximativement ainsi distribuée, et dans lequel l'absorption sélective est relativement
légère auprès de celle du prisme. Quand ceci sera fait, une
considération du résultat fera disparaître le malentendu dont
nous avons parlé sur la distribution de l'énergie solaire, ou
tout au moins nous donnera des idées beaucoup plus justes de
ce que c'est réellement.

Ceci n'a pas été fait il y a longtemps, non pas parce qu'on
n'en a pas reconnu l'utilité, mais parce qu'il est difficile,
presque impossible, d'en faire la mesure en détail, de manière
à montrer l'énergie relative des différentes parties, c'est-à-dire
combien il y en a réellement dans la partie visible et combien
dans la partie invisible. Nous avons maintenant, par exemple,
des figures familières qui montrent que la plus grande énergie
solaire se trouve dans des rayons situés dans l'ultra rouge, et
que la portion d'énergie qui est employée à nous faire voir
n'est pas très différente en quantité de celle qui se trouve dans
les rayonnements ultra violets. Des conclusions de la première
espèce ont beaucoup d'influence sur les questions météorologiques les plus importantes, sinon sur d'autres. Celles de la
seconde espèce sont aussi d'importance, et toutes deux sont, il
me semble, erronées. Comme la chaleur dans le spectre de
diffraction est, tout au plus, environ le dixième de celle du
prisme, — qui est elle-même presque incommensurablement
petite lorsqu'elle est distribuée en rayons approximativement
homogènes, — des appareils spéciaux ont été imaginés pour les
mesures d'une délicatesse particulière du spectre de diffraction,
que j'ai dernièrement réussi à obtenir. Cet appareil dépend
du principe, qui n'est pas du tout nouveau en lui-même, que,
si des deux fils d'une pile composant les bras d'un pont ou
d'une balance électrique, nous n'en chauffons qu'un seul, nous
pouvons faire mouvoir une aiguille de galvanomètre, grâce au
courant diminué que cause la chaleur. Mais, quoique le principe soit simple, l'application spéciale en a été difficile. L'instrument, tel qu'il a été définitivement construit pour mesurer
de très petites portions d'énergie rayonnante sous forme de
chaleur, emploie des bandelettes de métal d'environ un dix-

millième de pouce d'épaisseur comme bras de balance, et je
l'ai appelé *bolomètre* [1]. Avec celui dont je me sers maintenant,
un changement de température d'environ 0.0000 1° Cent. est
reconnu, un changement de $\frac{1}{10000}$ de degré étant noté immédiatement. Comme ces bandelettes sont extrêmement petites,
ceci indique la faculté de reconnaître des quantités de chaleur
rayonnante plus petites que celles pour lesquelles on emploie
généralement la thermopile. Jusqu'à quel point elles sont
petites, c'est ce qu'il est difficile de reconnaître clairement,

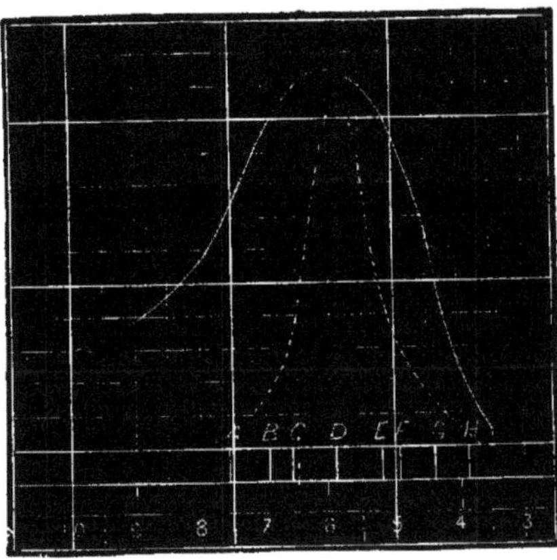

FIG. 82. — La ligne pleine est la ligne de chaleur ; la ligne pointillée,
celle de lumière.

mais on peut dire, pour faire comprendre à la fois la faiblesse
de l'énergie rayonnante dans certaines parties du spectre de
diffraction et la délicatesse de cet instrument, que la chaleur
dans certains rayons ultra-violets peut y être reconnue dans un
peu moins de dix secondes, quoique le même rayonnement
soit si faible qu'en tombant sans interruption pendant plus de
mille ans sur un kilogramme de glace à 0° cent., il ne le fondrait pas entièrement.

Avec cet appareil, mesurant approximativement des rayons
homogènes de longueurs d'ondes représentées par les nombres
sur la ligne horizontale, et d'énergies correspondantes pour la

1. Je crois devoir dire ici que les frais de la construction expérimentale
du bolomètre ont été principalement payés, grâce au secours du fonds de
Rumford, par l'Académie américaine des arts et sciences.

longueur d'onde particulière à la perpendiculaire, nous obtenons la courbe précédente (à Allegheny, avec le soleil d'hiver), qui représente au moins, avec une approximation grossière, je le pense, la véritable distribution de l'énergie solaire comme elle nous arrive après absorption par notre propre atmosphère terrestre. Il y a quelques corrections importantes à appliquer plus loin, telles que celles dues à l'absorption sélective des métaux réfléchissants dont on se sert, qui, comme je l'ai dit, quoique existant à un moindre degré qu'avec le prisme, existent cependant. Ceux-ci modifieront à un certain degré la forme de la courbe, et nous invitons encore une fois le lecteur à se rappeler qu'il ne s'agit ici que d'une première approximation.

Cependant, nous pouvons déjà voir qu'il ne s'agit ici de rien qui corresponde à la prétendue courbe actinique. Précisément où celle-ci est représentée comme étant à son maximum dans l'ultra-violet, l'énergie réelle est presque à son minimum. La sensibilité spéciale de certains sels d'argent, donc, pour ces rayonnements, — non point une énergie spéciale dans les rayonnements eux-mêmes, — nous a amenés à la croyance, erronée d'autrefois, qu'il y avait ici quelque chose qu'on appelait l'actinisme ou la force chimique, et à la croyance, même encore conservée (c'est aussi une erreur) qu'il y a une énergie considérable dans cette partie ultra-violette [1], que traduira la photographie ou quelque autre force.

Dans le fait que toute l'énergie perceptible par ces moyens cesse à peu près à 000,035 de millimètre, tandis que la vision, sans aucune précaution spéciale, reconnaît des lignes ou des raies à 0.0004 de millimètre, nous observons combien l'étendue de la partie ultra-violette du spectre est réellement petite. La photographie peut en reconnaître un peu plus; mais, tant d'énergie de cette portion a déjà été absorbée ou dans l'atmosphère du soleil ou dans la nôtre que ce que nous obtenons est insignifiant.

Observons en outre que le maximum de notre courbe tombe dans l'orangé ou l'orangé jaune, et non dans l'ultra-rouge. Les rayonnements les plus énergiques du soleil, donc, ne sont pas

---

1. Dans l'ultra-violet, c'est-à-dire tel que nous le recevons. Il paraîtra probable, d'après ce qui suit, que la plupart des rayons ultra-violets du soleil sont absorbés dans notre atmosphère supérieure, et ne nous arrivent jamais directement.

les invisibles comme on l'a si longtemps supposé, mais la longueur d'onde représentant le maximum de chaleur ne diffère pas beaucoup de celle qui représente le maximum de lumière.

Nous pouvons observer cependant que des rayonnements d'une longueur d'onde indéfiniment grande se trouvent dans le spectre solaire, car nos propres mesures, qui s'étendent loin dans l'ultra-rouge, ne peuvent en atteindre une partie où il cesse brusquement, comme il fait dans l'extrémité ultra-violette. Ce sont là des conclusions générales qui peuvent en apparence être tirées sans crainte de ces résultats approximatifs; mais, pour étudier plus loin la courbe avec profit, il faut attendre de nouvelles expériences et de nouvelles observations. Il y a cependant un autre usage indépendant à faire des observations de ce genre, et il a une grande importance.

La quantité de chaleur que le soleil envoie à la terre, ou « la constante solaire », nous l'avons déjà dit, a été mesurée par Herschel, Pouillet et un grand nombre d'observateurs subséquents. La valeur la plus probable assignée par les chercheurs les plus récents et les plus dignes de foi est d'environ 24 calories, mais celle-ci ne doit pas être considérée comme certaine. Or, pour voir comment l'appareil que nous venons de décrire peut être employé pour déterminer cette constante solaire, nous n'avons qu'à nous rappeler ce qui a été dit sur le moyen de mesurer la chaleur solaire, et ensuite à considérer que les bandes extrêmement délicates du bolomètre, qui sont chauffées par le soleil à leur maximum en moins d'une seconde constituent un instrument pour déterminer la chaleur solaire de l'espèce statique. Elles sont assimilables sous ce rapport à la division instrumentale dans laquelle rentre l'actinomètre de M. Violle, si ce n'est que le bolomètre atteint sa condition d'équilibre en un seul instant pour ainsi dire. Comme chaque ordonnée de notre courbe représente la chaleur qui se trouve en ce point, toute l'aire entre la courbe et la ligne horizontale représentera la totalité de la chaleur du soleil qui nous arrive, (sauf pour la portion non mesurée, s'étendant au-delà de la longueur d'onde, 0.0012 de millimètre). Si nous pouvions emporter notre appareil mesureur en dehors de notre atmosphère, donc, et répéter ces observations, nous trouverions une seconde courbe où les ordonnées (perpendiculaires) seraient plus grandes et où toute la surface incluse serait aussi plus grande.

Comme cette seconde aire représente la chaleur du soleil avant l'absorption, on peut la considérer comme représentant la constante solaire.

Ainsi pour déterminer la constante solaire par cette méthode, nous avons à trouver ce que serait chaque perpendiculaire si elle était tracée d'après des mesures prises en dehors de notre atmosphère; et ceci encore (quelque impraticable que cela puisse d'abord paraître) est en réalité très facile à déterminer lorsque nous savons la vitesse avec laquelle notre atmosphère a absorbé chaque partie.

Nous avons déjà dit dans le texte qu'il y a une différente vitesse d'absorption pour les différentes parties du spectre : mais quelle est cette vitesse, on ne l'a jamais constatée exactement parce que jusqu'ici nous n'avons pas eu le moyen de déterminer l'énergie en rayons presque homogènes, — ceux qui tombent sur le thermomètre, le photomètre, etc., généralement employés, étant évidemment très complexes.

Les bandes étroites du bolomètre [constituent donc un actinomètre statique; et pour l'employer à trouver la constante solaire, nous mesurons rayon pour rayon dans le spectre. Si, par exemple, le bolomètre expose une surface d'un centimètre carré, et si à midi, lorsque le soleil brille à travers une masse d'air que nous appelons 1, l'énergie d'un certain rayon dans l'ultra-violet est 20 sur notre échelle galvanométrique (arbitraire), et si plus tard encore dans la journée, à une heure où les rayons du soleil qui baisse passent à travers une masse d'air représentée par 2, notre échelle ne donne que 5 pour le même rayon, nous trouvons que, comme l'énergie de ce rayon après avoir traversé deux couches était à l'énergie, après en avoir traversé 1, de même l'énergie, après avoir traversé cette seule couche, est à l'énergie primitive, avant qu'elle ne pénètre dans l'air. En d'autres termes, c'est une règle de trois où comme 5 est à 20, de même 5 est à la réponse, et l'énergie avant l'absorption dans le cas dont il s'agit est évidemment 80, ce qui est la quantité de chaleur que notre instrument aurait mesurée pour ce rayon si on l'avait transporté en dehors de notre atmosphère.

Pour quelque autre rayon (par exemple, pour un rayon de l'ultra-rouge) nous aurions pu trouver une vitesse d'absorption toute différente. Ainsi : supposons que son énergie mesurée à midi fût 100, et encore, lorsque la masse d'air absorbante était double, qu'elle fût 80, nous voyons que ce rayon a été bien moins absorbé que l'autre. Le rayon primitif dans ce cas a dû évidemment avoir une énergie de 125 ; c'est ainsi que nous pouvons continuer, reconstruisant nos perpendiculaires jusqu'à la hauteur qu'elles devaient avoir pour représenter les énergies antérieures à l'absorption ; ceci fait, et ayant finalement mesuré l'énergie représentée par la courbe incluse, nous trouvons quelle chaleur totale serait tombée sur une surface d'un centimètre carré en dehors de notre atmosphère en une seconde ou une minute, et de ceci on peut immédiatement déduire la chaleur en calories comparée avec la même chaleur au niveau de la mer. Le résultat qui ne peut pas encore être donné en détail est que la constante solaire est plus grande qu'on ne le supposait, et probablement beaucoup plus grande.

Mais ceci n'est pas tout, car évidemment, lorsque nous avons les différentes vitesses d'absorption déterminées, nos perpendiculaires peuvent s'accroître dans des proportions très différentes, de sorte que la forme de la courbe en dehors de notre atmosphère peut être tout à fait différente de celle au dedans.

Il semble être fort probable, d'après les observations faites jusqu'ici, que l'ordonnée maximum dans la courbe extra-atmosphérique se trouve beaucoup plus près du violet qu'elle ne l'est dans la courbe après absorption, et qu'en réalité le centre de gravité de la courbe entière est transporté vers le violet, mais jusqu'où avance-t-elle, je ne pourrais le dire ici. Je veux dire que si l'œil était en dehors de notre atmosphère, la totalité des rayonnements solaires lui donnerait une sensation à laquelle nous appliquerions le mot bleu plutôt que jaune ou blanc. Les milieux de notre atmosphère (et nous pouvons ajouter de l'atmosphère du soleil aussi) auxquels nous songeons ordinairement comme à des milieux transparents, jouent alors en réalité un rôle analogue à celui d'un verre jaunâtre ou rougeâtre dont la couleur impure n'est pas d'un jaune ou d'un rouge monochrome, mais un composé de plusieurs teintes spectrales en proportions peu ordinaires, ou même de toutes ces teintes. Si pendant toute notre vie nous n'avions pas eu d'autre lumière que la lumière électrique, vue seulement à travers un de ces écrans de verre rougeâtre, nous croirions sans doute que cette teinte rougeâtre est la couleur naturelle des carbones brillants

et nus et la somme de tous ces rayonnements. Cela répondrait
apparemment (pour une race élevée dans l'ignorance de toute
autre lumière) à notre idée du blanc ; sa couleur semblerait
alors n'être pas une couleur du tout, et le milieu, dans ce cas
sans doute, serait considéré comme transparent (de même que
nous trouvons notre air transparent) ; et, si ce milieu était
enlevé et que la lumière électrique fût vue avec sa vraie blancheur il semblerait infailliblement qu'elle était fortement
colorée.

Sans pousser la comparaison trop loin, donc, le lecteur est

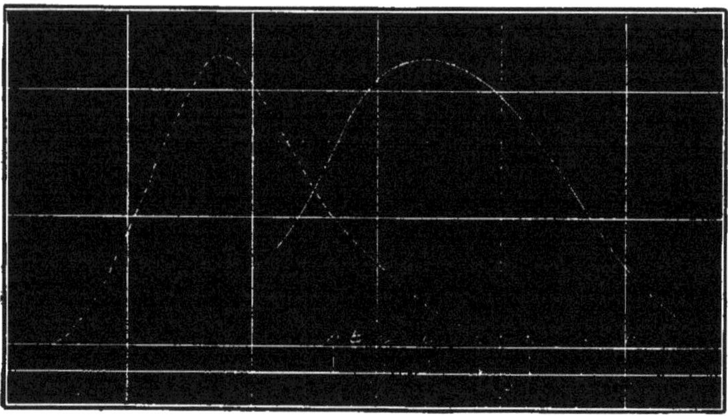

Fig. 83.

invité à considérer que, en tous cas, ces observations prouvent
que ni lui ni personne n'a jamais vu le disque du soleil tel
qu'il est réellement, et qu'il est au moins assez probable,
d'après ce qui a été montré par les mesures bolométriques
décrites ci-dessus que, s'il pouvait le voir, il déclarerait qu'il
est *bleu*.

Nota. — Nous ajoutons, pour compléter les observations fort
intéressantes de M. Langley, une autre figure qui montre clairement la différence évidente et frappante entre ces résultats
et ceux obtenus par presque tous les observateurs précédents,
M. J. W. Draper seul excepté. Leurs résultats ont été obtenus
avec le spectre prismatique au lieu du spectre de diffraction,
fait qui rend difficile de les comparer exactement avec celui
de M. le professeur Langley, parce que, dans le spectre invi-

sible, au-dessous du rouge, il n'y a point de données d'après lesquelles nous puissions déterminer exactement les longueurs d'ondes correspondant aux points du spectre formés par les prismes particuliers dont ils se servaient. En substituant aux longueurs d'ondes leurs réciproques, nous obtenons cependant pour le spectre une échelle qui ressemble assez à celle d'un prisme ordinaire pour permettre d'établir la comparaison sans erreur grossière. La ligne pleine représente la courbe de chaleur telle que M. Langley l'a trouvée dans le spectre de diffraction, et la ligne pointillée, la courbe de chaleur donnée par Secchi comme résultat des observations de Tyndall et d'autres. Nous avons appelé la divergence apparente, parce qu'elle doit en grande partie s'expliquer par le fait que, dans le spectre de diffraction, les régions inférieures sont énormément dispersées par rapport aux supérieures. Pour comparer les résultats obtenus dans le spectre prismatique avec ceux que donne le spectre normal ou spectre de diffraction, il serait donc nécessaire de multiplier chaque résultat obtenu dans le précédent par la fraction exprimant le rapport entre les dispersions des deux spectres au point en question, puisque la surface de la thermopile ou du bolomètre au moyen duquel on fait la mesure a nécessairement une largeur considérable, elle n'est pas et ne peut pas être une ligne mathématique. Nous n'avons pas les données nécessaires sur les prismes dont on s'est servi pour nous permettre de faire la correction maintenant; mais il est certain que si on la faisait, elle tendrait grandement à réduire la différence. Il est très probable aussi que l'absorption sélective par le verre des prismes et peut-être aussi la réflexion sélective par le métal des parallèles de diffraction et des lignes du bolomètre peuvent avoir une influence considérable. Il est parfaitement évident que le sujet a besoin d'être encore étudié avec soin pour déterminer la quantité véritable de la différence et ses causes, et pour arriver aux faits exacts de la distribution de la chaleur dans les spectres formés de différentes façons, — recherche que M. Langley a déjà entreprise.

INDEX ALPHABÉTIQUE

ANCIENNE LIBRAIRIE GERMER BAILLIERE ET Cie

FÉLIX ALCAN, ÉDITEUR

CATALOGUE

DES

LIVRES DE FONDS

(PHILOSOPHIE — HISTOIRE)

On peut se procurer tous les ouvrages qui se trouvent dans ce Catalogue par l'intermédiaire des libraires de France et de l'Étranger.

On peut également les recevoir *franco* par la poste, sans augmentation des prix désignés, en joignant à la demande des TIMBRES-POSTE FRANÇAIS ou un MANDAT sur Paris.

PARIS

108, BOULEVARD SAINT-GERMAIN, 108

Au coin de la rue Hautefeuille.

MARS 1888

Les titres précédés d'un *astérisque* sont recommandés par le Ministère de l'Instruction publique pour les Bibliothèques et pour les distributions des prix des lycées et collèges. — Les lettres V. P. indiquent les volumes adoptés pour les distributions de prix et les Bibliothèques de la Ville de Paris.

BIBLIOTHÈQUE DE PHILOSOPHIE CONTEMPORAINE
Volumes in-12 brochés à 2 fr. 50.

Cartonnés toile. **3 francs.** — En demi-reliure, plats papier. **4 francs.**

Quelques-uns de ces volumes sont épuisés, et il n'en reste que peu d'exemplaires imprimés sur papier vélin ; ces volumes sont annoncés au prix de **5 francs.**

ALAUX, professeur à la Faculté des lettres d'Alger. **Philosophie de M. Cousin.**

AUBER (Ed.). **Philosophie de la médecine.**

BALLET (G.), professeur agrégé à la Faculté de médecine. **Le Langage intérieur** et les diverses formes de l'aphasie, avec figures dans le texte. 2ᵉ édit.

BARTHÉLEMY SAINT-HILAIRE, de l'Institut. **De la Métaphysique.**

* BEAUSSIRE, de l'Institut. **Antécédents de l'hégélianisme dans la philosophie française.**

* BERSOT (Ernest), de l'Institut. **Libre Philosophie.** (V. P.)

* BERTAULD, de l'Institut. **L'Ordre social et l'Ordre moral.**

— **De la Philosophie sociale.**

BINET (A.). **La Psychologie du raisonnement,** expériences par l'hypnotisme.

BOST. **Le Protestantisme libéral.**

BOUILLIER. **Plaisir et Douleur.** Papier vélin.   5 fr.

* BOUTMY (E.), de l'Institut. **Philosophie de l'architecture en Grèce.** (V. P.)

* CHALLEMEL-LACOUR. **La Philosophie individualiste,** étude sur G. de Humboldt. (V. P.)

COIGNET (Mᵐᵉ C.). **La Morale indépendante.**

COQUEREL Fils (Ath.). **Transformations historiques du christianisme.**

— **La Conscience et la Foi.**

— **Histoire du Credo.**

COSTE (Ad.). **Les Conditions sociales du bonheur et de la force.** (V. P.)

DELBŒUF (J.). **La Matière brute et la matière vivante.** Étude sur l'origine de la vie et de la mort.

* ESPINAS (A.), professeur à la Faculté des lettres de Bordeaux. **La Philosophie expérimentale en Italie.**

FAIVRE (E.), professeur à la Faculté des sciences de Lyon. **De la Variabilité des espèces.**

FÉRÉ (Ch.). **Sensation et mouvement.** Étude de psycho-mécanique, avec figures.

— **Dégénérescence et criminalité,** avec figures.

FONTANÈS. **Le Christianisme moderne.**

FONVIELLE (W. de). **L'Astronomie moderne.**

* FRANCK (Ad.), de l'Institut. **Philosophie du droit pénal.** 2ᵉ édit.

— **Des Rapports de la religion et de l'Etat.** 2ᵉ édit.

— **La Philosophie mystique en France au XVIIIᵉ siècle.**

* GARNIER. **De la Morale dans l'antiquité.** Papier vélin.   5 fr.

GAUCKLER. **Le Beau et son histoire.**

HAECKEL, prof. à l'Université d'Iéna. **Les Preuves du transformisme.** 2ᵒ édit.

— **La Psychologie cellulaire.**

HARTMANN (E. de). **La Religion de l'avenir.** 2ᵉ édit.

— **Le Darwinisme,** ce qu'il y a de vrai et de faux dans cette doctrine. 3ᵉ édit.

* HERBERT SPENCER. **Classification des sciences,** trad. de M. Cazelles. 4ᵉ édit.

— **L'Individu contre l'État,** traduit par M. Gerschel. 2ᵉ édit.

Suite de la *Bibliothèque de philosophie contemporaine*, format in-12,
à 2 fr. 50 le volume.

* JANET (Paul), de l'Institut. **Le Matérialisme contemporain.** 4ᵉ édit.

— * **La Crise philosophique.** Taine, Renan, Vacherot, Littré.

— * **Philosophie de la Révolution française.** 3ᵉ édit. (V. P.)

— * **Saint-Simon et le Saint-Simonisme.**

— **Les Origines du socialisme contemporain.**

* LAUGEL (Auguste). **L'Optique et les Arts.** (V. P.)

— * **Les Problèmes de la nature.**

— * **Les Problèmes de la vie.**

— * **Les Problèmes de l'âme.**

— * **La Voix, l'Oreille et la Musique.** Papier vélin.   5 fr.

LEBLAIS. **Matérialisme et Spiritualisme.**

* LEMOINE (Albert), maître de conférences à l'Ecole normale. **Le Vitalisme et l'Animisme.**

— * **De la Physionomie et de la Parole.**

— * **L'Habitude et l'Instinct.**

LEOPARDI. **Opuscules et Pensées,** traduit par M. Aug. Dapples.

LEVALLOIS (Jules). **Déisme et Christianisme.**

* LÉVÊQUE (Charles), de l'Institut. **Le Spiritualisme dans l'art.**

— * **La Science de l'invisible.**

LÉVY (Antoine). **Morceaux choisis des philosophes allemands.**

* LIARD, directeur de l'Enseignement supérieur. **Les Logiciens anglais contemporains.** 2ᵉ édit.

— * **Des définitions géométriques et des définitions empiriques.** 2ᵉ édit.

* LOTZE (H.). **Psychologie physiologique,** traduit par M. Penjon.

MARIANO. **La Philosophie contemporaine en Italie.**

* MARION, professeur à la Faculté des lettres de Paris. **J. Locke, sa vie, son œuvre.**

* MILSAND. **L'Esthétique anglaise,** étude sur John Ruskin.

MOSSO. **La Peur.** Étude psycho-physiologique, trad. de l'italien par F. Hément (avec figures).

ODYSSE BAROT. **Philosophie de l'histoire.**

PAULHAN. **Les Phénomènes affectifs et les lois de leur apparition.** Essai de psychologie générale.

PI Y MARGALL. **Les Nationalités,** traduit par M. L. X. de Ricard.

* RÉMUSAT (Charles de), de l'Académie française. **Philosophie religieuse.**

RÉVILLE (A.), professeur au Collège de France. **Histoire du dogme de la divinité de Jésus-Christ.**

RIBOT (Th.), direct. de la *Revue philos.* **La Philosophie de Schopenhauer.** 2ᵉ édit.

— * **Les Maladies de la mémoire.** 4ᵉ édit.

— **Les Maladies de la volonté.** 4ᵉ édit.

— **Les Maladies de la personnalité.** 2ᵉ édit.

— **Le Mécanisme de l'attention.** (*Sous presse.*)

RICHET (Ch.), professeur à la Faculté de médecine. **Essai de psychologie générale** (avec figures).

ROISEL. **De la Substance.**

SAIGEY. **La Physique moderne.** 2ᵉ tirage. (V. P.)

* SAISSET (Emile), de l'Institut. **L'Ame et la Vie.**

— * **Critique et Histoire de la philosophie** (fragm. et disc.).

SCHMIDT (O.). **Les Sciences naturelles et la Philosophie de l'inconscience.**

SCHŒBEL. **Philosophie de la raison pure.**

Suite de la *Bibliothèque de philosophie contemporaine*, format in-12,
à 2 fr. 50 le volume.

* SCHOPENHAUER. **Le Libre arbitre**, traduit par M. Salomon Reinach. 3ᵉ édit.
— * **Le Fondement de la morale**, traduit par M. A. Burdeau. 2ᵉ édit.
— **Pensées et Fragments**, avec intr. par M. J. Bourdeau. 7ᵉ édit.
SELDEN (Camille). **La Musique en Allemagne**, étude sur Mendelssohn. (V. P.)
SICILIANI (P.). **La Psychogénie moderne.**
STRICKER. **Le Langage et la Musique**, traduit par M. Schwiedland.
* STUART MILL. **Auguste Comte et la Philosophie positive**, traduit par M. Clé-
menceau. 2ᵉ édit. (V. P.)
— **L'Utilitarisme**, traduit par M. Le Monnier.
TAINE (H.), de l'Académie française. **L'Idéalisme anglais**, étude sur Carlyle.
— * **Philosophie de l'art dans les Pays-Bas.** 2ᵉ édit. (V. P.)
— * **Philosophie de l'art en Grèce.** 2ᵉ édit. (V. P.)
— * **De l'Idéal dans l'art.** Papier vélin.   5 fr.
— * **Philosophie de l'art en Italie.** Papier vélin.   5 fr.
— * **Philosophie de l'art.** Papier vélin.   5 fr.
TARDE. **La Criminalité comparée.**
TISSANDIER. **Des Sciences occultes et du Spiritisme.** Pap. vélin.   5 fr.
* VACHEROT (Et.), de l'Institut. **La Science et la Conscience.**
VÉRA (A.), professeur à l'Université de Naples. **Philosophie hégélienne.**
VIANNA DE LIMA. **L'Homme selon le transformisme.**
ZELLER. **Christian Baur et l'École de Tubingue**, traduit par M. Ritter.

BIBLIOTHÈQUE DE PHILOSOPHIE CONTEMPORAINE

Volumes in-8.

Brochés à 5 r., 7 fr. 50 et 10 fr. — Cart. anglais, 1 fr. en plus par volume.
Demi-reliure...................... 2 francs.

AGASSIZ. **De l'Espèce et des Classifications.** 1 vol.   5 fr.
BAIN (Alex.) *. **La Logique inductive et déductive.** Traduit de l'anglais par
M. G. Compayré. 2 vol. 2ᵉ édit.   20 fr.
— * **Les Sens et l'Intelligence.** 1 vol. Traduit par M. Cazelles.   10 fr.
— * **L'Esprit et le Corps.** 1 vol. 4ᵉ édit.   6 fr.
— **La Science de l'Éducation.** 1 vol. 6ᵉ édit.   6 fr.
— **Les Émotions et la Volonté.** Trad. par M. Le Monnier. 1 vol.   10 fr.
* BARDOUX, sénateur. **Les Légistes, leur influence sur la société française.**
1 vol.   5 fr.
* BARNI (Jules). **La Morale dans la démocratie.** 1 vol. 2ᵉ édit. précédée d'une
préface de M. D. NOLEN, recteur de l'académie de Douai. (V. P.)   5 fr.
BEAUSSIRE (Émile), de l'Institut. **Les Principes de la morale.** 1 vol.   5 fr.
— **Les Principes du droit.** 1 vol. in-8.   5 fr.
BERTRAND (A.), professeur à la Faculté des lettres de Lyon. **L'Aperception du
corps humain par la conscience.** 1 vol.   5 fr.
BÜCHNER. **Nature et Science.** 1 vol. 2ᵉ édit. Traduit par M. Lauth.   7 fr. 50
CARRAU (Ludovic), directeur des conférences de philosophie à la Sorbonne. **La
Philosophie religieuse en Angleterre**, depuis Locke jusqu'à nos jours. 1 vol. 5 fr.
CLAY (R.). **L'Alternative, contribution à la psychologie.** 1 vol. Traduit de
l'anglais par M. A. Burdeau, député, ancien prof. au lycée Louis-le-Grand.   10 fr.
EGGER (V.), professeur à la Faculté des lettres de Nancy. **La Parole intérieure.**
1 vol.   5 fr.

Suite de la *Bibliothèque de philosophie contemporaine*, format in-8.

ESPINAS (Alf.), professeur à la Faculté des lettres de Bordeaux. **Des Sociétés animales**. 1 vol. 2ᵉ édit. — 7 fr. 50

FERRI (Louis), correspondant de l'Institut. **La Psychologie de l'association**, depuis Hobbes jusqu'à nos jours. 1 vol. — 7 fr. 50

* FLINT, professeur à l'Université d'Edimbourg. **La Philosophie de l'histoire en France**. Traduit de l'anglais par M. Ludovic Carrau, directeur des conférences de philosophie à la Sorbonne. 1 vol. — 7 fr. 50

— * **La Philosophie de l'histoire en Allemagne**. Trad. de l'angl. par M. Ludovic Carrau. 1 vol. — 7 fr. 50

FONSEGRIVES. **Essai sur le libre arbitre**. Sa théorie, son histoire. 1 vol. — 10 fr.

* FOUILLÉE (Alf.), ancien maître de conférences à l'École normale supérieure. **La Liberté et le Déterminisme**. 1 vol. 2ᵉ édit. — 7 fr. 50

— **Critique des systèmes de morale contemporains**. 1 vol. 2ᵉ édit. — 7 fr. 50

FRANCK (A.), de l'Institut. **Philosophie du droit civil**. 1 vol. — 5 fr.

GAROFALO, agrégé de l'Université de Naples. **La Criminologie**. 1 vol. — 7 fr. 50

* GUYAU. **La Morale anglaise contemporaine**. 1 vol. 2ᵉ édit. — 7 fr. 50

— **Les Problèmes de l'esthétique contemporaine**. 1 vol. — 5 fr.

— **Esquisse d'une morale sans obligation ni sanction**. 1 vol. — 5 fr.

— **L'Irréligion de l'avenir**, étude de sociologie. 1 vol. 2ᵉ édit. — 7 fr. 50

HERBERT SPENCER *. **Les Premiers Principes**. Traduit par M. Cazelles. 1 fort volume. — 10 fr.

— **Principes de biologie**. Traduit par M. Cazelles. 2 vol. — 20 fr.

— * **Principes de psychologie**. Trad. par MM. Ribot et Espinas. 2 vol. — 20 fr.

— * **Principes de sociologie** :

  Tome I. Traduit par M. Cazelles. 1 vol. — 10 fr.

  Tome II. Traduit par MM. Cazelles et Gerschel. 1 vol. — 7 fr. 50

  Tome III. Traduit par M. Cazelles. 1 vol. — 15 fr.

  Tome IV. Traduit par M. Cazelles. 1 vol. — 3 fr. 75

— * **Essais sur le progrès**. Traduit par M. A. Burdeau. 1 vol. 2ᵉ éd. — 7 fr. 50

— **Essais de politique**. Traduit par M. A. Burdeau. 1 vol. 2ᵉ édit. — 7 fr. 50

— **Essais scientifiques**. Traduit par M. A. Burdeau. 1 vol. — 7 fr. 50

* **De l'Education physique, intellectuelle et morale**. 1 vol. 5ᵉ édit. — 5 fr.

— * **Introduction à la science sociale**. 1 vol. 6ᵉ édit. — 6 fr.

— **Les Bases de la morale évolutionniste**. 1 vol. 3ᵉ édit. — 6 fr.

— * **Classification des sciences**. 1 vol. in-18. 2ᵉ édit. — 2 fr. 50

— **L'Individu contre l'État**. Traduit par M. Gerschel. 1 vol. in-18. 2ᵉ édit. — 2 fr. 50

— **Descriptive Sociology**, or Groups of sociological facts. French compiled by James Collier. 1 vol. in-folio. — 50 fr.

* HUXLEY, de la Société royale de Londres. **Hume, sa vie, sa philosophie**. Traduit de l'anglais et précédé d'une Introduction par G. Compayré. 1 vol. — 5 fr.

* JANET (Paul), de l'Institut. **Les Causes finales**. 1 vol. 2ᵉ édit. — 10 fr.

— * **Histoire de la science politique dans ses rapports avec la morale**. 2 forts vol. in-8. 3ᵉ édit., revue, remaniée et considérablement augmentée. — 20 fr.

* LAUGEL (Auguste). **Les Problèmes** (Problèmes de la nature, problèmes de la vie, problèmes de l'âme). 1 vol. — 7 fr. 50

* LAVELEYE (de), correspondant de l'Institut. **De la Propriété et de ses formes primitives**. 1 vol. 4ᵉ édit. (*Sous presse.*)

* LIARD, directeur de l'enseignement supérieur. **La Science positive et la Métaphysique**. 1 vol. 2ᵉ édit. — 7 fr. 50

— **Descartes**. 1 vol. — 5 fr.

LOMBROSO. **L'Homme criminel** (criminel-né, fou-moral, épileptique). Étude anthropologique et médico-légale, précédée d'une préface de M. le docteur Letourneau. 1 vol. in-8. — 10 fr.

— **Atlas** de 32 planches, contenant de nombreux portraits, fac-similés d'écritures et de dessins, tableaux et courbes statistiques pour accompagner ledit ouvrage. — 8 fr.

Suite de la *Bibliothèque de philosophie contemporaine*, format in-8.

MARION (H.), professeur à la Faculté des lettres de Paris. **De la Solidarité morale**. Essai de psychologie appliquée. 1 vol. 2ᵉ édit. (V. P.)   5 fr.

MATTHEW ARNOLD. **La Crise religieuse**. 1 vol.   7 fr. 50

MAUDSLEY. **La Pathologie de l'esprit**. 1 vol. Trad. par M. Germont.   10 fr.

* NAVILLE (E.), correspond. de l'Institut. **La Logique de l'hypothèse**. 1 vol.   5 fr.

PÉREZ (Bernard). **Les trois premières années de l'enfant**. 1 fort vol. 3ᵉ édit.   5 fr.

— **L'Enfant de trois à sept ans**. 1 vol.   5 fr.

— **L'Éducation morale dès le berceau**. 1 vol. 2ᵉ édit.   5 fr.

— **L'Art et la Peinture chez l'enfant**. (*Sous presse.*)

PIDERIT. **La Mimique et la Physiognomonie**. Trad. de l'allemand par M. Girot. 1 vol. avec 95 figures dans le texte.   5 fr.

PREYER, professeur à la Faculté d'Iéna. **Éléments de physiologie**. Traduit de l'allemand par M. J. Soury. 1 vol.   5 fr.

— **L'Ame de l'enfant**. Observations sur le développement psychique des premières années. 1 vol., traduit de l'allemand par M. H. C. de Varigny.   10 fr.

* QUATREFAGES (De), de l'Institut. **Ch. Darwin et ses précurseurs français**. 1 vol.   5 fr.

RIBOT (Th.), directeur de la *Revue philosophique*. **L'Hérédité psychologique**. 1 vol. 3ᵉ édit.   7 fr. 50

— * **La Psychologie anglaise contemporaine**. 1 vol. 3ᵉ édit.   7 fr. 50

— * **La Psychologie allemande contemporaine**. 1 vol. 2ᵉ édit.   7 fr. 50

RICHET (Ch.), professeur à la Faculté de médecine de Paris. **L'Homme et l'Intelligence**. Fragments de psychologie et de physiologie. 1 vol. 2ᵉ édit.   10 fr.

ROBERTY (E. de). **L'Ancienne et la Nouvelle philosophie**. 1 vol.   7 fr. 50

SAIGEY (Emile). **Les Sciences au XVIIIᵉ siècle**. La physique de Voltaire 1 vol.   5 fr.

SCHOPENHAUER. **Aphorismes sur la sagesse dans la vie**. 3ᵉ édit. Traduit par M. Cantacuzène. 1 vol.   5 fr.

— **De la quadruple racine du principe de la raison suffisante**, suivi d'une *Histoire de la doctrine de l'idéal et du réel*. Trad. par M. Cantacuzène. 1 vol.   5 fr.

— **Le monde comme volonté et représentation**. Traduit de l'allemand par M. A. Burdeau. 3 vol. Tome I. 1 vol.   7 fr. 50

    Les tomes II et III paraîtront dans le courant de l'année 1888.

SÉAILLES, maître de conférences à la Faculté des lettres de Paris. **Essai sur le génie dans l'art**. 1 vol.   5 fr.

SERGI, professeur à l'Université de Rome. **La Psychologie physiologique**, traduite de l'italien par M. Mouton. 1 vol. avec figures. 1888.   10 fr.

* STUART MILL. **La Philosophie de Hamilton**. 1 vol.   10 fr.

— * **Mes Mémoires**. Histoire de ma vie et de mes idées. Traduit de l'anglais par M. E. Cazelles. 1 vol.   5 fr.

— * **Système de logique déductive et inductive**. Trad. de l'anglais par M. Louis Peisse. 2 vol.   20 fr.

— * **Essais sur la religion**. 2ᵉ édit. 1 vol.   5 fr.

SULLY (James). **Le Pessimisme**. Trad. par MM. Bertrand et Gérard. 1 vol.   7 fr. 50

VACHEROT (Et.), de l'Institut. **Essais de philosophie critique**. 1 vol.   7 fr. 50

— **La Religion**. 1 vol.   7 fr. 50

WUNDT. **Éléments de psychologie physiologique**. 2 vol. avec figures, trad. de l'allem. par le Dʳ Élie Rouvier, et précédés d'une préface de M. D. Nolen.   20 fr.

ÉDITIONS ÉTRANGÈRES

Éditions anglaises.	*Éditions allemandes.*
AUGUSTE LAUGEL. The United States during the war. In-8. 7 shill. 6 p.	PAUL JANET. The Materialism of present day. 1 vol. in-18, rel. 3 shill.
ALBERT RÉVILLE. History of the doctrine of the deity of Jesus-Christ. 3 sh. 6 p.	JULES BARNI. Napoléon 1ᵉʳ. In-18. 3 m.
	PAUL JANET. Der Materialismus unsere Zeit. 1 vol. in-18. 3 m.
H. TAINE. Italy (Naples et Rome). 7 sh. 6 p.	H. TAINE. Philosophie der Kunst. 1 volume in-18. 3 m.
H. TAINE. The Philosophy of Art. 3 sh.	

COLLECTION HISTORIQUE DES GRANDS PHILOSOPHES

PHILOSOPHIE ANCIENNE

ARISTOTE (Œuvres d'), traduction de M. BARTHÉLEMY SAINT-HILAIRE.
— **Psychologie** (Opuscules), avec notes. 1 vol. in-8 .... 10 fr.
— **Rhétorique**, avec notes. 1870. 2 vol. in-8 .... 16 fr.
— **Politique**, 1868, 1 v. in-8. 10 fr.
— **Traité du ciel**, 1866. 1 fort vol. grand in-8 .... 10 fr.
— **La Métaphysique d'Aristote.** 3 vol. in-8, 1879 .... 30 fr.
— **Traité de la production et de la destruction des choses**, avec notes. 1866. 1 v. gr. in-8 ... 10 fr.
— **De la Logique d'Aristote**, par M. BARTHÉLEMY SAINT-HILAIRE. 2 vol. in-8 .... 10 fr.
* SOCRATE. **La Philosophie de Socrate**, par M. Alf. FOUILLÉE. 2 vol. in-8 .... 16 fr.
* PLATON. **La Philosophie de Platon**, par M. Alfred FOUILLÉE. 2 vol. in-8 .... 16 fr.
* — **Études sur la Dialectique dans Platon et dans Hegel**, par M. Paul JANET. 1 vol. in-8. 6 fr.
— **Platon et Aristote**, par VAN DER REST. 1 vol. in-8 ...... 10 fr.
* ÉPICURE. **La Morale d'Épicure et ses rapports avec les doctrines contemporaines**, par M. GUYAU. 1 vol. in-8. 3e édit.... 7 fr. 50
* ÉCOLE D'ALEXANDRIE. **Histoire** de l'École d'Alexandrie, par M. BARTHÉLEMY SAINT-HILAIRE. 1 v. in-8 .... 6 fr.
MARC-AURÈLE. **Pensées de Marc-Aurèle**, traduites et annotées par M. BARTHÉLEMY SAINT-HILAIRE. 1 vol. in-18 .... 4 fr. 50
BÉNARD. **La Philosophie ancienne**, histoire de ses systèmes. Première partie : *La Philosophie et la Sagesse orientales.* — *La Philosophie grecque avant Socrate.* — *Socrate et les socratiques.* — *Etudes sur les sophistes grecs.* 1 vol. in-8. 1885 .... 9 fr.
BROCHARD (V.). **Les Sceptiques grecs** (couronné par l'Académie des sciences morales et politiques). 1 vol. in-8. 1887 .... 8 fr.
* FABRE (Joseph). **Histoire de la philosophie, antiquité et moyen âge.** 1 vol. in-18. .... 3 fr. 50
OGEREAU. **Essai sur le système philosophique des stoïciens.** 1 vol. in-8. 1885 .... 5 fr.
FAVRE (Mme Jules), née VELTEN. **La Morale des stoïciens.** 1 volume in-18. 1887 .... 3 fr. 50
— **La Morale de Socrate.** 1 vol. in-18. 1888 .... 3 fr. 50
TANNERY (Paul). **Pour l'histoire de la science hellène** (de Thalès à Empédocle). 1 v. in-8. 1887. 7 fr. 50

PHILOSOPHIE MODERNE

* LEIBNIZ. **Œuvres philosophiques**, avec introduction et notes par M. Paul JANET. 2 vol. in-8. 16 fr.
— **Leibniz et Pierre le Grand**, par FOUCHER DE CAREIL. 1 v. in-8. 2 fr.
— **Leibniz et les deux Sophie**, par FOUCHER DE CAREIL. In-8. 2 fr.
DESCARTES, par Louis LIARD. 1 vol. in-8 .... 5 fr.
— **Essai sur l'Esthétique de Descartes**, par KRANTZ. 1 v. in-8. 6 fr.
* SPINOZA. **Dieu, l'homme et la béatitude**, trad. et précédé d'une Introd. de P. JANET. In-18. 2 fr. 50
— **Benedicti de Spinoza opera** quotquot reperta sunt, recognoverunt J. Van Vloten et J.-P.-N. Land. 2 forts vol. in-8 sur papier de Hollande .... 45 fr.
* LOCKE. **Sa vie et ses œuvres**, par M. MARION. 1 vol. in-18. 2 fr. 50
* MALEBRANCHE. **La Philosophie de Malebranche**, par M. OLLÉ-LAPRUNE. 2 vol. in-8 ...... 16 fr.
PASCAL. **Etudes sur le scepticisme de Pascal**, par M. DROZ, 1 vol. in-8 .... 6 fr.
* VOLTAIRE. **Les Sciences au XVIIIe siècle.** Voltaire physicien, par M. Em. SAIGEY. 1 vol. in-8. 5 fr.
FRANCK (Ad.). **La Philosophie mystique en France au XVIIIe siècle.** 1 vol. in-18... 2 fr. 50
* DAMIRON. **Mémoires pour servir à l'histoire de la philosophie au XVIIIe siècle.** 3 vol. in-8. 15 fr.

PHILOSOPHIE ECOSSAISE

* DUGALD STEWART. **Éléments de la philosophie de l'esprit humain**, traduits de l'anglais par L. PEISSE. 3 vol. in-12... 9 fr.
* HAMILTON. **La Philosophie de Hamilton**, par J. STUART MILL, 1 vol. in-8............. 10 fr.
* HUME. **Sa vie et sa philosophie**, par Th. HUXLEY, trad. de l'angl. par M. G. COMPAYRÉ. 1 vol. in-8. 5 fr.

PHILOSOPHIE ALLEMANDE

KANT. **Critique de la raison pure**, trad. par M. TISSOT. 2 v. in-8. 16 fr.

— Même ouvrage, traduction par M. Jules BARNI. 2 vol. in-8. . 16 fr.

* — **Éclaircissements sur la Critique de la raison pure**, trad. par M. J. TISSOT. 1 vol. in-8... 6 fr.

— **Principes métaphysiques de la morale**, augmentés des *Fondements de la métaphysique des mœurs*, traduct. par M. TISSOT. 1 v. in-8. 8 fr.

— Même ouvrage, traduction par M. Jules BARNI. 1 vol. in-8... 8 fr.

* — **La Logique**, traduction par M. TISSOT. 1 vol. in-8..... 4 fr.

* — **Mélanges de logique**, traduction par M. TISSOT. 1 v. in-8. 6 fr.

* — **Prolégomènes à toute métaphysique future** qui se présentera comme science, traduction de M. TISSOT. 1 vol. in-8... 6 fr.

* — **Anthropologie**, suivie de divers fragments relatifs aux rapports du physique et du moral de l'homme, et du commerce des esprits d'un monde à l'autre, traduction par M. TISSOT. 1 vol. in-8.... 6 fr.

— **Traité de pédagogie**, trad. J. BARNI; préface par M. Raymond THAMIN. 1 vol. in-12. 2 fr.

— **Critique de la raison pratique**, trad. et notes de M. PICAVET. 1 vol. in-8............. 5 fr.

* FICHTE. **Méthode pour arriver à la vie bienheureuse**, trad. par M. Fr. BOUILLIER. 1 vol. in-8. 8 fr.

— **Destination du savant et de l'homme de lettres**, traduit par M. NICOLAS. 1 vol. in-8. 3 fr.

* — **Doctrines de la science**. 1 vol. in-8............. 9 fr.

SCHELLING. **Bruno**, ou du principe divin. 1 vol. in-8....... 3 fr. 50

SCHELLING. **Écrits philosophiques et morceaux propres à donner une idée de son système**, traduit par M. Ch. BÉNARD. 1 vol. in-8. 9 fr.

HEGEL. * **Logique**. 2e édit. 2 vol. in-8................. 14 fr.

* — **Philosophie de la nature**. 3 vol. in-8............. 25 fr.

* — **Philosophie de l'esprit**. 2 vol. in-8............. 18 fr.

* — **Philosophie de la religion**. 2 vol. in-8............. 20 fr.

— **Essais de philosophie hégélienne**, par A. VÉRA. 1 vol. 2 fr. 50

— **La Poétique**, trad. par M. Ch. BÉNARD. Extraits de Schiller, Gœthe Jean, Paul, etc., et sur divers sujets relatifs à la poésie. 2 v. in-8. 12 fr.

— **Esthétique**. 2 vol. in-8, traduit par M. BÉNARD....... 16 fr.

— **Antécédents de l'hegelianisme dans la philosophie française**, par M. BEAUSSIRE. 1 vol. in-18......... 2 fr. 50

* — **La Dialectique dans Hegel et dans Platon**, par M. Paul JANET. 1 vol. in-8........... 6 fr.

— **Introduction à la philosophie de Hegel**, par VÉRA. 1 vol. in-8. 2e édit............... 6 fr. 50

HUMBOLDT (G. de). **Essai sur les limites de l'action de l'État**. 1 vol. in-18......... 3 fr. 50

— * **La Philosophie individualiste**, étude sur G. de HUMBOLDT, par M. CHALLEMEL-LACOUR. 1 v. in-18. 2 fr. 50

* STAHL. **Le Vitalisme et l'Animisme de Stahl**, par M. Albert LEMOINE. 1 vol. in-18.... 2 fr. 50

LESSING. **Le Christianisme moderne**. Étude sur Lessing, par M. FONTANÈS. 1 vol. in-18. 2 fr. 50

PHILOSOPHIE ALLEMANDE CONTEMPORAINE

L. BUCHNER. **Nature et Science.**
1 vol. in-8. 2ᵉ édit....... 7 fr. 50

— * **Le Matérialisme contemporain,** par M. P. JANET. 4ᵉ édit.
1 vol. in-18........ 2 fr. 50

CHRISTIAN BAUR **et l'École de
Tubingue,** par M. Ed. ZELLER.
1 vol. in-18.......... 2 fr. 50

HARTMANN (E. de). **La Religion de
l'avenir.** 1 vol. in-18.. 2 fr. 50

— **Le Darwinisme,** ce qu'il y a de
vrai et de faux dans cette doctrine.
1 vol. in-18. 3ᵉ édition.. 2 fr. 50

HAECKEL. **Les Preuves du transformisme.** 1 vol. in-18. 2 fr. 50

— **Essais de psychologie cellulaire.** 1 vol. in-18... 2 fr. 50

O. SCHMIDT. **Les Sciences naturelles et la Philosophie de
l'inconscient.** 1 v. in-18. 2 fr. 50

LOTZE (H.). **Principes généraux
de psychologie physiologique.**
1 vol. in-18.......... 2 fr. 50

PIDERIT. **La Mimique et la
Physiognomonie.** 1 v. in-8. 5 fr.

PREYER. **Éléments de physiologie.** 1 vol. in-8......, 5 fr.

— **L'Ame de l'enfant.** Observations
sur le développement psychique des
premières années. 1 vol. in-8. 10 fr.

SCHŒBEL. **Philosophie de la raison pure.** 1 vol. in-18. 2 fr. 50

SCHOPENHAUER. **Essai sur le libre
arbitre.** 1 vol. in-18. 3ᵉ éd. 2 fr. 50

— **Le Fondement de la morale.**
1 vol. in-18.......... 2 fr. 50

— **Essais et fragments,** traduit
et précédé d'une Vie de Schopenhauer, par M. BOURDEAU. 1 vol.
in-18. 6ᵉ édit........ 2 fr. 50

— **Aphorismes sur la sagesse
dans la vie.** 1 vol. in-8. 3ᵉ éd. 5 fr.

— **De la quadruple racine du
principe de la raison suffisante.** 1 vol. in-8....... 5 fr.

— **Le Monde comme volonté et
représentation.** Tome premier.
1 vol. in-8.......... 7 fr. 50

— **Schopenhauer et les origines
de sa métaphysique,** par M. L.
DUCROS. 1 vol. in-8..... 3 fr. 50

— **La Philosophie de Schopenhauer,** par M. Th. RIBOT. 1 vol.
in-18. 2ᵉ édit......... 2 fr. 50

RIBOT (Th.). **La Psychologie allemande contemporaine.** 1 vol.
in-8. 2ᵉ édit........ 7 fr. 50

STRICKER. **Le Langage et la Musique.** 1 vol. in-18....... 2 fr. 50

WUNDT. **Psychologie physiologique.** 2 vol. in-8 avec fig. 20 fr.

PHILOSOPHIE ANGLAISE CONTEMPORAINE

STUART MILL *. **La Philosophie de
Hamilton.** 1 fort vol. in-8. 10 fr.
— * **Mes Mémoires.** Histoire de ma
vie et de mes idées. 1 v. in-8. 5 fr.
— * **Système de logique déduc-
tive et inductive.** 2 v. in-8. 20 fr.
— * **Auguste Comte** et la philoso-
phie positive. 1 vol. in-18. 2 fr. 50
— **L'Utilitarisme.** 1 v. in-18. 2 fr. 50
— **Essais sur la Religion.** 1 vol.
in-8. 2ᵉ édit........... 5 fr.
— **La République de 1848 et
ses détracteurs.** 1 v. in-18. 1 fr.
— **La Philosophie de Stuart
Mill,** par H. LAURET. 1 v. in-8. 6 fr.
HERBERT SPENCER *. **Les Pre-
miers Principes.** 1 fort volume
in-8.................. 10 fr.

HERBERT SPENCER *. **Principes de
biologie.** 2 forts vol. in-8. 20 fr.
— * **Principes de psychologie.**
2 vol. in-8........... 20 fr.
— * **Introduction à la science
sociale.** 1 v. in-8 cart. 6ᵉ édit. 6 fr.
— * **Principes de sociologie.** 4 vol.
in-8.............. 36 fr. 25
— * **Classification des sciences.**
1 vol. in-18, 2ᵉ édition. 2 fr. 50
— * **De l'éducation intellectuelle,
morale et physique.** 1 vol.
in-8, 5ᵉ édit............. 5 fr.
— * **Essais sur le progrès.** 1 vol.
in-8. 2ᵉ édit......... 7 fr. 50
— **Essais de politique.** 1 vol.
in-8. 2ᵉ édit......... 7 fr. 50
— **Essais scientifiques.** 1 vol.
in-8.............. 7 fr. 50

HERBERT SPENCER *. **Les Bases de la morale évolutionniste.** 1 vol. in-8. 3e édit......... 6 fr.
— **L'Individu contre l'Etat.** 1 vol in-18. 2e édit........ 2 fr. 50
BAIN *. **Des sens et de l'intelligence.** 1 vol. in-8.... 10 fr.
— **Les Émotions et la Volonté.** 1 vol. in-8............. 10 fr.
— ***La Logique inductive et déductive.** 2 vol. in-8. 2e édit. 20 fr.
— * **L'Esprit et le Corps.** 1 vol. in-8, cartonné, 4e édit .... 6 fr.
— ***La Science de l'éducation.** 1 vol. in-8, cartonné. 6e édit. 6 fr.
DARWIN *. **Ch. Darwin et ses précurseurs français**, par M. de QUATREFAGES. 1 vol. in-8.. 5 fr.
— *. **Descendance et Darwinisme**, par Oscar SCHMIDT. 1 vol. in-8 cart. 5e édit........ 6 fr.
— **Le Darwinisme**, par E. DE HARTMANN. 1 vol. in-18.. 2 fr. 50
FERRIER. **Les Fonctions du Cerveau.** 1 vol. in-8....... 10 fr.
CHARLTON BASTIAN. **Le cerveau**, organe de la pensée chez l'homme et les animaux. 2 vol. in-8. 12 fr.
CARLYLE. **L'Idéalisme anglais**, étude sur Carlyle, par H. TAINE. 1 vol. in-18........... 2 fr. 50
BAGEHOT *. **Lois scientifiques du développement des nations.** 1 vol. in-8, cart. 4e édit.... 6 fr.

DRAPER. **Les Conflits de la science et de la religion.** 1 volume in-8. 7e édit................. 6 fr.
RUSKIN (JOHN) *. **L'Esthétique anglaise**, étude sur J. Ruskin, par MILSAND. 1 vol. in-18 ... 2 fr. 50
MATTHEW ARNOLD. **La Crise religieuse.** 1 vol. in-8.... 7 fr. 50
MAUDSLEY *. **Le Crime et la Folie.** 1 vol. in-8. cart. 5e édit... 6 fr.
— **La Pathologie de l'esprit.** 1 vol in-8............. 10 fr.
FLINT *. **La Philosophie de l'histoire en France et en Allemagne.** 2 vol in-8. Chacun, séparément .... 7 fr. 50
RIBOT (Th.). **La Psychologie anglaise contemporaine.** 3e édit. 1 vol. in-8........... 7 fr. 50
LIARD *. **Les Logiciens anglais contemporains.** 1 vol. in-18. 2e édit............. 2 fr. 50
GUYAU *. **La Morale anglaise contemporaine.** 1 v. in-8. 2e éd. 7 fr. 50
HUXLEY *. **Hume, sa vie, sa philosophie.** 1 vol. in-8...... 5 fr.
JAMES SULLY. **Le Pessimisme.** 1 vol. in-8.......... 7 fr. 50
— **Les Illusions des sens et de l'esprit.** 1 vol. in-8, cart.. 6 fr.
CARRAU (L.). **La Philosophie religieuse en Angleterre**, depuis Locke jusqu'à nos jours. 1 volume in-8................... 5 fr.

PHILOSOPHIE ITALIENNE CONTEMPORAINE

SICILIANI. **La Psychogénie moderne.** 1 vol. in-18..... 2 fr. 50
ESPINAS *. **La Philosophie expérimentale en Italie**, origines, état actuel. 1 vol. in-18. 2 fr. 50
MARIANO. **La Philosophie contemporaine en Italie**, essais de philos. hégélienne. 1 v. in-18. 2 fr. 50
FERRI (Louis). **Essai sur l'histoire de la philosophie en Italie au XIXe siècle.** 2 vol. in-8. 12 fr.
— **La Philosophie de l'association depuis Hobbes jusqu'à nos jours.** In-8........ 7 fr. 50

MINGHETTI. **L'État et l'Église.** 1 vol. in-8................. 5 fr.
LEOPARDI. **Opuscules et pensées.** 1 vol. in-18.......... 2 fr. 50
MOSSO. **La Peur.** 1 vol. in-18. 2 fr. 50
LOMBROSO. **L'Homme criminel.** 1 vol. in-8............ 10 fr.
MANTEGAZZA. **La Physionomie et l'Expression des sentiments.** 1 vol. in-8 cart.......... 6 fr.
SERGI. **La Psychologie physiologique.** 1 vol. in-8... 7 fr. 50
GAROFALO. **La Criminologie.** 1 volume in-8........... 7 fr. 50

BIBLIOTHÈQUE
D'HISTOIRE CONTEMPORAINE

Volumes in-18 brochés à 3 fr. 50. — Volumes in-8 brochés à 5 et 7 francs.

Cartonnage anglais, 50 cent. par vol. in-18; 1 fr. par vol. in-8.

Demi-reliure, 1 fr. 50 par vol. in-18; 2 fr. par vol. in-8.

EUROPE

* SYBEL (H. de). **Histoire de l'Europe pendant la Révolution française**, traduit de l'allemand par Mlle DOSQUET. Ouvrage complet en 6 vol. in-8. 42 fr.
Chaque volume séparément. 7 fr.

FRANCE

BLANC (Louis). **Histoire de Dix ans.** 5 vol. in-8. (V. P.) 25 fr.
Chaque volume séparément. 5 fr.

— 25 pl. en taille-douce. Illustrations pour l'*Histoire de Dix ans*. 6 fr.

* BOERT. **La Guerre de 1870-1871**, d'après le colonel fédéral suisse Rustow. 1 vol. in-18. (V. P.) 3 fr. 50

CARLYLE. **Histoire de la Révolution française.** Traduit de l'anglais. 3 vol. in-18.
Chaque volume. 3 fr. 50

* CARNOT (H.), sénateur. **La Révolution française**, résumé historique. 1 volume in-18. Nouvelle édit. (V. P.) 3 fr. 50

ÉLIAS REGNAULT. **Histoire de Huit ans** (1840-1848). 3 vol. in-8. 15 fr.
Chaque volume séparément. 5 fr.

— 14 planches en taille-douce, illustrations pour l'*Histoire de Huit ans*. 4 fr.

* GAFFAREL (P.), professeur à la Faculté des lettres de Dijon. **Les Colonies françaises.** 1 vol. in-8. 3e édit. (V. P.) 5 fr.

* LAUGEL (A.). **La France politique et sociale.** 1 vol. in-8. 5 fr.

ROCHAU (de). **Histoire de la Restauration.** 1 vol. in-18. 3 fr. 50

* TAXILE DELORD. **Histoire du second Empire** (1848-1870). 6 vol. in-8. 42 fr.
Chaque volume séparément. 7 fr.

WAHL, professeur au lycée Lakanal. **L'Algérie.** 1 vol. in-8. (V. P.) 5 fr.

LANESSAN (de), député. **L'Expansion coloniale de la France.** Étude économique, politique et géographique sur les établissements français d'outre-mer. 1 fort vol. in-8, avec cartes. 1886. 12 fr.

— **La Tunisie.** 1 vol. in-8 avec une carte en couleurs (1887). 5 fr.

— **L'Indo-Chine française.** 1 vol. in-8 avec cartes. (*Sous presse.*)

ANGLETERRE

* BAGEHOT (W.). **La Constitution anglaise.** Traduit de l'anglais. 1 volume in-18. (V. P.) 3 fr. 50

— * **Lombard-street.** Le Marché financier en Angleterre. 1 vol. in-18. 3 fr. 50

GLADSTONE (E. W.). **Questions constitutionnelles** (1873-1878). — Le prince-époux. — Le droit électoral. Traduit de l'anglais, et précédé d'une Introduction par Albert GIGOT. 1 vol. in-8. 5 fr.

* LAUGEL (Aug.). **Lord Palmerston et lord Russel.** 1 vol. in-18. 3 fr. 50

* SIR CORNEWAL LEWIS. **Histoire gouvernementale de l'Angleterre depuis 1770 jusqu'à 1830.** Traduit de l'anglais. 1 vol. in-8. 7 fr.

* REYNALD (H.), doyen de la Faculté des lettres d'Aix. **Histoire de l'Angleterre depuis la reine Anne jusqu'à nos jours.** 1 vol. in-18. 2e édit. (V. P.) 3 fr. 50

* THACKERAY. **Les Quatre George.** Traduit de l'anglais par LEFOYER. 1 vol. in-18. (V. P.) 3 fr. 50

ALLEMAGNE

* BOURLOTON (Ed.). **L'Allemagne contemporaine.** 1 vol. in-18.   3 fr. 50

* VÉRON (Eug.). **Histoire de la Prusse,** depuis la mort de Frédéric II jusqu'à la bataille de Sadowa. 1 vol. in-18. 4ᵉ édit. (V. P.)   3 fr. 50

— * **Histoire de l'Allemagne,** depuis la bataille de Sadowa jusqu'à nos jours. 1 vol. in-18. 2ᵉ édit. (V. P.)   3 fr. 50

AUTRICHE-HONGRIE

* ASSELINE (L.). **Histoire de l'Autriche,** depuis la mort de Marie-Thérèse jusqu'à nos jours. 1 vol. in-18. 3ᵉ édit. (V. P.)   3 fr. 50

SAYOUS (Ed.), professeur à la Faculté des lettres de Toulouse. **Histoire des Hongrois** et de leur littérature politique, de 1790 à 1815. 1 vol. in-18.   3 fr. 50

ITALIE

SORIN (Élie). **Histoire de l'Italie,** depuis 1815 jusqu'à la mort de Victor-Emmanuel. 1 vol. in-18.   3 fr. 50

ESPAGNE

* REYNALD (H.). **Histoire de l'Espagne** depuis la mort de Charles III jusqu'à nos jours. 1 vol. in-18. (V. P.)   3 fr. 50

RUSSIE

HERBERT BARRY. **La Russie contemporaine.** Traduit de l'anglais. 1 vol. in-18. (V. P.)   3 fr. 50

CRÉHANGE (M.). **Histoire contemporaine de la Russie.** 1 vol. in-18. (V. P.) 3 fr. 50

SUISSE

* DAENDLIKER. **Histoire du peuple suisse.** Trad. de l'allem. par Mᵐᵉ Jules FAVRE et précédé d'une Introduction de M. Jules FAVRE. 1 vol. in-8. (V. P.)   5 fr.

DIXON (H.). **La Suisse contemporaine.** 1 vol. in-18, trad. de l'angl. (V. P.) 3 fr. 50

AMÉRIQUE

DEBERLE (Alf.). **Histoire de l'Amérique du Sud,** depuis sa conquête jusqu'à nos jours. 1 vol. in-18. 2ᵉ édit. (V. P.)   3 fr. 50

* LAUGEL (Aug.). **Les États-Unis pendant la guerre.** 1861-1864. Souvenirs personnels. 1 vol. in-18.   3 fr. 50

---

* BARNI (Jules). **Histoire des idées morales et politiques en France au dix-huitième siècle.** 2 vol. in-18. (V. P.) Chaque volume.   3 fr. 50

— * **Les Moralistes français au dix-huitième siècle.** 1 vol. in-18 faisant suite aux deux précédents. (V. P.)   3 fr. 50

BEAUSSIRE (Émile), de l'Institut. **La Guerre étrangère et la Guerre civile.** 1 vol. in-18.   3 fr. 50

* DESPOIS (Eug.). **Le Vandalisme révolutionnaire.** Fondations littéraires, scientifiques et artistiques de la Convention. 2ᵉ édition, précédée d'une notice sur l'auteur par M. Charles BIGOT. 1 vol. in-18. (V. P.)   3 fr. 50

* CLAMAGERAN (J.), sénateur. **La France républicaine.** 1 vol. in-18. (V. P.) 3 fr. 50

LAVELEYE (E. de), correspondant de l'Institut. **Le Socialisme contemporain.** 1 vol. in-18. 3ᵉ édit.   3 fr. 50

MARCELLIN PELLET, ancien député. **Variétés révolutionnaires.** 2 vol. in-18, précédés d'une Préface de A. RANC. Chaque volume séparément.   3 fr. 50

SPULLER (E.), député, ancien ministre de l'Instruction publique. **Figures disparues,** portraits contemporains, littéraires et politiques. 1 vol. in-18. 2ᵉ édit. 3 fr. 50

BIBLIOTHÈQUE HISTORIQUE ET POLITIQUE

* ALBANY DE FONBLANQUE. **L'Angleterre, son gouvernement, ses institutions.** Traduit de l'anglais sur la 14ᵉ édition par M. F. C. DREYFUS, avec Introduction par M. H. BRISSON. 1 vol. in-8.   5 fr.

BENLOEW. **Les Lois de l'Histoire.** 1 vol. in-8.   5 fr.

* DESCHANEL (E.). **Le Peuple et la Bourgeoisie.** 1 vol. in-8.   5 fr.

DU CASSE. **Les Rois frères de Napoléon Iᵉʳ.** 1 vol. in-8.   10 fr.

MINGHETTI. **L'État et l'Église.** 1 vol. in-8.   5 fr.

LOUIS BLANC. **Discours politiques** (1848-1881). 1 vol. in-8.   7 fr. 50

PHILIPPSON. **La Contre-révolution religieuse au XVIᵉ siècle.** 1 vol. in-8.   10 fr.

HENRARD (P.). **Henri IV et la princesse de Condé.** 1 vol. in-8.   6 fr.

NOVICOW. **La Politique internationale,** précédé d'une Préface de M. Eugène VÉRON. 1 fort vol. in-8.   7 fr.

DREYFUS (F. C.). **La France, son gouvernement, ses institutions.** 1 vol. (*Sous presse.*)

PUBLICATIONS HISTORIQUES ILLUSTRÉES

HISTOIRE ILLUSTRÉE DU SECOND EMPIRE, par Taxile DELORD. 6 vol. in-8 colombier avec 500 gravures de FERAT, Fr. REGAMEY, etc.

    Chaque vol. broché, 8 fr. — Cart. doré, tr. dorées.   11 fr. 50

HISTOIRE POPULAIRE DE LA FRANCE, depuis les origines jusqu'en 1815. — Nouvelle édition. — 4 vol. in-8 colombier avec 1323 gravures sur bois dans le texte.

    Chaque vol., avec gravures, broché, 7 fr. 50 — Cart. doré, tranches dorées.. 11 fr.

RECUEIL DES INSTRUCTIONS

DONNÉES

AUX AMBASSADEURS ET MINISTRES DE FRANCE

DEPUIS LES TRAITÉS DE WESTPHALIE JUSQU'A LA RÉVOLUTION FRANÇAISE

Publié sous les auspices de la Commission des archives diplomatiques au Ministère des affaires étrangères.

Beaux volumes in-8 cavalier, imprimés sur papier de Hollande :

    I. — **AUTRICHE,** avec Introduction et notes, par M. Albert SOREL.   20 fr.

    II. — **SUÈDE,** avec Introduction et notes, par M. A. GEFFROY, membre de l'Institut..   20 fr.

    III. — **PORTUGAL,** avec Introduction et notes, par le vicomte DE CAIX DE SAINT-AYMOUR,.............................   20 fr.

La publication se continuera par les volumes suivants

POLOGNE, par M. Louis Farges.

ROME, par M. Hanotaux.

ANGLETERRE, par M. Jusserand.

PRUSSE, par M. E. Lavisse.

RUSSIE, par M. A. Rambaud.

TURQUIE, par M. Girard de Rialle.

HOLLANDE, par M. H. Maze.

ESPAGNE, par M. Morel Fatio.

DANEMARK, par M. Geffroy.

SAVOIE ET MANTOUE, par M. Armingaud.

BAVIÈRE ET PALATINAT, par M. Lebon.

NAPLES ET PARME, par M. Joseph Reinach.

DIÈTE GERMANIQUE, par M. Chuquet.

VENISE, par M. Jean Kaulek.

INVENTAIRE ANALYTIQUE

DES

ARCHIVES DU MINISTÈRE DES AFFAIRES ÉTRANGÈRES

Publié sous les auspices de la Commission des archives diplomatiques

I. — **Correspondance politique de MM. de CASTILLON et de MARILLAC, ambassadeurs de France en Angleterre (1538. 1540)**, par M. JEAN KAULEK, avec la collaboration de MM. Louis Farges et Germain Lefèvre-Pontalis. 1 beau volume in-8 raisin sur papier fort.. 15 francs.

II. — **Papiers de BARTHÉLEMY**, ambassadeur de France en Suisse, de 1792 à 1797. Année 1792, par M. Jean KAULEK. 1 beau vol. in-8 raisin sur papier fort...................................... 15 fr.

III. — **Papiers de BARTHÉLEMY** (janvier-août 1793), par M. Jean KAULEK. 1 beau vol. in-8 raisin sur papier fort................. 15 fr.

IV. — **Angleterre**, 1546-1549. AMBASSADE DE M. DE SELVE, par M. G. Lefèvre-Pontalis. 1 beau vol. in-8 raisin sur papier fort.... 15 fr

Sous presse : **Papiers de BARTHÉLEMY**. Fin de l'année 1793, par M. J. Kaulek.

ANTHROPOLOGIE ET ETHNOLOGIE

EVANS (John). **Les Ages de la pierre.** 1 vol. grand in-8, avec 467 figures dans le texte. 15 fr. — En demi-reliure.   18 fr.

EVANS (John). **L'Age du bronze.** 1 vol. grand in-8, avec 540 figures dans le texte, broché, 15 fr. — En demi-reliure.   18 fr.

GIRARD DE RIALLE. **Les Peuples de l'Afrique et de l'Amérique.** 1 vol. petit in-18.   60 cent.

GIRARD DE RIALLE. **Les Peuples de l'Asie et de l'Europe.** 1 vol. petit in-18.   60 c.

HARTMANN (R.). **Les Peuples de l'Afrique.** 1 vol. in-8, avec fig.   6 fr.

HARTMANN (R.). **Les Singes anthropoïdes.** 1 vol. in-8 avec fig.   6 fr.

JOLY (N.). **L'Homme avant les métaux.** 1 vol. in-8 avec 150 figures dans le texte et un frontispice. 4ᵉ édit.   6 fr.

LUBBOCK (Sir John). **Les Origines de la civilisation.** État primitif de l'homme et mœurs des sauvages modernes. 1877. 1 vol. gr. in-8, avec figures et planches hors texte. Trad. de l'anglais par M. Ed. BARBIER. 2ᵉ édit. 1877. 15 fr. — Relié en demi-maroquin, avec tr. dorées. 18 fr.

LUBBOCK (Sir John). **L'Homme préhistorique.** 3ᵉ édit., avec figures dans le texte. 2 vol. in-8.   12 fr.

PIÉTREMENT. **Les Chevaux dans les temps préhistoriques et historiques.** 1 fort vol. gr. in-8.   15 fr.

DE QUATREFAGES. **L'Espèce humaine.** 1 vol. in-8. 6ᵉ édit.   6 fr.

WHITNEY. **La Vie du langage.** 1 vol. in-8. 3ᵉ édit.   6 fr.

CARETTE (le colonel). **Études sur les temps antéhistoriques.** Première étude : *Le langage.* 1 vol. in-8. 1878.   8 fr.

REVUE PHILOSOPHIQUE

DE LA FRANCE ET DE L'ÉTRANGER

Dirigée par TH. RIBOT

Professeur au Collège de France.

(13ᵉ *année*, 1888.)

La REVUE PHILOSOPHIQUE paraît tous les mois, par livraisons de 6 ou 7 feuilles grand in-8, et forme ainsi à la fin de chaque année deux forts volumes d'environ 680 pages chacun.

CHAQUE NUMÉRO DE LA *REVUE* CONTIENT :

1° Plusieurs articles de fond ; 2° des analyses et comptes rendus des nouveaux ouvrages philosophiques français et étrangers ; 3° un compte rendu aussi complet que possible des *publications périodiques* de l'étranger pour tout ce qui concerne la philosophie ; 4° des notes, documents, observations, pouvant servir de matériaux ou donner lieu à des vues nouvelles.

Prix d'abonnement :

Un an, pour Paris, 30 fr. — Pour les départements et l'étranger, 33 fr.

La livraison. . . . . 3 fr.

Les années écoulées se vendent séparément 30 francs, et par livraisons de 3 francs.

REVUE HISTORIQUE

Dirigée par G. MONOD

Maître de conférences à l'École normale, directeur à l'École des hautes études.

(13ᵉ *année*, 1888.)

La REVUE HISTORIQUE paraît tous les deux mois, par livraisons grand in-8 de 15 ou 16 feuilles, de manière à former à la fin de l'année trois beaux volumes de 500 pages chacun.

CHAQUE LIVRAISON CONTIENT :

I. Plusieurs *articles de fond*, comprenant chacun, s'il est possible, un travail complet. — II. Des *Mélanges et Variétés*, composés de documents inédits d'une étendue restreinte et de courtes notices sur des points d'histoire curieux ou mal connus. — III. Un *Bulletin historique* de la France et de l'étranger, fournissant des renseignements aussi complets que possible sur tout ce qui touche aux études historiques. — IV. Une *analyse des publications périodiques* de la France et de l'étranger, au point de vue des études historiques. — V. Des *Comptes rendus critiques* des livres d'histoire nouveaux.

Prix d'abonnement :

Un an, pour Paris, 30 fr. — Pour les départements et l'étranger, 33 fr.

La livraison. . . . . 6 fr.

Les années écoulées se vendent séparément 30 francs, et par fascicules de 6 francs. Les fascicules de la 1ʳᵉ année se vendent 9 francs.

Tables générales des matières contenues dans les cinq premières années de la Revue historique.

I. — Années 1876 à 1880, par M. CHARLES BÉMONT.

II. — Années 1881 à 1885, par M. RENÉ COUDERC.

Chaque Table formant un vol. in-8, 3 francs ; 1 fr. 50 pour les abonnés.

ANNALES DE L'ÉCOLE LIBRE

DES

SCIENCES POLITIQUES

RECUEIL TRIMESTRIEL

Publié avec la collaboration des professeurs et des anciens élèves de l'école

TROISIÈME ANNÉE, 1888

COMITÉ DE RÉDACTION :

M. Émile BOUTMY, de l'Institut, directeur de l'École; M. Léon SAY, de l'Académie française, ancien ministre des Finances; M. ALF. DE FOVILLE, chef du bureau de statistique au ministère des Finances, professeur au Conservatoire des arts et métiers; M. R. STOURM, ancien inspecteur des Finances et administrateur des Contributions indirectes; M. Alexandre RIBOT, député; M. Gabriel ALIX; M. L. RENAULT, professeur à la Faculté des lettres de Paris; M. André LEBON; M. Albert SOREL; M. PIGEONNEAU, professeur à la Sorbonne; M. A. VANDAL, auditeur de 1ʳᵉ classe au Conseil d'État; Directeurs des groupes de travail, professeurs à l'École.

Secrétaire de la rédaction : M. Aug. ARNAUNÉ, docteur en droit.

La première livraison des **Annales de l'École libre des sciences politiques** a paru le 15 janvier 1886.

Les sujets traités embrassent tout le champ couvert par le programme d'enseignement de l'Ecole : *Economie politique, finances, statistique, histoire constitutionnelle, droit international, public et privé, droit administratif, législations civile et commerciale privées, histoire législative et parlementaire, histoire diplomatique, géographie économique, ethnographie, etc.*

La direction du Recueil ne néglige aucune des questions qui présentent, tant en France qu'à l'étranger, un intérêt pratique et actuel. L'esprit et la méthode en sont strictement scientifiques.

Les *Annales* contiennent en outre des notices bibliographiques et des correspondances de l'étranger.

Cette publication présente donc un intérêt considérable pour toutes les personnes qui s'adonnent à l'étude des sciences politiques. Sa place est marquée dans toutes les Bibliothèques des Facultés, des Universités et des grands corps délibérants.

MODE DE PUBLICATION ET CONDITIONS D'ABONNEMENT

Les *Annales de l'École libre des sciences politiques* paraissent tous les trois mois (15 janvier, 15 avril, 15 juillet et 15 octobre), par fascicules gr. in-8, de 160 pages chacun.

Les conditions d'abonnement sont les suivantes :

Un an (du 15 janvier)	Paris	**16** francs.
	Départements et étranger.	**17** —
	La livraison.	**5** —

Les années précédentes se vendent chacune **16** *francs ou, par livraisons de* 5 *francs.*

BIBLIOTHÈQUE SCIENTIFIQUE
INTERNATIONALE
Publiée sous la direction de M. Émile ALGLAVE

La *Bibliothèque scientifique internationale* est une œuvre dirigée par les auteurs mêmes, en vue des intérêts de la science, pour la populariser sous toutes ses formes, et faire connaître immédiatement dans le monde entier les idées originales, les directions nouvelles, les découvertes importantes qui se font chaque jour dans tous les pays. Chaque savant expose les idées qu'il a introduites dans la science, et condense pour ainsi dire ses doctrines les plus originales.

On peut ainsi, sans quitter la France, assister et participer au mouvement des esprits en Angleterre, en Allemagne, en Amérique, en Italie, tout aussi bien que les savants mêmes de chacun de ces pays.

La *Bibliothèque scientifique internationale* ne comprend pas seulement des ouvrages consacrés aux sciences physiques et naturelles, elle aborde aussi les sciences morales, comme la philosophie, l'histoire, la politique et l'économie sociale, la haute législation, etc.; mais les livres traitant des sujets de ce genre se rattachent encore aux sciences naturelles, en leur empruntant les méthodes d'observation et d'expérience qui les ont rendues si fécondes depuis deux siècles.

Cette collection paraît à la fois en français, en anglais, en allemand et en italien : à Paris, chez Félix Alcan ; à Londres, chez C. Kegan, Paul et Cie ; à New-York, chez Appleton ; à Leipzig, chez Brockhaus ; et à Milan, chez Dumolard frères.

LISTE DES OUVRAGES PAR ORDRE D'APPARITION

VOLUMES IN-8, CARTONNÉS A L'ANGLAISE, A 6 FRANCS.

Les mêmes en demi-reliure veau, avec coins, tranche supérieure dorée, non rognés .... 10 francs.

* 1. J. TYNDALL. **Les Glaciers et les Transformations de l'eau,** avec figures. 1 vol. in-8. 5e édition. 6 fr.
* 2. BAGEHOT. **Lois scientifiques du développement des nations** dans leurs rapports avec les principes de la sélection naturelle et de l'hérédité. 1 vol. in-8. 4e édition. 6 fr.
* 3. MAREY. **La Machine animale,** locomotion terrestre et aérienne, avec de nombreuses fig. 1 vol. in-8. 4e édit. augmentée. 6 fr.
4. BAIN. **L'Esprit et le Corps.** 1 vol. in-8. 4e édiion. 6 fr.
* 5. PETTIGREW. **La Locomotion chez les animaux,** marche, natation. 1 vol. in-8, avec figures. 2e édit. 6 fr.
* 6. HERBERT SPENCER. **La Science sociale.** 1 v. in-8. 8e édit. 6 fr.
* 7. SCHMIDT (O.). **La Descendance de l'homme et le Darwinisme.** 1 vol. in-8, avec fig. 5e édition. 6 fr.

8. MAUDSLEY. **Le Crime et la Folie.** 1 vol. in-8. 4ᵉ édit.   6 fr.

* 9. VAN BENEDEN. **Les Commensaux et les Parasites dans le règne animal.** 1 vol. in-8, avec figures. 3ᵉ édit.   6 fr.

* 10. BALFOUR STEWART. **La Conservation de l'énergie,** suivi d'une Étude sur la *nature de la force,* par *M. P. de Saint-Robert,* avec figures. 1 vol. in-8. 4ᵉ édition.   6 fr.

11. DRAPER. **Les Conflits de la science et de la religion.** 1 vol. in-8. 7ᵉ édition.   6 fr.

12. L. DUMONT. **Théorie scientifique de la sensibilité.** 1 vol. in-8. 3ᵉ édition.   6 fr.

* 13. SCHUTZENBERGER. **Les Fermentations.** 1 vol. in-8, avec fig. 4ᵉ édition.   6 fr.

* 14. WHITNEY. **La Vie du langage.** 1 vol. in-8. 3ᵉ édit.   6 fr.

15. COOKE et BERKELEY. **Les Champignons.** 1 vol. in-8, avec figures. 3ᵉ édition.   6 fr.

16. BERNSTEIN. **Les Sens.** 1 vol. in-8, avec 91 fig. 4ᵉ édit.   6 fr.

* 17. BERTHELOT. **La Synthèse chimique.** 1 vol. in-8. 5ᵉ édit.   6 fr.

* 18. VOGEL. **La Photographie et la Chimie de la lumière,** avec 95 figures. 1 vol. in-8. 4ᵉ édition.   6 fr.

* 19. LUYS. **Le Cerveau et ses fonctions,** avec figures. 1 vol. in-8. 6ᵉ édition.   6 fr.

* 20. STANLEY JEVONS. **La Monnaie et le Mécanisme de l'échange.** 1 vol. in-8. 4ᵉ édition.   6 fr.

21. FUCHS. **Les Volcans et les Tremblements de terre.** 1 vol. in-8, avec figures et une carte en couleur. 4ᵉ édition.   6 fr.

* 22. GÉNÉRAL BRIALMONT. **Les Camps retranchés et leur rôle dans la défense des États,** avec fig. dans le texte et 2 planches hors texte. 3ᵉ édit.   6 fr.

23. DE QUATREFAGES. **L'Espèce humaine.** 1 vol. in-8. 8ᵉ édit.   6 fr.

* 24. BLASERNA et HELMHOLTZ. **Le Son et la Musique.** 1 vol. in-8, avec figures. 4ᵉ édition.   6 fr.

* 25. ROSENTHAL. **Les Nerfs et les Muscles.** 1 vol. in-8, avec 75 figures. 3ᵉ édition.   6 fr.

* 26. BRUCKE et HELMHOLTZ. **Principes scientifiques des beaux-arts.** 1 vol. in-8, avec 39 figures. 2ᵉ édition.   6 fr.

* 27. WURTZ. **La Théorie atomique.** 1 vol. in-8. 4ᵉ édition.   6 fr.

* 28-29. SECCHI (le père). **Les Étoiles.** 2 vol. in-8, avec 63 figures dans le texte et 17 planches en noir et en couleur hors texte. 2ᵉ édit.   12 fr.

30. JOLY. **L'Homme avant les métaux.** 1 vol. in-8, avec figures. 4ᵉ édition.   6 fr.

* 31. A. BAIN. **La Science de l'éducation.** 1 vol. in-8. 6ᵉ édition.   6 fr.

* 32-33. THURSTON (R.). **Histoire de la machine à vapeur,** précédée d'une Introduction par M. HIRSCH. 2 vol. in-8, avec 140 figures dans le texte et 16 planches hors texte. 3ᵉ édition.   12 fr.

34. HARTMANN (R.). **Les Peuples de l'Afrique.** 1 vol. in-8, avec figures. 2ᵉ édition.   6 fr.

* 35. HERBERT SPENCER. **Les Bases de la morale évolutionniste.** 1 vol. in-8. 3ᵉ édition.   6 fr.

36. HUXLEY. **L'Écrevisse,** introduction à l'étude de la zoologie. 1 vol. in-8, avec figures.   6 fr.

37. DE ROBERTY. **De la Sociologie.** 1 vol. in-8. 2ᵉ édition.   6 fr.

* 38. ROOD. **Théorie scientifique des couleurs.** 1 vol. in-8, avec figures et une planche en couleur hors texte.   6 fr.

39. DE SAPORTA et MARION. **L'Évolution du règne végétal** (les Cryptogames). 1 vol. in-8 avec figures. 6 fr.

40-41. CHARLTON BASTIAN. **Le Cerveau, organe de la pensée chez l'homme et chez les animaux.** 2 vol. in-8, avec figures. 12 fr.

42. JAMES SULLY. **Les Illusions des sens et de l'esprit.** 1 vol. in-8, avec figures. 6 fr.

43. YOUNG. **Le Soleil.** 1 vol. in-8, avec figures. 6 fr.

44. DE CANDOLLE. **L'Origine des plantes cultivées.** 3e édition. 1 vol. in-8. 6 fr.

45-46. SIR JOHN LUBBOCK. **Fourmis, abeilles et guêpes.** Études expérimentales sur l'organisation et les mœurs des sociétés d'insectes hyménoptères. 2 vol. in-8, avec 65 figures dans le texte et 13 planches hors texte, dont 5 coloriées. 12 fr.

47. PERRIER (Edm.). **La Philosophie zoologique avant Darwin.** 1 vol. in-8. 2e édition. 6 fr.

48. STALLO. **La Matière et la Physique moderne.** 1 vol. in-8, précédé d'une Introduction par FRIEDEL. 6 fr.

49. MANTEGAZZA. **La Physionomie et l'Expression des sentiments.** 1 vol. in-8 avec huit planches hors texte. 6 fr.

50. DE MEYER. **Les Organes de la parole et leur emploi pour la formation des sons du langage.** 1 vol. in-8 avec 51 figures, traduit de l'allemand et précédé d'une Introduction par M. O. CLAVEAU. 6 fr.

51. DE LANESSAN. **Introduction à l'Étude de la botanique** (le Sapin). 1 vol. in-8, avec 143 figures dans le texte. 6 fr.

52-53. DE SAPORTA et MARION. **L'évolution du règne végétal** (les Phanérogames). 2 vol. in-8, avec 136 figures. 12 fr.

54. TROUESSART. **Les Microbes, les Ferments et les Moisissures.** 1 vol. in-8, avec 107 figures dans le texte. 6 fr.

55. HARTMANN (R.). **Les Singes anthropoïdes, et leur organisation comparée à celle de l'homme.** 1 vol. in-8, avec 63 figures dans le texte. 6 fr.

56. SCHMIDT (O.). **Les Mammifères dans leurs rapports avec leurs ancêtres géologiques.** 1 vol. in-8 avec 51 figures. 6 fr.

57. BINET et FÉRÉ. **Le Magnétisme animal.** 1 vol. in-8 avec fig. 6 fr.

58-59. ROMANES. **L'Intelligence des animaux.** 2 vol. in-8 avec fig. 12 fr.

60. F. LAGRANGE. **Physiologie des exercices du corps.** 1 vol. in-8. 6 fr.

61. DREYFUS (Camille). **La Théorie de l'évolution.** 1 vol. in-8. 6 fr.

62-63. SIR JOHN LUBBOCK. **L'Homme préhistorique.** 2 vol. in-8, avec figures dans le texte. 3e édit. 12 fr.

64. DAUBRÉE. **Les Régions invisibles du globe et de l'espace céleste.** 1 vol. in-8, avec figures. 9 fr.

OUVRAGES SUR LE POINT DE PARAITRE :

BERTHELOT. **La Philosophie chimique.** 1 vol.
BEAUNIS. **Les Sensations internes.** 1 vol. avec figures.
MORTILLET (de). **L'Origine de l'homme.** 1 vol. avec figures.
PERRIER (E.) **L'Embryogénie générale.** 1 vol. avec figures.
LACASSAGNE. **Les Criminels.** 1 vol. avec figures.
CARTAILHAC. **La France préhistorique.** 1 vol. avec figures.
DURAND-CLAYE (A.). **L'Hygiène des villes.** 1 vol. avec figures.
POUCHET (G.). **La Vie du sang.** 1 vol. avec figures.
RICHER (Charles). **La Chaleur animale.** 1 vol. avec figures.

LISTE DES OUVRAGES

DE LA

BIBLIOTHÈQUE SCIENTIFIQUE INTERNATIONALE

PAR ORDRE DE MATIÈRES.

Chaque volume in-8, cartonné à l'anglaise........ 6 francs.
En demi-rel. veau avec coins, tranche supérieure dorée, non rogné. 10 fr.

SCIENCES SOCIALES

* **Introduction à la science sociale**, par HERBERT SPENCER. 1 vol. in-8, 7ᵉ édit. 6 fr.

* **Les Bases de la morale évolutionniste**, par HERBERT SPENCER. 1 vol. in-8, 3ᵉ édit. 6 fr.

Les Conflits de la science et de la religion, par DRAPER, professeur à l'Université de New-York. 1 vol. in-8, 7ᵉ édit. 6 fr.

Le Crime et la Folie, par H. MAUDSLEY, professeur de médecine légale à l'Université de Londres. 1 vol. in-8, 5ᵉ édit. 6 fr.

* **La Défense des États et les camps retranchés,** par le général A. BRIALMONT, inspecteur général des fortifications et du corps du génie de Belgique. 1 vol. in-8 avec nombreuses figures dans le texte et 2 pl. hors texte, 3ᵉ édit. 6 fr.

* **La Monnaie et le Mécanisme de l'échange**, par W. STANLEY JEVONS, professeur d'économie politique à l'Université de Londres. 1 vol. in-8, 4ᵉ édit. (V. P.) 6 fr.

La Sociologie, par DE ROBERTY. 1 vol. in-8, 2ᵉ édit. (V. P.) 6 fr.

* **La Science de l'éducation**, par Alex. BAIN, professeur à l'Université d'Aberdeen (Écosse). 1 vol. in-8, 6ᵉ édit. (V. P.) 6 fr.

Lois scientifiques du développement des nations dans leurs rapports avec les principes de l'hérédité et de la sélection naturelle, par W. BAGEHOT. 1 vol. in-8, 5ᵉ édit. 6 fr.

* **La Vie du langage**, par D. WHITNEY, professeur de philologie comparée à Yale-College de Boston (Etats-Unis). 1 vol. in-8, 3ᵉ édit. (V. P.) 6 fr.

PHYSIOLOGIE

Les Illusions des sens et de l'esprit, par James SULLY. 1 vol. in-8. 2ᵉ édit. (V. P.) 6 fr.

* **La Locomotion chez les animaux** (marche, natation et vol), suivie d'une étude sur l'*Histoire de la navigation aérienne*, par J.-B. PETTIGREW, professeur au Collège royal de chirurgie d'Édimbourg (Écosse). 1 vol. in-8 avec 140 figures dans le texte. 2ᵉ édit. 6 fr.

* **Les Nerfs et les Muscles**, par J. ROSENTHAL, professeur de physiologie à l'Université d'Erlangen (Bavière). 1 vol. in-8 avec 75 figures dans le texte, 3ᵉ édit. (V. P.) 6 fr.

* **La Machine animale**, par E.-J. MAREY, membre de l'Institut, professeur au Collège de France. 1 vol. in-8 avec 117 figures dans le texte, 4ᵉ édit. (V. P.) 6 fr.

* **Les Sens**, par BERNSTEIN, professeur de physiologie à l'Université de Halle (Prusse). 1 vol. in-8 avec 91 figures dans le texte, 4ᵉ édit. (V. P.) 6 fr.

Les Organes de la parole, par H. DE MEYER, professeur à l'Université de Zurich, traduit de l'allemand et précédé d'une introduction sur l'*Enseignement de la parole aux sourds-muets*, par O. CLAVEAU, inspecteur général des établissements de bienfaisance. 1 vol. in-8 avec 51 figures dans le texte. 6 fr.

La Physionomie et l'Expression des sentiments, par P. MANTEGAZZA, professeur au Muséum d'histoire naturelle de Florence. 1 vol. in-8 avec figures et 8 planches hors texte, d'après les dessins originaux d'Edouard Ximenès. 6 fr.

Physiologie des exercices du corps, par le docteur LAGRANGE. 1 vol. in-8. 6 fr.

PHILOSOPHIE SCIENTIFIQUE

* **Le Cerveau et ses fonctions**, par J. Luys, membre de l'Académie de médecine, médecin de la Salpêtrière. 1 vol. in-8 avec fig. 5ᵉ édit. (V. P.) 6 fr.

Le Cerveau et la Pensée chez l'homme et les animaux, par Charlton Bastian, professeur à l'Université de Londres. 2 vol. in-8 avec 184 fig. dans le texte. 12 fr.

Le Crime et la Folie, par H. Maudsley, professeur à l'Université de Londres. 1 vol. in-8, 5ᵉ édit. 6 fr.

L'Esprit et le Corps, considérés au point de vue de leurs relations, suivi d'études sur les *Erreurs généralement répandues au sujet de l'esprit*, par Alex. Bain, professeur à l'Université d'Aberdeen (Écosse). 1 vol. in-8, 4ᵉ édit. (V. P.) 6 fr.

* **Théorie scientifique de la sensibilité** : le *Plaisir et la Peine*, par Léon Dumont. 1 vol. in-8, 3ᵉ édit. 6 fr.

La Matière et la Physique moderne, par Stallo, précédé d'une préface par M. Ch. Friedel, de l'Institut. 1 vol. in-8. 6 fr.

Le Magnétisme animal, par A. Binet et Ch. Féré. 1 vol. in-8, avec figures dans le texte. 2ᵉ édit. 6 fr.

L'Intelligence des animaux, par Romanes. 2 vol. in-8, précédés d'une préface de M. E. Perrier, professeur au Muséum d'histoire naturelle. 12 fr.

La Théorie de l'évolution, par C. Dreyfus, député de la Seine. 1 v. in-8. 6 fr.

ANTHROPOLOGIE

* **L'Espèce humaine**, par A. de Quatrefages, membre de l'Institut, professeur d'anthropologie au Muséum d'histoire naturelle de Paris. 1 vol. in-8, 9ᵉ édit. (V. P.) 6 fr.

* **L'Homme avant les métaux**, par N. Joly, correspondant de l'Institut, professeur à la Faculté des sciences de Toulouse. 1 vol. in-8 avec 150 figures dans le texte et un frontispice, 4ᵉ édit. (V. P.) 6 fr.

* **Les Peuples de l'Afrique**, par R. Hartmann, professeur à l'Université de Berlin. 1 vol. in-8 avec 93 figures dans le texte, 2ᵉ édit. (V. P.) 6 fr.

Les Singes anthropoïdes, et leur organisation comparée à celle de l'homme, par R. Hartmann, professeur à l'Université de Berlin. 1 vol. in-8 avec 63 figures gravées sur bois. 6 fr.

L'Homme préhistorique, par Sir John Lubbock, membre de la Société royale de Londres. 2 vol. in-8, avec de nombreuses fig. dans le texte. 3ᵉ édit. 12 fr.

ZOOLOGIE

* **Descendance et Darwinisme**, par O. Schmidt, professeur à l'Université de Strasbourg. 1 vol. in-8 avec figures, 5ᵉ édit. 6 fr.

Les Mammifères dans leurs rapports avec leurs ancêtres géologiques, par O. Schmidt. 1 vol. in-8 avec 51 figures dans le texte. 6 fr.

Fourmis, Abeilles et Guêpes, par sir John Lubbock, membre de la Société royale de Londres. 2 vol. in-8 avec figures dans le texte et 13 planches hors texte, dont 5 coloriées. (V. P.) 12 fr.

L'Écrevisse, introduction à l'étude de la zoologie, par Th.-H. Huxley, membre de la Société royale de Londres et de l'Institut de France, professeur d'histoire naturelle à l'École royale des mines de Londres. 1 vol. in-8 avec 82 figures. 6 fr.

* **Les Commensaux et les Parasites** dans le règne animal, par P.-J. Van Beneden, professeur à l'Université de Louvain (Belgique). 1 vol. in-8 avec 82 figures dans le texte. 3ᵉ édit. (V. P.) 6 fr.

La Philosophie zoologique avant Darwin, par Edmond Perrier, professeur au Muséum d'histoire naturelle de Paris. 1 vol. in-8, 2ᵉ édit. (V. P.) 6 fr.

BOTANIQUE — GÉOLOGIE

Les Champignons, par Cooke et Berkeley. 1 vol. in-8 avec 110 figures. 3ᵉ édition. 6 fr.

L'Évolution du règne végétal, par G. de Saporta, correspondant de l'Institut, et Marion, correspondant de l'Institut, professeur à la Faculté des sciences de Marseille.

    I. *Les Cryptogames*. 1 vol. in-8 avec 85 figures dans le texte. 6 fr.

    II. *Les Phanérogames*. 2 vol. in-8 avec 136 figures dans le texte. 12 fr.

* **Les Volcans et les Tremblements de terre**, par Fuchs, professeur à l'Université de Heidelberg. 1 vol. in-8 avec 36 figures et une carte en couleur, 5ᵉ édition. (V. P.) 6 fr.

Les Régions invisibles du globe et des espaces célestes, par DAUBRÉE, de l'Institut, professeur au Muséum d'histoire naturelle. 1 vol. in-8, avec 85 figures dans le texte et 2 cartes. 6 fr.

L'Origine des plantes cultivées, par A. DE CANDOLLE, correspondant de l'Institut. 1 vol. in-8, 3ᵉ édit. 6 fr.

Introduction à l'étude de la botanique (le Sapin), par J. DE LANESSAN, professeur agrégé à la Faculté de médecine de Paris. 1 vol. in-8 avec figures dans le texte. (V. P.) 6 fr.

Microbes, Ferments et Moisissures, par le docteur L. TROUESSART. 1 vol. in-8 avec 108 figures dans le texte. (V. P.) 6 fr.

CHIMIE

Les Fermentations, par P. SCHÜTZENBERGER, membre de l'Académie de médecine, professeur de chimie au Collège de France. 1 vol. in-8 avec figures, 4ᵉ édit. 6 fr.

* **La Synthèse chimique**, par M. BERTHELOT, membre de l'Institut, professeur de chimie organique au Collège de France. 1 vol. in-8, 6ᵉ édit. 6 fr.

* **La Théorie atomique**, par Ad. WURTZ, membre de l'Institut, professeur à la Faculté des sciences et à la Faculté de médecine de Paris. 1 vol. in-8, 4ᵉ édit., précédée d'une introduction sur la *Vie et les travaux* de l'auteur, par M. CH. FRIEDEL, de l'Institut. 6 fr.

ASTRONOMIE — MÉCANIQUE

* **Histoire de la Machine à vapeur, de la Locomotive et des Bateaux à vapeur**, par R. THURSTON, professeur de mécanique à l'Institut technique de Hoboken, près de New-York, revue, annotée et augmentée d'une Introduction par M. HIRSCH, professeur de machines à vapeur à l'École des ponts et chaussées de Paris. 2 vol. in-8 avec 160 figures dans le texte et 16 planches tirées à part. 3ᵉ édit. (V. P.) 12 fr.

* **Les Étoiles**, notions d'astronomie sidérale, par le P. A. SECCHI, directeur de l'Observatoire du Collège Romain. 2 vol. in-8 avec 68 figures dans le texte et 16 planches en noir et en couleurs, 2ᵉ édit. (V. P.) 12 fr.

Le Soleil, par C.-A. YOUNG, professeur d'astronomie au Collège de New-Jersey. 1 vol. in-8 avec 87 figures. (V. P.) 6 fr.

PHYSIQUE

La Conservation de l'énergie, par BALFOUR STEWART, professeur de physique au collège Owens de Manchester (Angleterre), suivi d'une étude sur la *Nature de la force*, par P. DE SAINT-ROBERT (de Turin). 1 vol. in-8 avec figures, 4ᵉ édit. 6 fr.

* **Les Glaciers et les Transformations de l'eau**, par J. TYNDALL, professeur de chimie à l'Institution royale de Londres, suivi d'une étude sur le même sujet, par HELMHOLTZ, professeur à l'Université de Berlin. 1 vol. in-8 avec nombreuses figures dans le texte et 8 planches tirées à part sur papier teinté, 5ᵉ édit. (V. P.) 6 fr

* **La Photographie et la Chimie de la lumière**, par VOGEL, professeur à l'Académie polytechnique de Berlin. 1 vol. in-8 avec 95 figures dans le texte et une planche en photoglyptie, 4ᵉ édit. (V. P.) 6 fr.

La Matière et la Physique moderne, par STALLO. 1 vol. in-8. 6 fr.

THÉORIE DES BEAUX-ARTS

* **Le Son et la Musique**, par P. BLASERNA, professeur à l'Université de Rome, suivi des *Causes physiologiques de l'harmonie musicale*, par H. HELMHOLTZ, professeur à l'Université de Berlin. 1 vol. in-8 avec 41 figures, 3ᵉ édit. (V. P.) 6 fr.

Principes scientifiques des Beaux-Arts, par E. BRUCKE, professeur à l'Université de Vienne, suivi de *l'Optique et les Arts*, par HELMHOLTZ, professeur à l'Université de Berlin. 1 vol. in-8 avec figures, 3ᵉ édit. (V. P.) 6 fr.

* **Théorie scientifique des couleurs** et leurs applications aux arts et à l'industrie, par O. N. ROOD, professeur de physique à Colombia-College de New-York (Etats-Unis). 1 vol. in-8 avec 130 figures dans le texte et une planche en couleurs. (V. P.) 6 fr.

PUBLICATIONS

HISTORIQUES, PHILOSOPHIQUES ET SCIENTIFIQUES
qui ne se trouvent pas dans les collections précédentes.

ALAUX. **La Religion progressive.** 1 vol. in-18. 3 fr. 50

ALGLAVE. **Des Juridictions civiles chez les Romains.** 1 vol. in-8. 2 fr. 50

ALTMEYER (J. J.). **Les Précurseurs de la réforme aux Pays-Bas.** 2 forts volumes in-8°. 12 fr.

ARRÉAT. **Une Éducation intellectuelle.** 1 vol. in-18. 2 fr. 50

ARRÉAT. **La Morale dans le drame, l'épopée et le roman.** 1 vol. in-18. 1883. 2 fr. 50

ARRÉAT. **Journal d'un philosophe.** 1 vol. in-18. 1887. 3 fr. 50

AUBRY. **La Contagion du meurtre.** 1 vol. in-8. 1887. 4 fr.

AZAM. **Le Caractère dans la santé et dans la maladie.** 1 vol. in-8. précédé d'une préface de Th. RIBOT. 1887. 4 fr,

BALFOUR STEWART et TAIT. **L'Univers invisible.** 1 vol. in-8, traduit de l'anglais. 7 fr.

BARNI. **Les Martyrs de la libre pensée.** 1 vol. in-18. 2e édit. 3 fr. 50

BARNI. **Napoléon Ier.** 1 vol. in-18, édition populaire. 1 fr.

BARNI. Voy. p. 4 ; KANT, p. 4 ; p. 12 et 31.

BARTHÉLEMY SAINT-HILAIRE. Voy. pages 2 et 6, ARISTOTE.

BAUTAIN. **La Philosophie morale.** 2 vol. in-8. 12 fr.

BEAUNIS (H.). **Impressions de campagne** (1870-1871). 1 volume in-18. 3 fr. 50

BÉNARD (Ch.). **De la philosophie dans l'éducation classique.** 1862. 1 fort vol. in-8. 6 fr.

BÉNARD. Voy. p. 7 et 8, SCHELLING et HEGEL.

BERTAULD (P.-A.). **Introduction à la recherche des causes premières. — De la méthode.** 3 vol. in-18. Chaque volume, 3 fr. 50

BLACKWELL (Dr Elisabeth). **Conseils aux parents** sur l'éducation de leurs enfants au point de vue sexuel. In-18. 2 fr.

BLANQUI. **L'Éternité par les astres.** In-8. 2 fr.

BLANQUI. **Critique sociale,** capital et travail. Fragments et notes. 2 vol. in-18. 1885. 7 fr.

BOUCHARDAT. **Le Travail,** son influence sur la santé (conférences faites aux ouvriers). 1 vol. in-18. 2 fr. 50

BOUILLET (Ad.). **Les Bourgeois gentilshommes. — L'Armée de Henri V.** 1 vol. in-18. 3 fr. 50

BOUILLET (Ad.). **Types nouveaux.** 1 vol. in-18. 1 fr. 50

BOUILLET (Ad.). **L'Arrière-ban de l'ordre moral.** 1 vol. in-18. 3 fr. 50

BOURBON DEL MONTE. **L'Homme et les Animaux.** 1 vol. in-8. 5 fr.

BOURDEAU (Louis). **Théorie des sciences,** plan de science intégrale. 2 vol. in-8. 20 fr.

BOURDEAU (Louis). **Les Forces de l'industrie,** progrès de la puissance humaine. 1 vol. in-8. 5 fr.

BOURDEAU (Louis). **La Conquête du monde animal.** In-8. 5 fr.

BOURDEAU (Louis). **L'Histoire et les Historiens.** 2 vol. in-8 (S. *presse.*)

BOURDET (Eug.). **Principes d'éducation positive,** précédés d'une préface de M. Ch. ROBIN. 1 vol. in-18. 3 fr. 50

BOURDET. **Vocabulaire des principaux termes de la philosophie positive.** 1 vol. in-18. 3 fr. 50

BOURLOTON (Edg.) et ROBERT (Edmond). **La Commune et ses idées à travers l'histoire.** 1 vol. in-18. 3 fr. 50

BOURLOTON. Voy. p. 12.

BROCHARD (V.). **De l'Erreur.** 1 vol. in-8. 3 fr. 50

BROCHARD. Voy. p. 7.

BUCHNER. **Essai biographique sur Léon Dumont.** 1 vol. in 18 (1884). 2 fr.

Bulletins de la Société de psychologie physiologique. 1re année 1885. 1 broch. in-8, 1 fr. 50. — 2e année 1886, 1 broch. in-8, 1 fr. 50. — 3e année. 1887. 1 fr. 50

BUSQUET. **Représailles,** poésies. 1 vol. in-18. 3 fr.

CAIX DE SAINT-AYMOUR (le vicomte de). **Recueil des instructions données aux ambassadeurs et ministres de France en Portugal,** depuis les traités de Westphalie jusqu'à la Révolution française. 1 fort vol. in-8 sur papier de Hollande. 20 fr.

CADET. **Hygiène, inhumation, crémation.** In-18. 2 fr.

CARRAU (Lud.). **Études historiques et critiques sur les preuves du Phédon de Platon en faveur de l'immortalité de l'âme humaine.** In-8. 2 fr.

CHASSERIAU (Jean). **Du principe autoritaire et du principe rationnel** 1 vol. in-18. 3 fr. 50

CLAMAGERAN. **L'Algérie,** impressions de voyage. 3e édit. 1 vol. in-18. 1884. 3 fr. 50

CLAMAGERAN. Voy. p. 12.

CLAVEL (D[r]), **La Morale positive.** 1 vol. in-8. 3 fr.

CLAVEL (D[r]). **Critique et conséquence des principes de 1789.** 1 vol. in-18. 3 fr.

CLAVEL (D[r]). **Les Principes au XIXe siècle.** In-18. 1 fr.

CONTA. **Théorie du fatalisme.** 1 vol. in-18. 4 fr.

CONTA. **Introduction à la métaphysique.** 1 vol. in-18. 3 fr.

COQUEREL (Charles). **Lettres d'un marin à sa famille.** 1 vol. in-18. 3 fr. 50

COQUEREL fils (Athanase). **Libres Études** (religion, critique, histoire, beaux-arts). 1 vol. in-8. 5 fr.

CORTAMBERT (Louis). **La Religion du progrès.** In-18. 3 fr. 50

COSTE (Adolphe). **Hygiène sociale contre le paupérisme** (prix de 5000 fr. au concours Pereire). 1 vol. in-8. 6 fr.

COSTE (Adolphe). **Les Questions sociales contemporaines,** comptes rendus du concours Pereire, et études nouvelles sur le *paupérisme, la prévoyance, l'impôt, le crédit, les monopoles, l'enseignement,* avec la collaboration de MM. A. BURDEAU et ARRÉAT pour la partie relative à l'enseignement. 1 fort. vol. in-8. 10 fr.

COSTE (Ad.) Voy. p. 2.

DANICOURT (Léon). **La Patrie et la République.** In-18. 2 fr. 50

DANOVER. **De l'esprit moderne.** 1 vol. in-18. 1 fr. 50

DAURIAC. **Psychologie et pédagogie.** 1 br. in-8. 1884. 1 fr.

DAURIAC. **Sens commun et raison pratique.** 1 br. in-8. 1 fr. 50

DAVY. **Les Conventionnels de l'Eure.** 2 forts vol. in-8. 18 fr.

DELBŒUF. **Psychophysique,** mesure des sensations de lumière et de fatigue, théorie générale de la sensibilité. 1 vol. in-18. 3 fr. 50

DELBŒUF. **Examen critique de la loi psychophysique,** sa base et sa signification. 1 vol. in-18. 1883. 3 fr. 50

DELBŒUF. **Le Sommeil et les Rêves,** considérés principalement dans leurs rapports avec les théories de la certitude et de la mémoire. 1 vol. in-18. 3 fr. 50

DELBŒUF. **De l'origine des effets curatifs de l'hypnotisme.** Étude de psychologie expérimentale. 1887. In-8. 1 fr. 50

DELBŒUF. Voy. p. 2.

DESTREM (J.). **Les Déportations du Consulat.** 1 br. in-8. 1 fr. 50

DOLLFUS (Ch.). **De la nature humaine.** 1868. 1 vol. in-8. 5 fr.

DOLLFUS (Ch.). **Lettres philosophiques.** In-18. 3 fr.

DOLLFUS (Ch.). **Considérations sur l'histoire.** Le monde antique. 1 vol. in-8. 7 fr. 50

DOLLFUS (Ch.). **L'Ame dans les phénomènes de conscience** 1 vol.
in-18.   3 fr. 50

DUBOST (Antonin). **Des conditions de gouvernement en France.**
1 vol. in-8.   7 fr. 50

DUFAY. **Etudes sur la destinée.** 1 vol. in-18. 1876.   3 fr.

DUMONT (Léon). **Le Sentiment du gracieux.** 1 vol. in-8.   3 fr.

DUMONT (Léon). Voy. p. 18 et 21.

DUNAN. **Essai sur les formes à priori de la sensibilité.** 1 vol. in-8.
1884.   5 fr.

DUNAN. **Les Arguments de Zénon d'Elée contre le mouvement.**
1 br. in-8. 1884.   1 fr. 50

DU POTET. **Manuel de l'étudiant magnétiseur.** Nouvelle édition.
1 vol. in-18.   3 fr. 50

DU POTET. **Traité complet de magnétisme**, cours en douze leçons.
4ᵉ édition. 1 vol. in-8 de 634 pages.   8 fr.

DURAND-DÉSORMEAUX. **Réflexions et Pensées**, précédées d'une Notice
sur la vie, le caractère et les écrits de l'auteur, par Ch. YRIARTE. 1 vol.
in-8. 1884.   2 fr. 50

DURAND-DESORMEAUX. **Études philosophiques**, théorie de l'action,
théorie de la connaissance. 2 vol. in-8. 1884.   15 fr.

DUTASTA. **Le Capitaine Vallé**, ou l'Armée sous la Restauration. 1 vol.
in-18. 1883.   3 fr. 50

DUVAL-JOUVE. **Traité de logique.** 1 vol. in-8.   6 fr.

DUVERGIER DE HAURANNE (Mᵐᵉ E.). **Histoire populaire de la Révolution française.** 1 vol. in-18. 3ᵉ édit.   3 fr. 50

Éléments de science sociale. Religion physique, sexuelle et naturelle.
1 vol. in-18. 4ᵉ édit. 1885.   3 fr. 50

ÉLIPHAS LÉVI. **Dogme et rituel de la haute magie.** 2ᵉ édit., 2 vol.
in-8, avec 24 fig.   18 fr.

ÉLIPHAS LÉVI. **Histoire de la magie.** 1 vol. in-8, avec fig.   12 fr.

ÉLIPHAS LÉVI. **Clef des grands mystères.** 1 vol. in-8.   12 fr.

ÉLIPHAS LÉVI. **La Science des esprits.** 1 vol. in-8.   7 fr.

ESCANDE. **Hoche en Irlande** (1795-1798), d'après les documents inédits.
1 vol. in-18 en caractères elzéviriens (1888).   3 fr. 50

ESPINAS. **Idée générale de la pédagogie.** 1 br. in-8. 1884.   1 fr.

ESPINAS. **Du sommeil provoqué chez les hystériques.** Essai d'explication psychologique de sa cause et de ses effets. 1 brochure in-8. 1 fr.

ESPINAS. Voy. p 2 et 5.

ÉVELLIN. **Infini et quantité.** Étude sur le concept de l'infini dans la philosophie et dans les sciences. 1 vol. in-8. 2ᵉ édit. (*Sous presse.*)

FABRE (Joseph). **Histoire de la philosophie.** Première partie : Antiquité
et moyen âge. 1 vol. in-12.   3 fr. 50

FAU. **Anatomie des formes du corps humain**, à l'usage des peintres et
des sculpteurs. 1 atlas de 25 planches avec texte. 2ᵉ édition. Prix, figures noires. 15 fr.; fig. coloriées.   30 fr.

FAUCONNIER. **Protection et libre échange.** In-8.   2 fr.

FAUCONNIER. **La morale et la religion dans l'enseignement.** in-8.
                                                                   75 c.

FAUCONNIER. **L'Or et l'Argent.** In-8.   2 fr. 50

FEDERICI. **Les Lois du progrès.** 1 vol. in-18. (*Sous presse.*)

FERBUS (N.). **La Science positive du bonheur.** 1 vol. in-18.   3 fr.

FERRIÈRE (Em.). **Les Apôtres**, essai d'histoire religieuse, d'après la méthode
des sciences naturelles. 1 vol. in-12.   4 fr. 50

FERRIÈRE (Em.). **L'Ame est la fonction du cerveau.** 2 volumes in-18.
1883.   7 fr.

FERRIÈRE (Em.). **Le Paganisme des Hébreux jusqu'à la captivité
de Babylone.** 1 vol. in-18. 1884.   3 fr. 50

FERRIÈRE (Em.). **La Matière et l'Énergie.** 1 vol. in-18. 1887. 4 fr. 50

FERRIÈRE (Em.). Voy. p. 32.

FERRON (de). **Institutions municipales et provinciales** dans les différents États de l'Europe. Comparaison. Réformes. 1 vol. in-8. 1883.   8 fr.

FERRON (de). **Théorie du progrès.** 2 vol. in-18.   7 fr.

FERRON (de). **De la division du pouvoir législatif en deux chambres,** histoire et théorie du Sénat. 1 vol. in-8.   8 fr.

FONCIN. **Essai sur le ministère Turgot.** In-8. 2° édit. *(Sous presse.)*

FOX (W.-J.). **Des idées religieuses.** In-8.   3 fr.

FRIBOURG (E.). **Le Paupérisme parisien.** 1 vol. in-12.   1 fr. 25

GALTIER-BOISSIÈRE. **Sématotechnie,** ou Nouveaux signes phonographiques. 1 vol. in-8 avec figures.   3 fr. 50

GASTINEAU. **Voltaire en exil.** 1 vol. in-18.   3 fr.

GAYTE (Claude). **Essai sur la croyance.** 1 vol. in-8.   3 fr.

GEFFROY. **Recueil des instructions données aux ministres et ambassadeurs de France en Suède,** depuis les traités de Westphalie jusqu'à la Révolution française. 1 fort vol. in-8 raisin sur papier de Hollande.   20 fr.

GILLIOT (Alph.). **Études sur les religions et institutions comparées.** 2 vol. in-12, tome Ier. 3 fr. — Tome II.   5 fr.

GOBLET D'ALVIELLA. **L'Évolution religieuse** chez les Anglais, les Américains, les Hindous, etc. 1 vol. in-8. 1883.   7 fr. 50

GOURD. **Le Phénomène.** Essai de philosophie générale. 1 vol. in-8.
(Sous presse.)

GRESLAND. **Le Génie de l'homme,** libre philosophie. Gr. in-8.   7 fr.

GUILLAUME (de Moissey). **Traité des sensations.** 2 vol. in-8.   12 fr.

GUILLY. **La Nature et la Morale.** 1 vol. in-18. 2e édit.   2 fr. 50

GUYAU. **Vers d'un philosophe.** 1 vol. in-18.   3 fr. 50

GUYAU. Voy. p. 5 et 10.

HAYEM (Armand). **L'Être social.** 1 vol. in-18. 2e édit.   3 fr. 50

HERZEN. **Récits et Nouvelles.** 1 vol. in-18.   3 fr. 50

HERZEN. **De l'autre rive.** 1 vol. in-18.   3 fr. 50

HERZEN. **Lettres de France et d'Italie.** In-18.   3 fr. 50

HUXLEY. **La Physiographie,** introduction à l'étude de la nature, traduit et adapté par M. G. Lamy. 1 vol. in-8 avec figures dans le texte et 2 planches en couleurs, broché,   8 fr. — En demi-reliure, tranches dorées.   11 fr.

HUXLEY. Voy. p. 5 et 32.

ISSAURAT. **Moments perdus de Pierre-Jean.** 1 vol. in-18.   3 fr.

ISSAURAT. **Les Alarmes d'un père de famille.** In-8.   1 fr.

JANET (Paul). **Le Médiateur plastique de Cudworth.** 1 vol. in-8.   1 fr.

JANET (Paul). Voy. p. 3, 5, 7, 8 et 9.

JEANMAIRE. **L'Idée de la personnalité dans la psychologie moderne.** 1 vol. in-8. 1883.   5 fr.

JOIRE. **La Population, richesse nationale; le travail, richesse du peuple.** 1 vol. in-8. 1886.   5 fr.

JOYAU. **De l'invention dans les arts et dans les sciences.** 1 vol. in-8.   5 fr.

JOZON (Paul). **De l'écriture phonétique.** In-18.   3 fr. 50

KAULEK (Jean). **Correspondance politique de MM. de Castillon et de Marillac,** ambassadeurs de France en Angleterre (1538-1542). 1 fort vol. gr. in-8.   15 fr.

KAULEK (Jean). **Papiers de Barthélemy,** ambassadeur de France en Suisse de 1792 à 1797. — I, année 1792. 1 vol. gr. in-8.   15 fr.
II (janvier-août 1793). 1 vol. in-8.   15 fr.

LABORDE. **Les Hommes et les Actes de l'insurrection de Paris** devant la psychologie morbide. 1 vol. in-18.   2 fr. 50

LACHELIER. **Le Fondement de l'induction.** 1 vol. in-8.   3 fr. 50

LACOMBE. **Mes droits.** 1 vol. in-12.   2 fr. 50

LAFONTAINE. **L'Art de magnétiser** ou le Magnétisme vital, considéré au point de vue théorique, pratique et thérapeutique. 5e éd., 1886. In-8. 5 fr.

LACGROND. **L'Univers, la force et la vie.** 1 vol. in-8. 1884. 2 fr. 50

LA LANDELLE (de). **Alphabet phonétique.** In-18. 2 fr. 50

LANGLOIS. **L'Homme et la Révolution.** 2 vol. in-18. 7 fr.

LAURET (Henri). **Critique d'une morale sans obligation ni sanction.** In-8. 1 fr. 50

LAURET (Henri). Voy. p. 9.

LAUSSEDAT. **La Suisse.** Études méd. et sociales. In-18 3 fr. 50

LAVELEYE (Em. de). **De l'avenir des peuples catholiques.** In-8. 21ᵉ édit. 25 c.

LAVELEYE (Em. de). **Lettres sur l'Italie** (1878-1879). 1 volume in-18. 3 fr. 50

LAVELEYE (Em. de). **Nouvelles lettres d'Italie.** 1 vol. in-8. 1884. 3 fr.

LAVELEYE (Em. de). **L'Afrique centrale.** 1 vol. in-12. 3 fr.

LAVELEYE (Em. de). **La Péninsule des Balkans** (Vienne, Croatie, Bosnie, Serbie, Bulgarie, Roumélie, Turquie, Roumanie). 2 vol. in-12. 1886. 10 fr.

LAVELEYE (Em. de). **La Propriété collective du sol en différents pays.** In-8. 2 fr.

LAVELEYE (Em. de) et HERBERT SPENCER. **L'État et l'Individu, ou darwinisme social et christianisme.** In-8. 1 fr.

LAVELEYE (Em. de). Voy. p. 5 et 12.

LAVERGNE (Bernard). **L'Ultramontanisme et l'État.** In-8. 1 fr. 50

LEDRU-ROLLIN. **Discours politiques et écrits divers.** 2 vol. in-8 cavalier. 12 fr.

LEGOYT. **Le Suicide.** 1 vol. in-8. 8 fr.

LELORRAIN. **De l'aliéné au point de vue de la responsabilité pénale.** In-8. 2 fr.

LEMER (Julien). **Dossier des Jésuites et des libertés de l'Église gallicane.** 1 vol. in-18. 3 fr. 50

LOURDEAU. **Le Sénat et la Magistrature dans la démocratie française.** 1 vol. in-18. 3 fr. 50

MAGY. **De la Science et de la Nature.** 1 vol. in-8. 6 fr.

MAINDRON (Ernest). **L'Académie des sciences** (Histoire de l'Académie, fondation de l'Institut national; Bonaparte, membre de l'Institut). 1 beau vol. in-8 cavalier, avec 53 gravures dans le texte, portraits, plans, etc., 8 planches hors texte et 2 autographes, d'après des documents originaux. 12 fr.

MARAIS. **Garibaldi et l'Armée des Vosges.** In-18. (V. P.) 1 fr. 50

MASSERON (I.). **Danger et Nécessité du socialisme.** 1 vol. in-18 1883. 3 fr. 50

MAURICE (Fernand). **La Politique extérieure de la République française.** 1 vol. in-12. 3 fr. 50

MENIÈRE. **Cicéron médecin.** 1 vol. in-18. 4 fr. 50

MENIÈRE. **Les Consultations de Mᵐᵉ de Sévigné,** étude médico-littéraire. 1884. 1 vol. in-8. 3 fr.

MESMER. **Mémoires et Aphorismes,** suivis des procédés de d'Eslon. In-18. 2 fr. 50

MICHAUT (N.). **De l'Imagination.** 1 vol. in-8. 5 fr.

MILSAND. **Les Études classiques** et l'enseignement public. 1 vol. in-18. 3 fr. 50

MILSAND. **Le Code et la Liberté.** In-8. 2 fr.

MORIN (Miron). **De la séparation du temporel et du spirituel.** In-8. 3 fr. 50

MORIN (Miron). **Essais de critique religieuse.** 1 fort vol. in-8. 1885. 5 fr.

MORIN. **Magnétisme et Sciences occultes.** 1 vol. in-8. 6 fr.

MORIN (Frédéric). **Politique et Philosophie.** 1 vol. in-18. 3 fr. 50

MUNARET. **Le Médecin des villes et des campagnes.** 4ᵉ édition. 1 vol. grand in-18. 4 fr. 50

NIVELET. **Loisirs de la vieillesse ou l'Heure de philosopher.** 1 vol. in-12. 3 fr.

NOEL (E.). **Mémoires d'un imbécile,** précédé d'une préface de *M. Littré.* 1 vol. in-18. 3ᵉ édition. 3 fr. 50

NOTOVITCH. **La Liberté de la volonté.** 1 vol. in-18, en caractères elzéviriens. 1888. 3 fr. 50

OGER. **Les Bonaparte** et les frontières de la France. In-18. 50 c.

OGER. **La République.** In-8. 50 c.

OLECHNOWICZ. **Histoire de la civilisation de l'humanité,** d'après la méthode brahmanique. 1 vol. in-12. 3 fr. 50

PARIS (le colonel). **Le Feu à Paris et en Amérique.** 1 volume in-18. 3 fr. 50

PARIS (comte de). **Les Associations ouvrières en Angleterre** (Trades-unions). 1 vol. in-18. 7ᵉ édit. 1 fr.
    Édition sur papier fort, 2 fr. 50. — Sur papier de Chine, broché, 12 fr. — Rel. de luxe. 20 fr.

PELLETAN (Eugène). **La Naissance d'une ville** (Royan). 1 vol. in-18, cart. 1 fr. 40

PELLETAN (Eug.). **Jarousseau, le pasteur du désert.** 1 vol. in-18 (couronné par l'Académie française), toile, tr. jaspées. 2 fr. 50

PELLETAN (Eug.). **Élisée, voyage d'un homme à la recherche de lui-même.** 1 vol. in-18. 3 fr. 50

PELLETAN (Eug.). **Un Roi philosophe, Frédéric le Grand.** 1 vol. in-18. 3 fr. 50

PELLETAN (Eug.). **Le monde marche** (la loi du progrès). In-18. 3 fr. 50

PELLETAN (Eug.). **Droits de l'homme.** 1 vol. in-12. 3 fr. 50

PELLETAN (Eug.). **Profession de foi du XIXᵉ siècle.** 1 vol. in-12. 3 fr. 50

PELLETAN (Eug.). **Dieu est-il mort ?** 1 vol. in-12. 3 fr. 50

PELLETAN (Eug.). **La Mère.** 1 vol. in-8, toile, tr. dorées. 4 fr. 25

PELLETAN (Eug.). **Les Rois philosophes.** 1 vol. in-8, toile, tranches dorées. 4 fr. 25

PELLETAN (Eug.). **La Nouvelle Babylone.** 1 vol. in-12. 3 fr. 50

PÉNY (le major). **La France par rapport à l'Allemagne.** Étude de géographie militaire. 1 vol. in-8. 2ᵉ édit. 6 fr.

PEREZ (Bernard). **Thiéry Tiedmann. — Mes deux chats.** 1 brochure in-12. 2 fr.

PEREZ (Bernard). **Jacotot et sa méthode d'émancipation intellectuelle.** 1 vol. in-18. 3 fr.

PEREZ (Bernard). — Voyez page 5.

PETROZ (P.). **L'Art et la Critique en France** depuis 1822. 1 vol. in-18. 3 fr. 50

PETROZ. **Un Critique d'art au XIXᵉ siècle.** In-18. 1 fr. 50

PHILBERT (Louis). **Le Rire,** essai littéraire, moral et psychologique. 1 vol. in-8. (Ouvrage couronné par l'Académie française, prix Montyon.) 7 fr. 50

POEY. **Le Positivisme.** 1 fort vol. in-12. 4 fr. 50

POEY. **M. Littré et Auguste Comte.** 1 vol. in-18. 3 fr. 50

POULLET. **La Campagne de l'Est** (1870-1871). 1 vol. in-8 avec 2 cartes, et pièces justificatives. 7 fr.

QUINET (Edgar). **Œuvres complètes**. 30 volumes in-18. Chaque
volume.. .... 3 fr. 50

    Chaque ouvrage se vend séparément :

1. Génie des religions. 6e édition.

2. Les Jésuites. — L'Ultramontanisme. 11e édition.

3. Le Christianisme et la Révolution française. 6e édition.

4-5. Les Révolutions d'Italie. 5e édition. 2 vol.

6. Marnix de Sainte-Aldegonde. — Philosophie de l'Histoire de France.
4e édition.

7. Les Roumains. — Allemagne et Italie. 3e édition.

8. Premiers travaux : Introduction à la Philosophie de l'histoire. —Essai sur
Herder. — Examen de la Vie de Jésus. — Origine des dieux. —
l'Église de Brou. 3e édition.

9. La Grèce moderne. — Histoire de la poésie. 3e édition.

10. Mes Vacances en Espagne. 5e édition.

11. Ahasvérus. — Tablettes du Juif errant. 5e édition.

12. Prométhée. — Les Esclaves. 4e édition.

13. Napoléon (poème). (*Épuisé.*)

14. L'Enseignement du peuple. — Œuvres politiques avant l'exil. 8 édition.

15. Histoire de mes idées (Autobiographie). 4e édition.

16-17. Merlin l'Enchanteur. 2e édition. 2 vol.

18-19-20. La Révolution. 10e édition. 3 vol.

21. Campagne de 1815. 7e édition.

22-23. La Création. 3e édition. 2 vol.

24. Le Livre de l'exilé. — La Révolution religieuse au XIXe siècle. —
Œuvres politiques pendant l'exil. 2e édition.

25. Le Siège de Paris. — Œuvres politiques après l'exil. 2e édition.

26. La République. Conditions de régénération de la France. 2e édition.

27. L'Esprit nouveau. 5e édition.

28. Le Génie grec. 1re édition.

29-30. Correspondance. Lettres à sa mère. 1re édition. 2 vol.

RÉGAMEY (Guillaume). **Anatomie des formes du cheval**, à l'usage des
peintres et des sculpteurs. 6 planches en chromolithographie, publiées
sous la direction de FÉLIX RÉGAMEY, avec texte par le Dr KUHFF. 8 fr.

RIBERT (Léonce). **Esprit de la Constitution** du 25 février 1875.
1 vol. in-18. 3 fr. 50

RIBOT (Paul). **Spiritualisme et Matérialisme**. Étude sur les limites de
nos connaissances. 2e édit. 1887. 1 vol. in-8. 6 fr.

ROBERT (Edmond). **Les Domestiques**. 1 vol. in-18. 3 fr. 50

ROSNY (Ch. de). **La Méthode consciencielle**. Essai de philosophie exac-
tiviste. 1 vol. in-8. 1887. 4 fr.

SANDERVAL (O. de). **De l'Absolu**. La loi de vie. 1887. 1 vol. in-8. 5 fr.

SECRÉTAN. **Philosophie de la liberté**. 2 vol. in-8. 10 fr.

SECRÉTAN. **Le Droit de la femme**. In-12. 1 fr. 20

SECRÉTAN. **La Civilisation et la Croyance**. 1 vol. in-8. 1887. 7 fr. 50

SIEGFRIED (Jules). **La Misère, son histoire, ses causes, ses remèdes**.
1 vol. grand in-18. 3e édition. 1879. 2 fr. 50

SIÈREBOIS. **Psychologie réaliste**. Étude sur les éléments réels de l'âme
et de la pensée. 1876. 1 vol. in-18. 2 fr. 50

SOREL (Albert). **Le Traité de Paris du 20 novembre 1815.** 1 vol. in-8. 4 fr. 50

SOREL (Albert). **Recueil des instructions données aux ambassadeurs et ministres de France en Autriche,** depuis les traités de Westphalie jusqu'à la Révolution française. 1 fort vol. gr. in-8, sur papier de Hollande. 20 fr.

SPIR (A.). **Esquisses de philosophie critique,** précédées d'une préface de M. A. PENJON. 1 vol. in-18. 1887. 2 fr. 50

STUART MILL (J.). **La République de 1848 et ses détracteurs,** traduit de l'anglais, avec préface par M. SADI CARNOT. 1 vol. in-18. 2ᵉ éditiou. 1 fr.

STUART MILL. Voy. p. 4, 6 et 9.

TÉNOT (Eugène). **Paris et ses fortifications** (1870-1880). 1 vol. in-8. 5 fr.

TÉNOT (Eugène). **La Frontière** (1870-1881). 1 fort vol. grand in-8. 8 fr.

THIERS (Édouard). **La Puissance de l'armée par la réduction du service.** In-8. 1 fr. 50

THULIÉ. **La Folie et la Loi.** 2ᵉ édit. 1 vol. in-8. 3 fr. 50

THULIÉ. **La Manie raisonnante du docteur Campagne.** In-8. 2 fr.

TIBERGHIEN. **Les Commandements de l'humanité.** 1 vol. in-18. 3 fr.

TIBERGHIEN. **Enseignement et philosophie.** 1 vol. in-18. 4 fr.

TIBERGHIEN. **Introduction à la philosophie.** 1 vol. in-18. 6 fr.

TIBERGHIEN. **La Science de l'Âme.** 1 vol. in-12. 3ᵉ édit. 6 fr.

TIBERGHIEN. **Éléments de morale universelle.** In-12. 2 fr.

TISSANDIER. **Études de théodicée.** 1 vol. in-8. 4 fr.

TISSOT. **Principes de morale.** 1 vol. in-8. 6 fr.

TISSOT. — Voy. KANT, page 7.

TISSOT (J.). **Essai de philosophie naturelle.** Tome Iᵉʳ. 1 vol. in-8. 12 fr.

VACHEROT. **La Science et la Métaphysique.** 3 vol. in-18. 10 fr. 50

VACHEROT. — Voy. pages 4 et 6.

VALLIER. **De l'intention morale.** 1 vol. in-8. 3 fr. 50

VAN ENDE (U.). **Histoire naturelle de la croyance,** *première partie :* l'Animal. 1887. 1 vol. in-8. 5 fr.

VERNIAL. **Origine** de l'homme, d'après les lois de l'évolution naturelle. 1 vol. in-8. 3 fr.

VILLIAUMÉ. **La Politique moderne.** 1 vol. in-8. 6 fr.

VOITURON (P.). **Le Libéralisme et les Idées religieuses.** 1 volume in-12. 4 fr.

WEILL (Alexandre). **Le Pentateuque selon Moïse et le Pentateuque selon Esra,** avec *vie, doctrine et gouvernement authentique de Moïse.* 1 fort vol. in-8. 7 fr. 50

WEILL (Alexandre). **Vie, doctrine et gouvernement authentique de Moïse,** d'après des textes hébraïques de la Bible jusqu'à ce jour incompris. 1 vol. in-8. 3 fr.

YUNG (Eugène). **Henri IV écrivain.** 1 vol. in-8. 5 fr.

ZIESING (Th.). **Érasme ou Salignac.** Étude sur la lettre de François Rabelais, avec un fac-similé de l'original de la Bibliothèque de Zurich. 1 brochure gr. in-8. 1887. 4 fr.

BIBLIOTHÈQUE UTILE

99 VOLUMES PARUS.

Le volume de 190 pages, broché, 60 centimes.

Cartonné à l'anglaise ou en cartonnage toile dorée, 1 fr.

Le titre de cette collection est justifié par les services qu'elle rend et la part pour laquelle elle contribue à l'instruction populaire.

Elle embrasse l'*histoire*, la *philosophie*, le *droit*, les *sciences*, l'*économie politique* et les *arts*, c'est-à-dire qu'elle traite toutes les questions qu'il est aujourd'hui indispensable de connaître. Son esprit est essentiellement démocratique. La plupart de ses volumes sont adoptés pour les Bibliothèques par le *Ministère de l'instruction publique, le Ministère de la guerre, la Ville de Paris, la Ligue de l'enseignement*, etc.

HISTOIRE DE FRANCE

*** Les Mérovingiens**, par BUCHEZ, anc. présid. de l'Assemblée constituante.

*** Les Carlovingiens**, par BUCHEZ.

Les Luttes religieuses des premiers siècles, par J. BASTIDE, 4e édit.

Les Guerres de la Réforme, par J. BASTIDE. 4e édit.

La France au moyen âge, par F. MORIN.

*** Jeanne d'Arc**, par Fréd. LOCK.

Décadence de la monarchie française, par Eug. PELLETAN. 4e édit.

*** La Révolution française**, par CARNOT, sénateur (2 volumes).

*** La Défense nationale en 1792**, par P. GAFFAREL.

*** Napoléon Ier**, par Jules BARNI.

*** Histoire de la Restauration**, par Fréd. LOCK. 3e édit.

*** Histoire de la marine française**, par Alfr. DONEAUD. 2e édit.

*** Histoire de Louis-Philippe**, par Edgar ZEVORT. 2e édit.

Mœurs et Institutions de la France, par P. BONDOIS. 2 volumes.

Léon Gambetta, par J. REINACH.

PAYS ÉTRANGERS

*** L'Espagne et le Portugal**, par E. RAYMOND. 2e édition.

Histoire de l'empire ottoman, par L. COLLAS. 2e édit.

*** Les Révolutions d'Angleterre**, par Eug. DESPOIS. 3e édit.

Histoire de la maison d'Autriche, par Ch. ROLLAND. 2 édit.

L'Europe contemporaine (1789-1879), par P. BONDOIS.

Histoire contemporaine de la Prusse, par Alfr. DONEAUD.

Histoire contemporaine de l'Italie, par Félix HENNEGUY.

Histoire contemporaine de l'Angleterre, par A. REGNARD.

HISTOIRE ANCIENNE

La Grèce ancienne, par L. COMBES, conseiller municipal de Paris. 2e éd.

L'Asie occidentale et l'Égypte, par A. OTT. 2e édit.

L'Inde et la Chine, par A. OTT.

Histoire romaine, par CREIGHTON.

L'Antiquité romaine, par WILKINS (avec gravures).

GÉOGRAPHIE

*** Torrents, fleuves et canaux de la France**, par H. BLERZY.

*** Les Colonies anglaises**, par le même.

Les Iles du Pacifique, par le capitaine de vaisseau JOUAN (avec 1 carte).

*** Les Peuples de l'Afrique et de l'Amérique**, par GIRARD DE RIALLE.

*** Les Peuples de l'Asie et de** l'Europe, par le même.

L'Indo-Chine française, par FAQUE.

*** Géographie physique**, par GEIKIE, prof. à l'Univ. d'Edimbourg (avec fig.).

*** Continents et Océans**, par GROVE (avec figures).

Les Frontières de la France, par P. GAFFAREL.

COSMOGRAHPIE

*** Les Entretiens de Fontenelle sur la pluralité des mondes**, mis au courant de la science par BOILLOT.

*** Le Soleil et les Étoiles**, par le P. SECCHI, BRIOT, WOLF et DELAUNAY. 2e édit. (avec figures).

*** Les Phénomènes célestes**, par ZURCHER et MARGOLLÉ.

A travers le ciel, par AMIGUES.

Origines et Fin des mondes, par Ch. RICHARD. 3e édit.

*** Notions d'astronomie**, par L. CATALAN, professeur à l'Université de Liège. 4e édit.

SCIENCES APPLIQUÉES

* **Le Génie de la science et de l'industrie**, par B. GASTINEAU.

* **Causeries sur la mécanique**, par BROTHIER. 2ᵉ édit.

Médecine populaire, par le docteur TURCK. 4ᵉ édit.

La Médecine des accidents, par le docteur BROQUÈRE.

Les Maladies épidémiques (Hygiène et Protection), par le docteur L. MONIN.

* **Hygiène générale**, par le docteur L. CRUVEILHIER. 6ᵉ édit.

Petit Dictionnaire des falsifications, avec moyens faciles pour les reconnaître, par DUFOUR.

Les Mines de la France et de ses colonies, par P. MAIGNE.

Les Matières premières et leur emploi dans les divers usages de la vie, par H. GENEVOIX.

La Machine à vapeur, par H. GOSSIN, avec figures.

La Photographie, par le même, avec figures.

La Navigation aérienne, par G. DALLET (avec figures).

L'Agriculture française, par A. LARBALÉTRIER, avec figures.

SCIENCES PHYSIQUES ET NATURELLES

Télescope et Microscope, par ZURCHER et MARGOLLÉ.

* **Les Phénomènes de l'atmosphère**, par ZURCHER. 4ᵉ édit.

* **Histoire de l'air**, par Albert LÉVY.

* **Histoire de la terre**, par le même.

* **Principaux faits de la chimie**, par SAMSON, prof. à l'Éc. d'Alfort. 5ᵉ édit.

Les Phénomènes de la mer, par E. MARGOLLÉ. 5ᵉ édit.

* **L'Homme préhistorique**, par L. ZABOROWSKI. 2ᵉ édit.

* **Les Grands Singes**, par le même.

Histoire de l'eau, par BOUANT.

* **Introduction à l'étude des sciences physiques**, par MORAND. 5ᵉ édit.

* **Le Darwinisme**, par E. FERRIÈRE.

* **Géologie**, par GEIKIE (avec fig.).

* **Les Migrations des animaux et le Pigeon voyageur**, par ZABOROWSKI.

* **Premières Notions sur les sciences**, par Th. HUXLEY.

La Chasse et la Pêche des animaux marins, par le capitaine de vaisseau JOUAN.

Les Mondes disparus, par L. ZABOROWSKI (avec figures).

Zoologie générale, par H. BEAUREGARD, aide-naturaliste au Muséum (avec figures).

PHILOSOPHIE

La Vie éternelle, par ENFANTIN. 2ᵉ éd.

Voltaire et Rousseau, par Eug. NOEL. 3ᵉ édit.

* **Histoire populaire de la philosophie**, par L. BROTHIER. 3ᵉ édit.

* **La Philosophie zoologique**, par Victor MEUNIER. 2ᵉ édit.

* **L'Origine du langage**, par L. ZABOROWSKI.

Physiologie de l'esprit, par PAULHAN (avec figures).

L'Homme est-il libre? par RENARD. 2ᵉ édition.

La Philosophie positive, par le docteur ROBINET. 2ᵉ édit.

ENSEIGNEMENT. — ÉCONOMIE DOMESTIQUE

* **De l'Éducation**, par Herbert Spencer.

La Statistique humaine de la France, par Jacques BERTILLON.

Le Journal, par HATIN.

De l'Enseignement professionnel, par CORBON, sénateur. 3ᵉ édit.

* **Les Délassements du travail**, par Maurice CRISTAL. 2ᵉ édit.

Le Budget du foyer, par H. LENEVEUX.

* **Paris municipal**, par le même.

* **Histoire du travail manuel en France**, par le même.

L'Art et les Artistes en France, par Laurent PICHAT, sénateur. 4ᵉ édit.

Premiers principes des beaux-arts, par J. COLLIER.

Économie politique, par STANLEY JEVONS. 3ᵉ édit.

* **Le Patriotisme à l'école**, par JOURDY, capitaine d'artillerie.

Histoire du libre échange en Angleterre, par MONGREDIEN.

Économie rurale et agricole, par PETIT.

Les Industries d'art, par Achille MERCIER.

DROIT

* **La Loi civile en France**, par MORIN. 3ᵉ édit.

La Justice criminelle en France, par G. JOURDAN. 3ᵉ édit.

13585. — Imprimeries réunies, A, rue Mignon, 2, Paris.

www.ingramcontent.com/pod-product-compliance
Ingram Content Group UK Ltd.
Pitfield, Milton Keynes, MK11 3LW, UK
UKHW020728120726
13693UKWH00001B/222